普通高等教育"十二五"电工电子基础课程规划教材

# 电路电子技术实验
# 与课程设计

### 第 2 版

主编 付 扬

参编 肖 青 黎 明 梁 丽
　　 张宏建 李 文 陈媛媛

本书是根据教育部电工电子基础课程教学指导分委员会对电路、电子技术课程教学的基本要求，结合电路电子技术实验教学改革而修订的。全书覆盖了实验必备的基础知识、电路电子技术课程的基础实验、设计应用实验、课程设计实例和设计题目等内容。

全书共分八章，前三章主要介绍实验的基本知识、电子元器件的识别与测试、常用实验仪器的使用，第四章介绍电路实验，第五、六章分别介绍模拟电子技术、数字电子技术基础性实验和设计应用性实验，第七章介绍电子技术课程设计实例和课程设计题目，第八章介绍现代设计技术——Multisim。

本书具有很强的系统性、实用性和先进性，可作为电子信息类、电气类以及相近专业本科生的实验教材，也可作为学生电子竞赛、毕业设计的参考资料，还可供有关工程技术人员参考。

## 图书在版编目（CIP）数据

电路电子技术实验与课程设计/付扬主编 . —2 版 . —北京：机械工业出版社，2015.2（2024.2 重印）

普通高等教育"十二五"电工电子基础课程规划教材
ISBN 978-7-111-48992-4

Ⅰ.①电… Ⅱ.①付… Ⅲ.①电子电路-实验-高等学校-教材
②电子电路-课程设计-高等学校-教材 Ⅳ.①TN710

中国版本图书馆 CIP 数据核字（2015）第 034731 号

机械工业出版社（北京市百万庄大街 22 号 邮政编码 100037）
策划编辑：徐 凡 责任编辑：徐 凡 路乙达
版式设计：霍永明 责任校对：李锦莉 刘秀丽
责任印制：郜 敏
北京富资园科技发展有限公司印刷
2024 年 2 月第 2 版·第 4 次印刷
184mm×260mm ·15.75 印张·384 千字
标准书号：ISBN 978-7-111-48992-4
定价：29.80 元

电话服务
客服电话：010-88361066
　　　　　010-88379833
　　　　　010-68326294
**封底无防伪标均为盗版**

网络服务
机 工 官 网：www.cmpbook.com
机 工 官 博：weibo.com/cmp1952
金 书 网：www.golden-book.com
机工教育服务网：www.cmpedu.com

# 前　　言

　　"电路电子技术实验与课程设计"是电子信息类专业重要的实践课程。本书作为课程的配套教材，从 2007 年出版以来，被编者学校和一些院校长期使用。师生普遍反映，该教材重基础、重实用，是一本对电路和电子技术实践课程比较适用的教材。

　　随着社会对创新型人才需求的增加，实践教学改革越来越深入，电子信息类专业的人才培养更加强调厚基础、强实践、重创新。本书的编写以培养和提升学生实践能力和创新精神为目标，基于实践教学体系、内容和方法的改革，在实验体系上实现基础、应用、创新多个层次以及课内、课后延续，实验教学网站等多平台的实践教学；在确保基础、加强基本技能训练的基础上，在实验内容上加强设计应用实验，实现系统的综合分析和设计；实验方法上实现教师从实验辅导到实验引导，使学生在实验活动中由被动变为主动，引导学生如何发现问题、分析问题，培养学生的实践能力和创新能力。

　　为适应实验教学体系和内容的改革，本书在保证经典的基础实验和在保留原有实验教材系统性、综合性和先进性的基础上，更加强调设计应用和综合实践。本次修订，编者做了如下工作：

　　（1）加强电子技术设计应用。如在模拟电子技术实验中，比较器设计实验增加了万用表自动关机电路，进一步加强了对比较器的应用；直流稳压电源实验增加了串联型稳压电源设计和多路输出集成直流稳压电源的设计；增加了运放和集成芯片组成的方波—三角波产生电路设计等。在电子技术中增加了很多设计应用性内容，如在数字电子技术实验中，加强了中规模芯片的组合逻辑和时序逻辑的综合设计，在脉冲电路中，增加了 555 定时器在分频器、开关控制电路、报警电路中的设计应用；在 A/D 与 D/A 转换实验中，增加了 A/D 和 D/A 转换器设计应用等。

　　（2）加强课程设计内容，实现系统综合设计。为开阔学生系统设计的思路，方便自学，增加了课程设计的实例，同时拓展了课程设计的题目，使课程设计题目覆盖面广，可操作性强。力图通过课程设计，加深系统的概念，以实现模数融合、光电融合，并有效地将设计、综合和系统有机地结合起来，实现学生实践创新能力的升华。

　　（3）跟踪电子技术新技术的发展，更新 Multisim 仿真软件在电路电子技术设计中的应用，将该软件的应用由原来的 Multisim 7 升级为 Multisim 10，为电子设计提供更好的软件平台，加强了 EDA 实验内容，强调硬件和软件的有机结合。

　　（4）增加了 DDS 函数发生器和数字毫伏表的原理及使用指南，方便学生既能使用传统仪器又会使用先进仪器，以完成多平台的自主实验。

　　参加本书编写的教师多年来均从事电路电子技术的教学和改革，有着丰富的实验教学经验。本书第一、二、三、五、八章由付扬编写，第四章由黎明编写，第六章和第七章的第四节由肖青编写，第七章的第一节由梁丽编写，第七章的第二节和第三节由梁丽、张宏建、李文、陈媛媛共同编写。付扬任本书主编，并负责全书的组织、修订和定稿。

本书的修订过程，得到了张晓力、李建峰等老师的大力帮助，在此表示衷心的感谢。

由于我们的能力和水平有限，书中难免有不妥之处，敬请兄弟院校的老师和读者提出改进建议。

编 者

# 目　　录

# 第一章　实验的基本知识

## 第一节　实验的目的、意义和要求

### 一、实验的目的和意义

电路和电子技术是重要的技术基础课，而实验是这些课程的重要组成部分。通过实验，不仅可使学生巩固和深化所学的基本概念和基础理论，而且可在理论和实践相结合的基础上，进一步掌握电路、电子线路的设计、安装、调试和测量技术。实验既可以验证理论的正确性和实用性，又可以找出理论的近似性和局限性，发现新问题，启发新思路，产生新设想。通过学习和实践，有所锻炼和提高，有所创新和发展，这就是实验的目的。

电路和电子技术又是实践性很强的课程，具有工程特点，所以加强实践，进行严格的工程训练和技能培训是培养学生工程素质，提高学生创新能力必不可少的教学环节。在学校里，这种实践和训练主要是通过实验课程来完成的。通过实验，不仅使学生树立理论联系实际的良好学风和严谨求实的科学态度，而且培养了勤于动手、勇于创新和探索的实践精神，以适应新技术的发展和未来服务于社会的需要。因此，实验教学在人才培养中具有十分重要的作用。

### 二、实验课程的要求

为培养良好的学风，充分发挥学生的主观能动作用，促使其独立思考、独立完成课堂教学内容并有所创造，应该使学生在实验前、实验中和实验后，按照课程的基本要求，根据教师的课堂指导完成实验任务，因此实验课程要求学生完成好实验预习、实验操作和实验报告3个环节。

#### （一）实验预习

必须重视实验前的准备和预习。实验能否顺利进行并达到预期目的，在很大程度上取决于实验前的准备工作是否充分。实验前要仔细阅读相关的理论和实验教材，明确实验的目的和任务，掌握实验的理论和方法，了解实验的内容和设备的使用方法，还要掌握有关思考题，并在此基础上写出实验预习报告。预习报告应拟定详细的实验步骤，包括实验电路的调试步骤、测试内容与方法，尤其需要设计相应的数据记录表格。

#### （二）实验操作

1）自觉遵守实验室规则。遵守纪律，按编号有序入座，一般应自始至终固定实验台组，不得随意调换设备和座位。保证室内安静，不大声喧哗和随意走动。

2）实验前应认真检查所配发的实验用元器件，看型号、规格和数量是否符合要求，并检查所用仪器仪表设备状态是否完好，如发现问题应及时报告。做完实验应再次清点元器件和仪器设备，并请老师当面检查验收。

3）认真听课，尤其应重视指导教师提出的须注意的问题，根据实验内容合理布置实验现场，按实验方案连接实验电路和测试电路。

4）实验中坚持严肃认真的科学态度，切实按照拟订的步骤进行，认真记录所得数据和相关波形。测量时不要盲目"凑数据"和急于求成，对于实验结果的大概趋向要基本上"心中有数"，所观察的数据和波形要符合理论结果，即具有"合理性"，尤其是一些验证性的实验，要实事求是，不得抄袭和弄虚作假，以培养良好的科学素养。

5）如果实验中出现事故，应立即切断电源并报告指导教师，等待处理。

6）实验结束时，数据和结果要送交指导教师审阅签字，确认正确无误后方可拆除电路，清理现场，整理好实验台。

（三）实验报告

实验结束后，必须及时地认真撰写实验报告。实验报告是实验结果的总结和反映。一个实验的价值，很大程度上取决于实验报告的质量高低。

撰写实验报告要求具有事实求是的科学态度。实验数据与实验结果是对电路进行分析研究的依据，因此，实验取得的资料，如数据、图形等应真实地反映到实验报告中去，不允许更改、抄袭或主观臆断。如因操作错误使数据违背规律时，应当重做实验，重新取得数据。

报告形式应规范，实验报告应文字流畅，词语准确，书写清楚整齐，数据完整，图表规范，分析合理，结论有据。

实验报告的主要内容如下：

1）写清楚实验名称，实验日期，实验者班级、姓名及学号，实验组别，同组人姓名。

2）写清实验目的、实验仪器与设备，并简述实验原理、内容和步骤等。

3）规范地画出实验电路图或测试电路图，标明元器件和参量或仪器仪表设备名称等。

4）把实验记录整理成数据表格，按实验目的和要求对测试结果进行理论分析和计算，通过分析，得出结论。若需绘制曲线，应采用坐标纸完成。

5）完成相关思考题，写出实验的心得体会、收获及对实验的改进和建议。

## 三、实验室的安全操作规则

在实验中，为了防止仪器仪表设备的损坏，保证人身安全，实验者必须严格遵守以下安全操作规则：

1）熟悉实验室的直流与交流电源，了解其电压、电流额定值和控制方式，区分直流电源的正负极和交流电源的相线与中性线。

2）知道仪器仪表的规格、型号、使用方法，特别要注意额定值和量程。

3）通电前应通知全组人员，有准备后再接通电源。

4）实验中不得用手触摸电路中带电的裸露导体。改、拆接电路应在断开电源的情况下进行（包括安全电压和安全电流，安全电压为36V以下，安全电流为100mA以下），电容应用导线短接放电。

5）发现异常现象，如仪表指针猛打（剧烈偏转），有焦味、冒烟、闪弧及有人触电等，立即切断电源，报告指导老师，查找原因，排除故障。

6）实验要规范有序，不要忙乱。应按操作步骤实施实验，与本次实验无关的仪器设备不要乱动。实验完毕后，仪器设备开关旋钮等恢复正常位置，并切断电源。

## 第二节　实验电路故障与排除

在电子电路的设计、安装与调试过程中，不可避免地会出现各种各样的故障现象，因此检查和排除故障是电子技术工程人员必备的技能。

一般故障诊断的过程是从故障现象出发，通过反复测试，做出分析判断，逐步找出故障原因。

### 一、常见的故障现象

1）放大电路没有输入信号，而有输出波形。

2）信号源有输出电压 $U_0$，放大电路没有输入信号 $U_I$，或 $U_I > U_0$。

3）放大电路有输入信号，但没有输出电压，或输出电压很小。

4）放大电路有输入信号，但没有输出波形，或输出波形严重失真。

5）串联稳压电源无电压输出，或输出电压过高、过低，并且不能调，或输出稳压性能变坏，输出电压不稳定等。

6）振荡电路不产生振荡，或振荡波形异常。

7）计数器输出波形不稳定，或不能正确计数。

8）收音机中出现"嗡嗡"的交流声或汽船声等。

9）定型产品使用一段时间后出现故障，严重影响电子设备的正常运行。

10）发射机输出频率不稳，或输出功率小甚至无输出，或反射大、作用距离小等。

11）仪器使用不正确引起的故障，共地问题处理不当而引入的干扰等。

12）各种干扰引起的故障。

### 二、故障排除

查找故障的顺序可以从输入到输出，也可从输出到输入。查找故障的一般方法如下：

1）直接观察法：不用任何仪器，利用人的视、听、嗅、触等手段来发现问题，寻找和分析故障。

直接观察又包括通电前检查和通电后观察两个方面：

①通电前主要检查仪器的选用和使用是否正确，元器件引脚有无错接、反接、短路、电子元器件和布线是否合理等；

②通电后主要观察直流稳压电源上的电流指示值是否超出电路正常值，元器件有无发烫、冒烟，变压器有无焦味等。

这种方法比较简单，也比较有效，故可作为对电路初步检查之用。

2）测试电压法：用万用表检查电路各级的静态工作点。

3）信号寻迹法：用示波器由前级到后级（或者相反），逐级观察波形及幅值的变化情况，进而分析故障原因，判断故障点。

4）部件替换法：用正常的元器件、插件板等替换有故障的部件，便于缩小故障范围，进一步查找故障。

　　5）旁路法：当电路有寄生振荡时，可用适当容量的电容器，跨接在检查点与接地点之间，检查振荡产生在哪一级电路中。

　　6）短路法：采取临时性短接一部分电路来寻找故障的方法。

　　7）断路法：对检查短路故障最有效，也是一种逐步缩小故障范围的方法，若断开某一支路后电路恢复正常，则说明故障就发生在该支路上。

　　在实际调试中，检查和排除故障的方法是多种多样的，上面仅列举了几种常用的方法。这些方法的使用可根据设备条件、故障情况灵活掌握，对于简单的故障或许用一种方法即可查找出故障点，但对于较复杂的故障则需采用多种方法，并互相补充、互相配合，最后才能找出故障点。

# 第二章 电子元器件的识别与测试

任何电子电路都是由元器件组成的，而常用的主要元器件是电阻器、电容器、电感器和各种半导体器件（如二极管、晶体管、集成电路等）。为了能正确地选择和使用这些元器件，就必须掌握它们的性能、结构等有关知识。

## 第一节 电 阻 器

电阻器简称电阻，是电路中应用最广泛的一种元件，在电子设备中约占元器件总数的30%以上，其质量的好坏对电路的稳定性有极大影响。电阻器主要用途是稳定和调节电路中的电流和电压，其次还可作为分流器、分压器和消耗电能的负载等。

### 一、电阻器的分类及特点

根据电阻器的工作特性及其在电路中的作用来分，可分为固定式电阻器、可变式电阻器（电位器）两大类。

#### （一）常用固定式电阻器

阻值固定的电阻器，由于制作材料和工艺的不同，可分为薄膜电阻器、合金电阻器、合成电阻器和敏感电阻器等几种类型。常用电阻器外形及图形符号如图2-1所示。

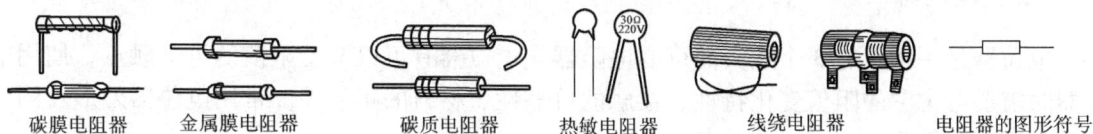

碳膜电阻器　　金属膜电阻器　　碳质电阻器　　热敏电阻器　　线绕电阻器　　电阻器的图形符号

图 2-1　常用电阻器外形及图形符号

#### 1. 薄膜电阻器

在玻璃或陶瓷基体上沉积一层碳膜、金属膜、金属氧化膜等形成电阻薄膜，膜的厚度一般在几微米以下。薄膜电阻器主要包括：

碳膜电阻器（型号RT）：该电阻器稳定性好，电压的改变对阻值影响小，阻值范围宽（几十欧至几十兆欧），负温度系数，体积比金属膜电阻器大，制作成本低，价格便宜，常用额定功率为1/8～10W，精度等级为±5%、±10%、±20%，在一般电子产品中大量使用。

金属膜电阻器（型号RJ）：该电阻器温度系数小、金属膜电阻器和碳膜电阻器外形相似，它除了具有碳膜电阻器的特征外，比碳膜电阻器的精度更高，稳定性更好，使用温度范围广，温度系数小，噪声低，体积小，阻值范围宽。它最明显的特点是耐热性能超过碳膜电阻器。金属膜电阻器目前是组成电子电路应用最广泛的电阻器之一，常用功率有1/8、1/4、1/2、1、2W等，标称值在10Ω～10MΩ之间。

金属氧化膜电阻器（型号RY）：金属氧化膜电阻器的外形及性能均与金属膜电阻器相同，

具有极好的脉冲、高频和过载性，力学性能好，坚硬，耐磨，且制造工艺简单，成本较低，但阻值范围窄，温度系数比金属膜电阻器大，在精度要求不太高时可以代替金属膜电阻器使用。

**2. 合金电阻器**

用块状电阻合金拉制成合金线或碾压成合金箔制成。合金电阻器主要包括：

线绕电阻器（型号 RX）：线绕电阻器的特点是精度高、稳定性好、噪声低、功率大，一般可承受 3~100W 的额定功率，而且耐高温，可以在 150℃ 高温下正常工作。但由于它体积大，阻值不高（10MΩ 以下），因此适用于大功率电路中。此外，精密的线绕电阻器可用于标准电阻箱、测量仪器等场合。由于线绕电阻器的固有电感较大，因而不适宜在高频电路中使用。

精密合金箔电阻器（型号 RJ）：该电阻器最大特点是具有自动补偿电阻温度系数功能，故精度高、稳定性好、高频响应好。这种电阻器的精度可达 ±0.001%，稳定性为 ± （5 × $10^{-4}$)%/年，温度系数为 ±$10^{-6}$/℃。可见它是一种高精度电阻器。

**3. 合成电阻器**

将导电材料与非导电材料按一定比例混合成不同电阻率的材料后制成的电阻器。该电阻器的最突出的优点是可靠性高，但电特性比较差，常在某些特殊的领域内使用（如航空航天工业、海底电缆等）。合成电阻器有金属玻璃釉电阻器（型号为 RI）、实芯电阻器（型号 RS）、合成膜电阻器（型号 RH）。合成膜电阻器可制成高压型和高阻型。高阻型电阻器的阻值范围为 10~$10^6$MΩ，允许误差为 ±5%、±10%。高压型电阻的阻值范围为 47~100MΩ，耐压分为 10kV 和 35kV 两档。

**4. 敏感电阻器**

根据不同材料和制作工艺，通常有热敏、压敏、光敏、温敏、磁敏、气敏、力敏等不同类型的电阻器，广泛用于测试技术和自动化等各领域的传感器中。

**（二）电位器**

电位器是一种具有 3 个端头的可变电阻器。电位器有可以改变阻值的可动触点，使用电位器时需要考虑它的阻值变化特性、接触的可靠性、材料的耐磨性。常用电位器外形及图形符号如图 2-2 所示。

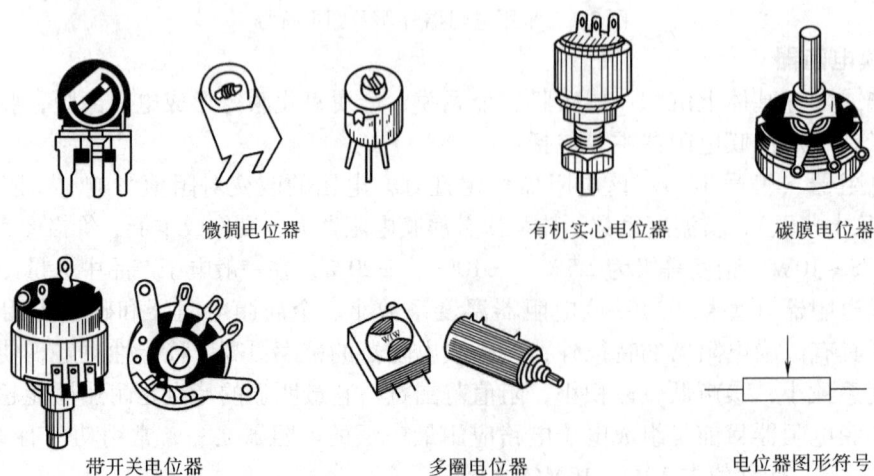

微调电位器　　　有机实心电位器　　　碳膜电位器

带开关电位器　　　多圈电位器　　　电位器图形符号

图 2-2　常用电位器的外形及图形符号

电位器的分类有以下几种：

按电阻体材料分，可分为薄膜和线绕两种。

按调节机构的运动方式分，有旋转式、直滑式。

按结构分，可分为单联、多联、带开关、不带开关等；开关形式又有旋转式、推拉式、按键式等。

按用途分，可分为普通电位器、精密电位器、功率电位器、微调电位器和专用电位器等。

按输出特性的函数关系，又可分为线性和非线性电位器。电位器在旋转时，阻值变化规律有 3 种不同形式，电位器阻值变化特性曲线如图 2-3 所示。

它们的特点分别为：

X 式（直线式）：阻值随旋转角度均匀变化，适于分压、调节电流用。

D 式（对数式）：阻值随旋转角度依对数关系变化，用于电路的特殊调节，如常用于电视机的黑白对比度调节电位器，其特点是先粗调后细调。

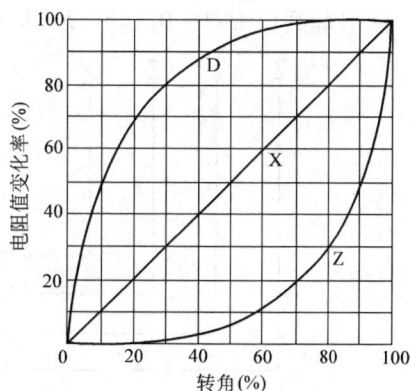

图 2-3　电位器阻值变化特性曲线

Z 式（指数式）：阻值随旋转角度依指数关系变化，普遍用在音量调节电路中。其特点是先细调后粗调。

X、D、Z 字母符号一般印在电位器上，使用时应注意。

## 二、电阻器的型号命名

电阻器及电位器的型号命名方法一般由 4 部分组成，其表示方法及意义见表 2-1。

表 2-1　电阻器和电位器的型号命名方法

| 第一部分 | | 第二部分 | | 第三部分 | | 第四部分 |
|---|---|---|---|---|---|---|
| 用字母表示主称 | | 用字母表示材料 | | 用数字或字母表示特征 | | 用数字表示序号 |
| 符号 | 意义 | 符号 | 意义 | 符号 | 意义 | |
| R | 电阻器 | T | 碳膜 | 1，2 | 普通 | |
| | | P | 硼碳膜 | 3 | 超高频 | |
| W | 电位器 | U | 硅碳膜 | 4 | 高阻 | |
| | | C | 沉积膜 | 5 | 高温 | |
| | | H | 合成膜 | 7 | 精密 | |
| | | I | 玻璃釉膜 | 8 | 电阻器—高压 | 包括： |
| | | J | 金属膜（箔） | | 电位器—特殊函数 | |
| | | Y | 氧化膜 | 9 | 特殊 | 额定功率 |
| | | S | 有机实心 | G | 高功率 | 阻值 |
| | | N | 无机实心 | T | 可调 | |
| | | X | 线绕 | X | 小型 | 允许误差 |
| | | R | 热敏 | L | 测量用 | |
| | | G | 光敏 | W | 微调 | 精度等级 |
| | | M | 压敏 | D | 多圈 | |

电阻器的阻值标记：一般是 1Ω 以下的电阻器，在阻值数字后面要加 "Ω" 的符号，如 0.5Ω；1000Ω 以下的电阻器，可以只写数字不写单位，如 6.8Ω 可写成 6.8，200Ω 可写成 200；1000Ω ~ 1MΩ 的电阻器，以千为单位，符号是 "k"，如，6800Ω 可写成 6.8k；1MΩ 以上的电阻器，以兆欧为单位，符号是 "M"，如 1MΩ 可写成 1M。

标记举例：RJ71—0.125—5.1k—Ⅰ 型电阻器

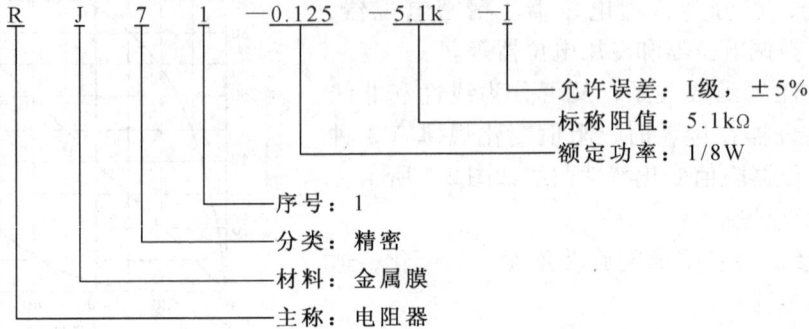

```
  R    J    7    1   —0.125  —5.1k  —Ⅰ
                                    └── 允许误差：Ⅰ级，±5%
                                 └───── 标称阻值：5.1kΩ
                            └────────── 额定功率：1/8W
            └───────────────────────── 序号：1
       └────────────────────────────── 分类：精密
  └───────────────────────────────── 材料：金属膜
  └───────────────────────────────── 主称：电阻器
```

由此可见，这是精密金属膜电阻器，其额定功率为 1/8W，标称电阻值为 5.1kΩ，允许误差为 ±5%。

## 三、电阻器的主要性能参数

### (一) 允许偏差及精度

电阻器的实际值与标称值之间有一定的差别，称为电阻值偏差，如果该偏差在允许的范围内就称为电阻值允许偏差。它表示电阻器的精度，固定电阻器的精度等级和允许偏差一般分为 6 级，见表 2-2。固定电阻器 Ⅰ 级和 Ⅱ 级能满足一般应用的要求；02、01、005 级电阻器，仅供测量仪器及特殊设备使用。

表 2-2  固定电阻器的精度等级和允许偏差

| 精度等级 | 005 | 01 | 02 | Ⅰ | Ⅱ | Ⅲ |
|---|---|---|---|---|---|---|
| 允许误差 | ±0.5% | ±1% | ±2% | ±5% | ±10% | ±20% |
| 类　型 | 精密型 | | | 普通型 | | |

### (二) 额定功率

电阻器的额定功率是指在标准大气压和规定的环境温度下，电阻器长期连续负荷而不改变其性能的允许功率。额定功率分为 1/20、1/8、1/4、1/2、1、2、3、5、7、10、20、…、500 等 19 个等级，单位为 W（瓦）。电阻器的额定功率与体积的大小有关。电阻器的体积越大，额定功率数值越大。实际应用中，电阻器的额定功率应大于电路中耗散功率的 2 倍。非线绕电阻器额定功率的表示符号如图 2-4 所示。

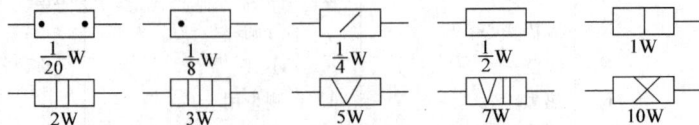

图 2-4  非线绕电阻器额定功率的表示符号

非线绕电阻器实际应用较多的有 1/4、1/2、1、2W。线绕电阻器应用较多的有 2、3、5、10W 等。

### （三）标称阻值及表示方法

#### 1. 标称阻值

由于大批量生产的电阻器不可能满足使用者对阻值的所有要求，为保证使用者能在一定的阻值范围内选用电阻器，就需要按一定的科学规律设计电阻器的阻值数列。电阻器的阻值是厂家按照这种标准系列生产的，表 2-3 列出了固定电阻器的各种偏差标准系列产品标称值。

表 2-3 固定电阻器的各种偏差标准系列产品标称值

| 系 列 | 误差与精度等级 | 电阻器的标称值 |
|---|---|---|
| E24 | Ⅰ级：±5% | 1.0、1.1、1.2、1.3、1.5、1.6、1.8、2.0、2.2、2.4、2.7、3.0、3.3、3.6、3.9、4.3、4.7、5.1、5.6、6.2、6.8、7.5、8.2、9.1 |
| E12 | Ⅱ级：±10% | 1.0、1.2、1.5、1.8、2.2、2.7、3.9、4.7、5.6、6.8、8.2 |
| E6 | Ⅲ级：±20% | 1.0、1.5、2.2、3.3、4.7、6.8 |

表 2-3 中所列数值乘以 1、10、100、$10^3$、$10^4$、$10^5$、$10^6$、$10^7$ 就可以得到 $1\Omega \sim 91M\Omega$ 的电阻值。注意，日常使用的电阻器只能按标称值选取。

#### 2. 阻值的表示方法

电阻值及允许误差有 4 种表示方法，即直标法、文字符号法、色标法和数码表示法。

1）直标法是指在元件（电阻器、电容器）表面直接标出它的主要参数和技术性能的一种方法。阻值用阿拉伯数字，允许误差用百分数表示，如 $2k\Omega \pm 5\%$。

2）文字符号法是用数字与符号组合在一起表示元件的主要参数和技术性能的方法。组合规律是文字符号 $\Omega$、k、M 前面的数字表示整数阻值，文字符号后面的数字表示小数点后面的小数阻值。允许误差用文字符号，其中，J 为 $\pm5\%$，K 为 $\pm10\%$，M 为 $\pm20\%$。例如 $5\Omega1J$ 表示 $5.1\Omega$，误差为 $\pm5\%$。若电阻上未标注误差，则误差均为 $\pm20\%$。

文字符号规定如下：

欧姆用"$\Omega$"表示：如 $0.1\Omega$ 表示为 $\Omega1$；

千欧（$10^3\Omega$），用"k"表示：如 $1k\Omega$ 表示为 1k；

兆欧（$10^6\Omega$），用"M"表示：如 $2.2M$ 表示为 2M2；

吉欧（$10^9\Omega$），用"G"表示：如 $5.6\times10^9\Omega$ 表示为 5G6；

太欧（$10^{12}\Omega$），用"T"表示：如 $4.7\times10^{12}\Omega$ 表示为 4T7。

3）色标法是用色环、色点或色带在电阻器表面标出标称阻值和允许误差，它具有标志清晰、各个角度都能看到的特点。对于 $1/8\sim1/2$ W 的小功率电阻，一般采用国际通用的色标表示法。色标法标称电阻值的色环表示一般有四色环、五色环等表示法。

四色环色标法：普通精度的电阻器用四色环表示，四色环如图 2-5 所示。左边（与端部距离最近的）为第一色环，顺次向右为第二、第三、第四色环。各色环所代表的意义：第一色环、第二色环相应代表阻值的第一、二位有效数字，第三色环表示倍率

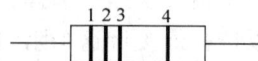

图 2-5 四色环电阻器

（第一、二位数之后加"0"的个数），第四色环代表阻值的允许误差。

五色环色标法：精密电阻器大多采用五色环色标法来标注。五色环中的前3条色环分别表示阻值第一、第二、第三位数字，第四色环表示倍率（第一、二、三位数之后加"0"的个数），第五条色环表示允许误差范围。电阻器的色环标志颜色见表2-4。

表2-4　电阻器的色环标志颜色

| 颜色<br>意义 | 棕 | 红 | 橙 | 黄 | 绿 | 蓝 | 紫 | 灰 | 白 | 黑 | 金 | 银 |
|---|---|---|---|---|---|---|---|---|---|---|---|---|
| 有效数字 | 1 | 2 | 3 | 4 | 5 | 6 | 7 | 8 | 9 | 0 | — | — |
| 乘数 | $10^1$ | $10^2$ | $10^3$ | $10^4$ | $10^5$ | $10^6$ | $10^7$ | $10^8$ | $10^9$ | $10^0$ | $10^{-1}$ | $10^{-2}$ |
| 允许误差 | ±1% | ±2% | — | — | ±0.5% | ±0.2% | ±0.1% | | | | ±5% | ±10% |

例如，一个四色环电阻器的第一、二、三、四色环分别为蓝、灰、橙、金色，则阻值为

$$R = 68 \times 10^3 \Omega = 68000\Omega = 68\text{k}\Omega（允许误差为 \pm 5\%）$$

一个五色环电阻器的第一、二、三、四、五色环分别为棕、黑、绿、棕、棕色，则阻值为

$$R = 105 \times 10^1 \Omega = 1050\Omega = 1.05\text{k}\Omega（允许误差为 \pm 1\%）$$

4）数码表示法是在电阻器上用3位数码表示标称值的方法。基本单位是Ω，前两位数字表示数值的有效数字，第三位数字表示数值的倍率$10^n$（即在前两位数后加0的个数）。如100表示其阻值为$10 \times 10^0 \Omega = 10\Omega$；223表示其阻值为$22 \times 10^3 \Omega = 22\text{k}\Omega$。

### （四）最高工作电压

最高工作电压是由电阻器、电位器最大电流密度、电阻体击穿及结构等因素所规定的工作电压限度。对阻值较大的电阻器，当工作电压过高时，虽功率不超过规定值，但内部会发生电弧火花放电，导致电阻器变质损坏。一般1/8W碳膜电阻器和金属膜电阻器的最高工作电压分别不能超过150V和200V。

## 四、电阻器的选择与测试

### （一）电阻器的选择

类型选择：对于一般的电子电路，若没有特殊的要求，可选用碳膜电阻器，以降低成本；对于稳定性、耐热性、可靠性及噪声要求较高的电路，宜选用金属膜电阻器；对于工作频率低、功率大且对耐热性能要求较高的电路，可选用线绕电阻器；在高频电子电路中，应选薄膜电阻器或无感电阻器，不能用实心电阻器或线绕电阻器。

选用电位器时，除要注意其性能参数之外，还应注意尺寸大小和旋转轴柄的长短、轴端式样，以及轴上是否需要锁紧装置等。

阻值及误差的选择：阻值应按标称值系列选取。有时需要的阻值不在标准值系列，此时可以选择最接近这个阻值的标称值。当然，也可以用两个或两个以上的电阻器的串、并联来代替所需的电阻器。误差选择应根据该电阻器在电路中所起的作用，除一些对精度有特别要求的电路（如仪器仪表电路、测量电路等）外，一般电子电路中所需电阻器误差可选用Ⅰ、

Ⅱ、Ⅲ级误差。

额定功率的选取：电阻器在电路中实际消耗的功率不得超过其额定功率，为了保证电阻器长期使用不会变质或损坏，通常要求选用的电阻器的额定功率高于实际消耗功率的两倍以上。

### （二）电阻器的测试

电阻器的测量方法很多，一般用欧姆表、电阻电桥和万用表欧姆档直接测量，也可根据欧姆定律，通过测量流过电阻器的电流及电阻上的压降来间接测量电阻值。

当测量精度要求不高时，可直接用欧姆表或万用表测量电阻。使用数字万用表测量时，首先将万用表的功能开关置Ω档，量程开关置合适位置，直接读数即可。使用指针式万用表时，将黑、红两根表笔短接，表头指针应在刻度线零点，若不在零点，则要调节Ω旋钮（欧姆档调零电位器）回零。调回零后即可把被测电阻串接于两根表笔之间，此时表头指针偏转，待稳定后可从刻度线上直接读出所示数值，将测量数值乘以所选择的量程，即可得到被测电阻的阻值。当改变另一量程时，必须再次短接两表笔，重新调零。

特别要指出的是，在测量电阻时，不能用双手同时捏住电阻器或表笔，如果那样，人体电阻将会与被测电阻器并联在一起，表头上指示的数值就不单纯是被测电阻器的阻值了。

# 第二节 电 容 器

电容器在各类电子电路中是一种必不可少的重要元件。电容器是储能元件，当两端加上电压以后，极板间的电介质在电场的作用下将被极化。在极化状态下的介质两边，可以储存一定的电荷，储存电荷的能力用电容量表示。电容量的基本单位是法拉（F），常用单位是微法（μF）和皮法（pF）。电容器在电路中用于调谐、滤波、耦合、旁路、能量转换和定时等。

## 一、电容器的分类及特点

电容器的种类很多，按其结构分，电容器可分为固定电容器、可变电容器和微调电容器。

固定电容器的容量是固定不可调的；微调电容器容量可在小范围内变化，其可变容量十几至几十皮法，最高达100pF（以陶瓷为介质时），适用于整机调整后电容量不需经常改变的场合，常以空气、云母或陶瓷作为介质；可变电容器容量可在一定范围内连续变化，常有"单联""双联"之分，它们由若干片形状相同的金属片并接成一组定片和一组动片，电极片由定片和动片组成，通过改变电极片面积产生电容量值的变化，它所使用的电介质有空气、塑料薄膜、陶瓷、云母等。

按介质材料可分为有机介质电容器、无机介质电容器和电解电容器等，常见电容器外形和图形符号如图2-6所示。

### （一）有机介质电容器

除传统的纸介、金属化纸介电容器及涤纶、聚苯乙烯等电容器外，由于现代高分子合成

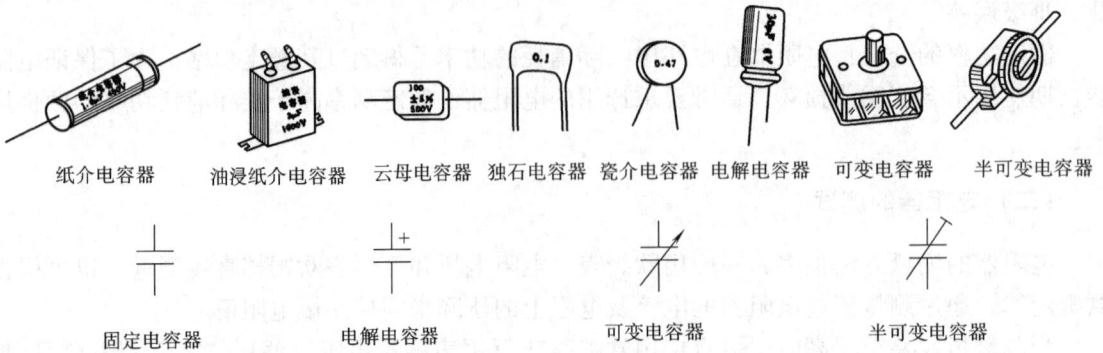

图 2-6　常见电容器外形和图形符号

化合物技术的不断发展，新的薄膜介质电容器已不断出现，如聚丙烯电容器等。

（1）纸介电容器（型号 CZ）　纸介电容器是生产历史最悠久的电容器之一，它的特点是电容量和工作电压范围很宽（36V ~ 30kV），工艺简单，成本低。但电容量精度不易控制，体积大，损耗较大，频率特性及温度稳定性较差，只适合用于直流或低频电路中。

（2）金属化纸介电容器（型号 CJ）　金属化纸介电容器的特点是有自愈作用，比同类纸介电容器容量大，即同等耐压容量条件下的金属化纸介电容器体积比纸介电容器小 3 ~ 5 倍，其余性能与纸介电容器相同。

现在，纸介电容器在国外已被淘汰，国内也较少见到。

（3）有机薄膜电容器　有机薄膜电容器有涤纶、聚丙烯等多种。这种电容器无论在体积上还是在电参数上都要比纸介电容器优越得多，但一般不耐高温。有机薄膜电容器一般具有体积小、自愈性好等特点。

### （二）无机介质电容器

（1）瓷介电容器（型号 CC）　瓷介电容器以高介电常数、低损耗的陶瓷材料为介质，结构简单，价格低廉，体积小，电容量对温度、频率、电压和时间的稳定性都比较高，广泛用于各种电子设备中。瓷介电容器可分为低压小功率和高压大功率两种。常见的低压小功率电容器有瓷片、瓷管、瓷介独石电容器，主要用于高频电路、低频电路中。高压大功率瓷片电容器可制成鼓形、瓶形、板形等形式，主要用于电力系统的功率因数补偿、直流功率变换等电路中。

（2）云母电容器（型号 CY）　云母电容器是以云母作为介质，绝缘强度高，损耗小，温度、频率特性稳定，容量精度高。一般容量范围为 4.7 ~ 4700pF，最高精度可达 ±0.01% ~ ±0.03%，常用于高频电路，并可作为标准电容器。但云母电容器的生产工艺复杂，成本高。

（3）玻璃膜电容器（型号 CO）　玻璃膜电容器以玻璃作为介质构成电容器，它具有良好的防潮性和抗振性，能在 200℃高温下长期稳定工作。其稳定性介于云母电容器与瓷介电容器之间，体积只有云母电容器的几十分之一，且成本低。

### （三）电解电容器

电解电容器的介质是很薄的氧化膜，容量可做得很大，一般标称容量为 1 ~ 10000μF。

电解电容器有正极和负极之分，使用中应保证正极电位高于负极电位，否则电解电容器的漏电流增大，导致电容器过热损坏，甚至炸裂。

电解电容器的损耗比较大，性能受温度影响比较大，高频性能差。电解电容器的品种主要有铝电解电容器（型号 CD）、钽电解电容器（型号 CA）和铌电解电容器（型号 CN）。铝电解电容器价格便宜，容量可以做得比较大，但性能较差，寿命短（存储寿命小于 5 年）。一般使用在要求不高的去耦、耦合和电源滤波电路中。后者的性能要优于铝电解电容器，主要用于温度变化范围大，对频率特性要求高，对产品稳定性、可靠性要求严格的电路中。但这两种电容器的价格较高。

## 二、电容器的型号命名

电容器的型号命名方法一般由 4 部分组成，其表示方法及意义详见表 2-5。

表 2-5　电容器的型号命名方法

| 第一部分 | | 第二部分 | | 第三部分 | | 第四部分 |
|---|---|---|---|---|---|---|
| 用字母表示主称 | | 用字母表示材料 | | 用字母表示特征 | | 用字母或数字表示序号 |
| 符号 | 意义 | 符号 | 意义 | 符号 | 意义 | |
| C | 电容器 | C | 瓷介 | T | 铁电 | |
| | | I | 玻璃釉 | W | 微调 | |
| | | O | 玻璃膜 | J | 金属化 | |
| | | Y | 云母 | X | 小型 | |
| | | V | 云母纸 | S | 独石 | 包括： |
| | | Z | 纸介 | D | 低压 | 品种 |
| | | J | 金属化纸介 | M | 密封 | 尺寸 |
| | | B | 聚苯乙烯 | Y | 高压 | 代号 |
| | | F | 聚四氟乙烯 | C | 穿心式 | 温度特性 |
| | | L | 涤纶 | | | 直流工作电压 |
| | | S | 聚碳酸酯 | | | 标称值 |
| | | Q | 漆酯 | | | 允许误差 |
| | | H | 纸膜复合 | | | 标准代码 |
| | | D | 铝电解 | | | |
| | | A | 钽电解 | | | |
| | | G | 金属电解 | | | |
| | | N | 铌电解 | | | |
| | | T | 钛电解 | | | |
| | | M | 压敏 | | | |
| | | E | 其他材料电解 | | | |

通常在容量小于 10000pF 的时候以 pF 为单位，大于 10000pF 的时候，以 $\mu$F 为单位。

一般情况下，大于 100pF 而小于 1$\mu$F 的电容常常不标注单位，没有小数点的，它的单位是 pF；有小数点的其单位是 $\mu$F。例如，3300 就是 3300pF，0.1 就是 0.1$\mu$F 等。

标记举例：CJX250—0.33—±10% 型电容器

```
    C   J   X   250  —  0.33  —  ±10%
    │   │   │    │       │        │
    │   │   │    │       │        └── 允许误差：±10%
    │   │   │    │       └─────────── 标称电容量：0.33μF
    │   │   │    └─────────────────── 额定工作电压：250V
    │   │   └──────────────────────── 特征：小型
    │   └──────────────────────────── 材料：金属化纸介
    └──────────────────────────────── 主称：电容器
```

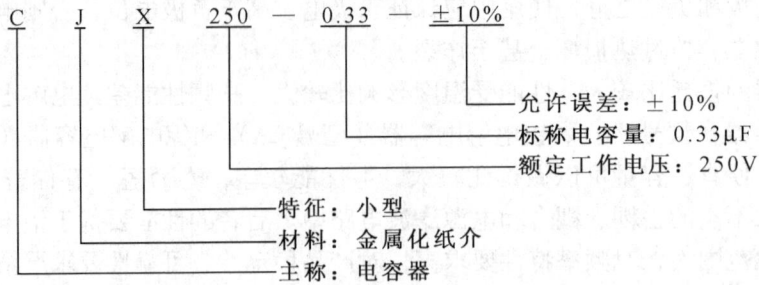

由此可见，这是金属纸介电容器，其额定工作电压为 250V，标称电容量 0.33μF，允许误差为 ±10%。

## 三、电容器的主要性能参数

### （一）允许偏差及精度

允许误差是实际电容量对于标称电容量的最大允许偏差范围。电容器精度直接以允许偏差的百分数表示。常用固定电容器的允许误差等级共分 8 级，见表 2-6。

表 2-6　常用固定电容器的允许误差等级

| 允许误差 | ±1% | ±2% | ±5% | ±10% | ±20% | +20% ~ -30% | +50% ~ -20% | +100% ~ -10% |
|---|---|---|---|---|---|---|---|---|
| 级别 | 01 | 02 | I | II | III | IV | V | VI |

### （二）标称容量

电容常用单位有法（F）、微法（μF）和皮法（pF）。三者的关系为

$$1pF = 10^{-6}μF = 10^{-12}F$$

标记在电容器上的容量数值称为标称值，固定电容器各种偏差标准系列产品标称值和电阻器的相同，参见表 2-3。

一般电容器上都直接标出其容量，但也有下面几种标记方法：

（1）文字符号法　用 2~4 位数字表示电容量有效数字，再用字母表示数值的量级，例如：

1p2 表示 1.2pF；

220n 表示 0.22μF；

3μ3 表示 3.3μF；

2m2 表示 2200μF。

其中，$1nF = 10^{-6}mF = 10^{-9}F$。

（2）数码表示法　一般用 3 位数字来表示容量的大小，单位为 pF。前两位数字表示数值的有效数字，第三位数字表示数值的倍率 $10^{n}$（即在前两位数后加 0 的个数）。但若第三位数字为 9，则乘以 $10^{-1}$。例如：

102 表示 $10 \times 10^{2}pF = 1000pF$；

223 表示 $22 \times 10^{3}pF = 0.022μF$；

474 表示 $47 \times 10^4 \mathrm{pF} = 0.47 \mu\mathrm{F}$；

479 表示 $47 \times 10^{-1} \mathrm{pF} = 4.7 \mathrm{pF}$。

（3）色标表示法 电容器的标称容量和允许误差，也有采用色标法来标记的。电容器的色标法原则上与电阻器色标法相同，单位为 pF，这里就不再赘述，相关标记及颜色符号所代表的数字可参见表 2-4。

### （三）额定工作电压

电容器在规定的温度下，长期可靠工作时所能承受的最高直流电压称为电容器的额定工作电压，又称耐压值。如果在交流电路中，要注意所加的交流电压最大值不能超过电容的直流工作电压。耐压值的大小与电容的介质材料及厚度有关。另外，温度对电容器的耐压也有很大的影响。常用固定电容器的直流工作电压系列有 6.3、10、16、25、32*、40、50*、63、100、125*、250、300*、400、450*、630 和 1000V 等多种等级，其中有 "*" 符号的只限于电解电容器用。耐压值一般也是直接标在电容器上的，但也有一些电解电容器在正极根部标上色点来代表不同的耐压等级，如棕色代表耐压值为 6.3V，而红色代表 10V，灰色代表 16V 等。

### （四）绝缘电阻

绝缘电阻是指加到电容器上的直流电压与漏电流之比，不同种类、不同容量的电容器各不相同。由于电容器两极板间的介质不是绝对的绝缘体，它的电阻不是无穷大，而是一个有限大的数值，绝缘电阻即是加到电容器两极板上的直流电压与通过它的漏电流的比，也叫漏电阻，常用电容器的绝缘电阻一般应为 $10^6 \sim 10^{12} \Omega$，绝缘电阻越小，电容器的漏电流越小，性能就越好。

### （五）介质损耗

理想的电容器不应有能量损耗，但实际上电容器在电场的作用下，总有一部分电能转换成为热能，所损耗的能量称为电容器的损耗，它包括金属极板的损耗和介质损耗两部分。小功率电容器主要由于介质极化和介质电导等原因而产生介质损耗。

## 四、电容器的选择与测试

### （一）电容器的选择

类型选择：电容器类型一般根据它在电路中的作用及工作环境来决定。例如，应用在高频电路中的电容器，要求其高频特性好，云母电容器、高频瓷介电容器应在首选之列；应用在高压环境下的电容器，要求它具有较高的耐压性能，云母电容器、高频瓷介电容器及高频穿心式电容器符合其要求；在电源滤波、去耦、低频级间耦合等电路中，要求容量大的电容器，应选用电解电容器或纸介电容器。

容量及精度选择：电容器容量的数值必须按规定的标称值来选择。但需要注意的是，不同类型的电容器其标称值系列的分布规律是不同的。电容器的误差等级有多种，但除振荡、延时、选频等网络对电容器精度要求较高外，大多数情况下，对电容器的精度要求并不高。

如低频耦合、去耦、电源滤波等电路中，其电容选 ±5%、±10%、±20%、±30% 的误差等级都可以。

耐压值的选择：为保证电容器的正常工作，被选用电容器的耐压值不仅要大于其实际工作电压，而且还要留有足够的余地，一般选耐压值为实际工作电压的两倍以上。某些铁电陶瓷电容器的耐压值只是在低频时适用，高频时虽未超过其耐压，电容也有可能击穿，使用时应注意。

### （二）电容器的测试

一般地，利用指针万用表的电阻档就可以简单地测量出电解电容器的优劣，粗略地辨别其漏电、容量衰减或失效的情况。具体方法是，选用 R×1k 或 R×100 档，将黑表笔接电容器的正极，红表笔接电容器的负极，若指针摆动大，且返回慢，返回位置接近无穷大，说明该电容器正常，且电容量大；若指针摆动大，但返回时指针显示的电阻值较小，说明该电容漏电流较大；如果指针摆动很大，接近于 0Ω，且不返回，说明该电容器已被击穿；如果指针不摆动，则说明该电容器已经开路，是失效的电容器。

这种方法也适用于辨别其他类型的电容器。但如果电容器容量较小时，应选择万用表的 R×10k 档测量。另外，如果需要对电容器再一次测量时，必须将其放电后才能进行。

使用数字万用表测量时，首先将万用表的功能开关置 F 档，量程开关置合适位置，将电容插入电容测试座中，直接读数即可。测量大电容时稳定读数需一定时间。

如果要求更精确的测量，可以用交流电桥和 Q 表（谐振法）来测量，这里不做详细介绍。

## 第三节　电　感　器

电感器是利用电磁感应原理制成的元件，它也是一种储能元件，在电路中用于调谐、振荡、滤波、耦合等，具有阻止交流通过、允许直流通过的特征。一般电感器是由漆包线在绝缘骨架上绕制的线圈，为了增加电感量，提高品质因数和减小体积，通常在线圈中加入软磁性材料的磁心。

### 一、电感器的分类

根据电感器的电感量是否可调，电感器分为固定、可变和微调电感器 3 类。

可变电感器的电感量可利用磁心在线圈内移动而在较大的范围内调节。它与固定电容器配合使用以在谐振电路中起调谐作用。

微调电感器可以满足整机调试的需要和补偿电感器生产中的分散性，一次调好后，不再变动。

根据电感器的结构可分为磁心、铁心和磁心有间隙的电感器等。

除此之外，还有一些小型电感器，如色码电感器、平面电感器和集成电感器，可满足电器设备小型化的需要。

常用电感器的外形与图形符号如图 2-7 所示。

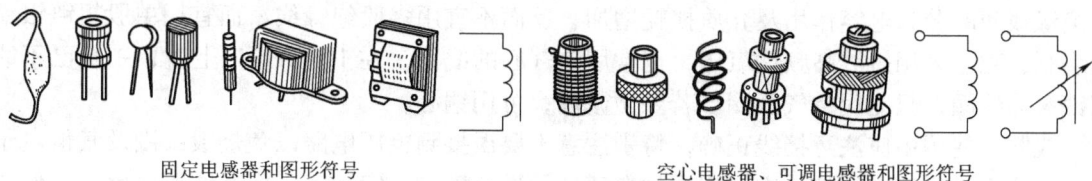

固定电感器和图形符号　　　　　　空心电感器、可调电感器和图形符号

图 2-7　常用电感器的外形与图形符号

## 二、电感器的主要性能参数

### （一）电感量

电感量是指电感器在通过变化的电流时产生感应电动势的能力，用 $L$ 表示。电感量的大小根据线圈在电路中的用途来决定，它与磁导率 $\mu$、线圈单位长度中的匝数 $n$ 及体积 $V$ 有关。当线圈的长度远大于其直径时，电感量为

$$L = \mu n^2 V$$

电感量的常用单位为 H（亨）、mH（毫亨）、μH（微亨）。

电感量的允许误差也取决于其用途，如用于滤波器或统调回路，其允许误差范围就小，而一般耦合线圈、扼流圈等，其允许的误差就大。

### （二）品质因数

品质因数是反映电感器传输能量的大小，表示线圈质量的一个量，用 $Q$ 表示。它是指线圈在某一频率的交流电压下工作时，线圈所呈现的感抗和线圈直流电阻的比值，即

$$Q = \frac{\omega L}{R}$$

式中，$\omega$ 是工作角频率；$L$ 是线圈电感量；$R$ 是线圈电阻。

$Q$ 值越大，传输能量的能力也就越大，即损耗越小。$Q$ 值的提高往往受到一些因素的限制，如导线的直流电阻、线圈架的介质损耗，以及由于屏蔽和铁心引起的损耗，还有在高频工作时的集肤效应，因此实际上线圈的 $Q$ 值不能做得很高，通常范围为 50 ~ 300。

### （三）分布电容及额定电流

线圈的匝与匝之间具有电容，线圈与地、与屏蔽盒之间也具有电容，这些电容称为分布电容。分布电容的存在，降低了线圈的稳定性，同时也降低了线圈的品质因数，因此一般都希望线圈的分布电容尽可能小。

额定电流主要对高频电感器和大功率调谐电感器而言。通过电感器的电流超过额定值时，电感器将发热，严重时会烧坏。

## 三、电感器的选择与测试

采用何种线圈必须考虑其工作频率。在选用电感器时首先应明确其使用频率范围，在音频段一般要用铁心线圈，在几百千赫到几兆赫（如中波广播段）的线圈最好用铁氧体心多股绝缘线绕制，这样可减少集肤效应，提高 $Q$ 值。但是从几兆赫到几十兆赫时，则由于多

股绝缘线间的分布电容作用及介质损耗增加，反而不宜用多股绝缘线，而宜用单股粗镀银铜线绕制，磁心采用短波高频铁氧体，也常用空气心的线圈。在 100MHz 以上时，一般已不能用铁氧体线圈，只能用空气线圈。若要做微调，可用铜心。

线圈在使用中应注意接线正确，特别注意不要误接到电压电路以免烧毁线圈及其他电子元件。线圈是磁感应元件，它对周围的电感性元件有影响。安装时一定要注意电感性元件之间的相互位置，一般应使相互靠近的电感线圈的轴线相互垂直，以尽量减少耦合。

电感器的测量主要包括电感量 $L$ 的测量和品质因数 $Q$（损耗）的测量两部分。通常的测量方法与测量电容器的方法相似，也可用电桥法、谐振回路法测量。常用测量电感器的电桥有海氏电桥和麦克斯韦电桥。

## 第四节　半导体器件

半导体器件具有体积小、功能多、质量小、耗电省、成本低等诸多优点，在电子电路中得到广泛运用。半导体二极管和晶体管是组成分离元器件电子电路的核心器件。

国产半导体分立器件的型号命名由 5 部分组成，具体含义见表 2-7（适用于无线电电子设备所用半导体器件的型号命名）。

表 2-7　国产半导体分立器件的型号命名

| 第一部分 | | 第二部分 | | 第三部分 | | 第四部分 | 第五部分 |
|---|---|---|---|---|---|---|---|
| 数字表示电极数 | | 字母表示材料和极性 | | 字母表示类别 | | 数字表示序号 | 字母表示规格号 |
| 符号 | 意义 | 符号 | 意义 | 符号 | 意义 | | |
| 1 | 二极管 | A | N 型锗材料 | P | 普通管 | 反映极限参数、直流参数和交流参数等的差别 | 反映承受反向击穿电压的程度 |
| | | B | P 型锗材料 | V | 微波管 | | |
| | | C | N 型硅材料 | W | 稳压管 | | |
| | | D | P 型硅材料 | C | 参量管 | | 规格型号为 A、B、C、D…… 其中 A 承受的反向击穿电压最低，B 次之…… |
| 3 | 三极管 | A | PNP 型锗材料 | Z | 整流管 | | |
| | | B | NPN 型锗材料 | L | 整流堆 | | |
| | | C | PNP 型硅材料 | S | 隧道管 | | |
| | | D | NPN 型硅材料 | N | 阻尼管 | | |
| | | E | 化合物材料 | U | 光电器件 | | |
| | | | | K | 开关管 | | |
| | | | | X | 低频小功率管（$f_a < 3\,\mathrm{MHz}, P_C < 1\mathrm{W}$） | | |
| | | | | G | 高频小功率管（$f_a \geqslant 3\,\mathrm{MHz}, P_C < 1\mathrm{W}$） | | |
| | | | | D | 低频大功率管（$f_a < 3\,\mathrm{MHz}, P_C \geqslant 1\mathrm{W}$） | | |
| | | | | A | 高频大功率管（$f_a \geqslant 3\,\mathrm{MHz}, P_C \geqslant 1\mathrm{W}$） | | |
| | | | | T | 可控整流管 | | |
| | | | | Y | 体效应器件 | | |
| | | | | B | 雪崩管 | | |
| | | | | J | 阶跃恢复管 | | |
| | | | | CS | 场效应管 | | |
| | | | | BT | 半导体特殊器件 | | |
| | | | | FH | 复合管 | | |
| | | | | PIN | PIN 型管 | | |
| | | | | JG | 激光器件 | | |

例如：

```
3    A    X    31    A
                      └─ 管子规格为A
                 └──── 序号：31
            └───────── 低频小功率管
       └────────────── PNP型锗材料
  └─────────────────── 三极管
```

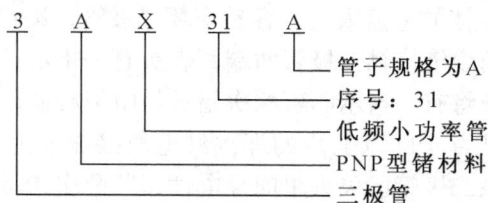

由此可见，该管为PNP型低频小功率锗管。

注意：

1）可控整流管、体效应器件、雪崩管、场效应器件、半导体特殊器件、复合管、PIN型管、激光器件、阶跃恢复管等器件的型号命名只有第三、四、五部分。

2）国外进口的半导体器件的命名方法与国产器件的命名方法不同。因而，在选用进口器件时，应查阅相关的技术资料。

## 一、半导体二极管

### （一）二极管的分类

按材料来分，可分为硅二极管、锗二极管；按结构来分，可分为点接触型二极管、面接触型二极管；按用途来分，可分为普通二极管和特殊二极管。普通二极管包括整流二极管、检波二极管、开关二极管、快速二极管等；特殊二极管包括稳压二极管、变容二极管、发光二极管、隧道二极管、触发二极管等。

### （二）二极管的识别与实验测试

#### 1. 普通二极管

普通二极管一般为玻璃封装或塑料封装形式，如图2-8所示。它们的外壳上均印有型号和标记。有圆环标志或标记箭头所指向的为阴极或负极，有的二极管上只有一个色点，有色点的一端为阳极或正极。如果是透明玻璃壳二极管，可直接看出极性，即内部连触丝的一头是阳极，连半导体片的一头是阴极。

无标记或标记不清的二极管，可以借助万用表的电阻档做简单测试。若用数字万用表测试，其正端（＋）红表笔接表内电池的正极，而负端（－）黑表笔接表内电池的负极（与指针万用表相反）。

图2-8　普通二极管的封装形式

数字万用表用二极管档测量：将红、黑两表笔接触硅二极管的两端，记下读数后交换表笔，两次读数一次为"1."、一次为600mV左右，为二极管正向压降的近似值，则表明二极管是好的，读数为600的那次测量中红表笔所接的是二极管的阳极；若两次读数均为几百或几千，则表明该二极管已失去单向导电性；若两次读数均为"1"，则说明该二极管已开路。

对于指针万用表，正端（＋）红表笔接表内电池的负极，而负端（－）黑表笔接表内电池的正极。根据PN结正向导通电阻值小，反向截止电阻值大的原理来简单确定二极管的好坏和极性。具体测量时，选用万用表的电阻档。一般用 R×100 或 R×1k 档，而不用 R×1 或 R×10k 档。因为 R×1 档的电流太大，容易烧坏二极管，R×10k 档的内电源电压太大，易击穿二极管。将红、黑两表笔接触二极管两端，表头有一指示；将红、黑两表笔反过来再次接触二极管两端，表头又将有一指示。若两次指示的阻值相差很大，说明该二极管单向导电性好，并且电阻值大（几百千欧以上）的那次红笔所接端即为二极管的阳极；若两次指示的阻值相差很小，说明该二极管已失去单向导电性；若两次指示的阻值均很大，则说明该二极管已开路。

### 2. 特殊二极管

特殊二极管的种类较多，下面介绍 4 种常用的特殊二极管。

发光二极管（LED）：发光二极管通常是用砷化镓、磷化镓等制成的一种新型器件。它具有工作电压低、耗电少、响应速度快、抗冲击、耐振动、性能好及轻而小的特点，被广泛应用于单个显示电路或作成 7 段矩阵式显示器。而在数字电路实验中，常用作逻辑显示器。发光二极管外形和图形符号如图 2-9 所示。

发光二极管和普通二极管一样具有单向导电性，正向导通时才能发光。发光二极管发光颜色有多种，例如红、绿、黄等，形状有圆形和长方形等。发光二极管出厂时，一根引线做得比另一根引线长，通常较长的引线表示阳极（＋），另一根为阴极（－），若辨别不出引线的长短，则可以用辨别普通二极管引脚的方法来辨别其阳极和阴极。发

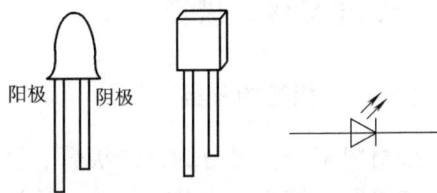

图 2-9　发光二极管外形和图形符号

光二极管正向工作电压一般为 $1.5 \sim 3V$，允许通过的电流为 $2 \sim 20mA$，电流的大小决定发光的亮度。电压、电流的大小依据器件型号不同而稍有差异。若发光二极管与 TTL 组件相连接使用时，一般需串接一个 $470\Omega$ 的降压电阻，以防止器件的损坏。

稳压管有玻璃、塑料封装和金属外壳封装两种。前者外形与普通二极管相似，如 2CW7。金属外壳封装的外形与小功率晶体管相似，但内部为双稳压管，其本身具有温度补偿作用，如 2CW231。稳压管外形和图形符号如图 2-10 所示。

稳压管在电路中是反向连接的，它能使稳压管所接电路两端的电压稳定在一个规定的电压范围内，该电压称为稳压值。确定稳压管的稳压值可根据稳压管的型号查阅手册得知，也可在半导体管特性图示仪上测出其伏安特性曲线获得，还可通过简单的实验电路测得，实验电路如图 2-11 所示。改变直流电源

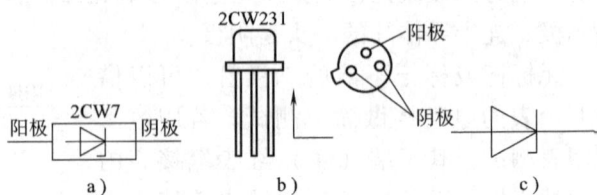

图 2-10　稳压管外形和图形符号
a）塑料、玻璃封装　b）金属外壳封装　c）图形符号

电压 $E$，使之由零开始缓慢增加，同时稳压管两端用直流电压表监测。当电源电压 $E$ 增加到一定值，使稳压管反向击穿，直流电压表将指示某一电压值。这时再增加直流电源电压 $E$，而稳压管两端电压不再变化，则电压表所指示的电压值就是该稳压管的稳压值。

光敏二极管：光敏二极管是一种将光信号转换成电信号的半导体器件，其电路图形符号如图 2-12a 所示。在光敏二极管的管壳上备有一个玻璃窗口，以便于接收光照。当有光照

时，其反向电流随光照强度的增加而成正比上升。光敏二极管可用于光的测量。当制成大面积的光敏二极管时，可作为一种能源，称为光电池。

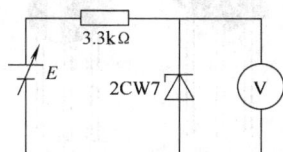

图 2-11　测量稳压管的稳压值实验电路

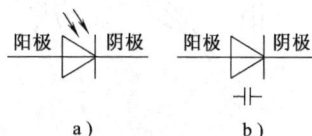

图 2-12　光敏二极管和变容二极管图形符号
a）光敏二极管　b）变容二极管

变容二极管：变容二极管在电路中能起到可变电容的作用，其结电容随反向电压的增加而减小。其电路图形符号如图 2-12b 所示。变容二极管主要应用于高频技术中，如变容二极管调频电路。

### （三）二极管的选用

通常小功率锗二极管的正向电阻值为 $300 \sim 500\Omega$，硅管为 $1k\Omega$ 或更大些。锗管反向电阻为几十千欧，硅管的反向电阻在 $500k\Omega$ 以上（大功率二极管的数值要大得多）。正反向电阻差值越大越好。

点接触二极管的工作频率高，不能承受较高的电压和通过较大的电流，多用于检波、小电流整流或高频开关电路。面接触二极管的工作电流和能承受的功率都较大，但适用的频率较低，多用于整流、稳压、低频开关电路等方面。

选用整流二极管时，既要考虑正向电压，又要考虑反向饱和电流和最大反向电压。选用检波二极管时，要求工作频率高，正向电阻小，以保证较高的工作效率，特性曲线要好，避免引起过大的失真。

## 二、晶体管

### （一）晶体管的分类

晶体管又称双极型晶体管，其种类非常多。按照结构工艺分类，有 PNP 型和 NPN 型；按照制造材料分类，有锗管和硅管；按照工作频率分类，有低频管、高频管和微波管。一般，低频管用于处理频率在 3MHz 以下的电路中，高频管的工作频率可以达到几百兆赫。按照允许耗散的功率大小分类，有小功率管和大功率管；一般小功率管的额定功耗在 1W 以下，而大功率管的额定功耗可达几十瓦以上。常用晶体管的外形和图形符号如图 2-13 所示。

### （二）晶体管的识别与测试

#### 1. 从外观识别

晶体管主要有 PNP 型和 NPN 型两大类。一般，可以根据命名法从晶体管管壳上的符号识别出它的型号和类型。例如，晶体管管壳上印的是 3DG6，表明它是 NPN 型高频小功率硅晶体管。同时，还可以从管壳上色点的颜色来判断出管子的电流放大系数 $\beta$ 值的大致范围。以 3DG6 为例，若色点为黄色，表示 $\beta$ 值为 $30 \sim 60$；绿色表示 $\beta$ 值为 $50 \sim 110$；蓝色表示 $\beta$

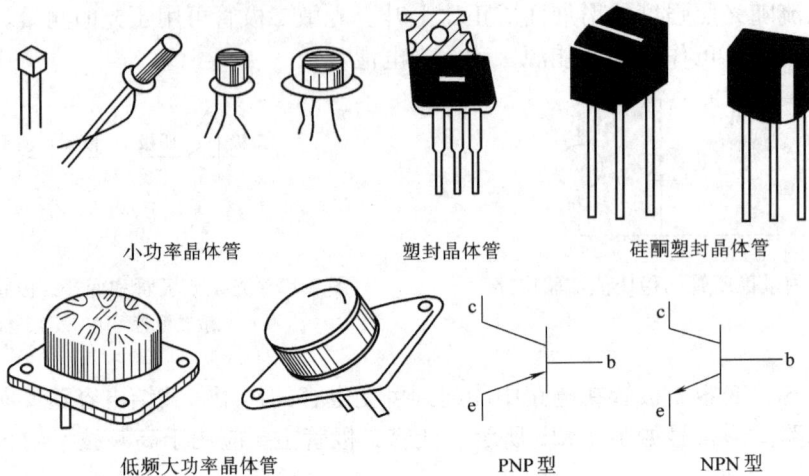

小功率晶体管　　　　塑封晶体管　　　　硅酮塑封晶体管

低频大功率晶体管　　　　PNP型　　　　NPN型

图 2-13　常用晶体管的外形和图形符号

值为 90～160；白色表示 $\beta$ 值为 140～200。但是也有的厂商并非按此规定，使用时要注意。

当从管壳上知道它们的类型和型号及 $\beta$ 值时，还应进一步辨别它们的 3 个电极。

对于小功率晶体管来说，有金属外壳封装和塑料外壳封装两种。

金属外壳封装的，如果管壳上带有定位销，那么将管底朝上，从定位销起，按顺时针方向，3 根电极依次为 e、b、c。如果管壳上无定位销，3 根电极一般按等腰三角形排列，将引脚朝向自己，

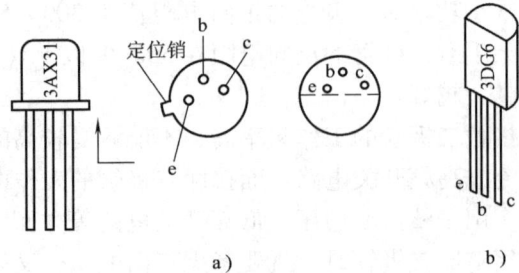

图 2-14　小功率晶体管 3 个电极的识别

a) 金属外壳封装　b) 塑料外壳封装

等腰"三角形"的底边朝下，从左按顺时针方向，3 根电极依次为 e、b、c。小功率晶体管 3 个电极的识别如图 2-14a 所示。

若是塑料外壳封装的，辨别时面对平面，3 根电极朝下方，从左到右引脚顺序依次为 e、b、c，如图 2-14b 所示。

对于大功率晶体管，外形一般分为 F 型和 G 型两种，其 3 个电极的识别如图 2-15 所示。图 2-15a 所示为 F 型管，从外形上只能看到两根电极。判别时将管底朝上，两根电极置于左侧，则上为 e，下为 b，底座为 c。图 2-15b 所示为 G 型管，它的 3 个电极一般在管壳的顶部，将管底朝下，3 根电极置于左方，从最下电极起，顺时针方向，依次为 e、b、c。

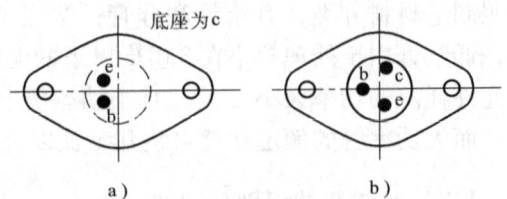

图 2-15　大功率三极管三个电极的识别

a) F 型大功率管　b) G 型大功率管

晶体管的引脚必须正确确认，否则，接入电路不但不能正常工作，还可能烧坏管子。

**2. 万用表测试晶体管的引脚极性**

如果使用数字万用表，可按二极管的测试方法判断两个 PN 结的好坏。从外形辨别出 e、

b、c 后，可直接将晶体管插入测量管座中，测试晶体管的 $\beta$ 值。

　　用指针万用表测试晶体管的引脚极性与性能好坏时，仍然选用万用表的 R×100 或 R×1k 档。

　　判断基极 b 和晶体管类型：先假设晶体管的某极为"基极"，并将黑表笔接在假设的基极上，再将红表笔先后接到其余两个电极上，如果两次测得的电阻值都很大（或者都很小），而对换表笔后测得的两个电阻值都很小或都很大，则可确定假设的基极是正确的。如果两次测得的电阻值是一大一小，则可肯定原假设的基极是错误的，这时就必须重新假设另一电极为"基极"，再重复上述的测试。最多重复两次就可找出真正的基极。

　　当基极确定以后，将黑表笔接基极，红表笔分别接其他两极。此时，若测得的电阻值都很小，则该晶体管为 NPN 型管；反之，则为 PNP 型管。

　　判断集电极 c 和发射极 e：以 NPN 型管为例。用指针万用表判别晶体管 c、e 极，如图 2-16 所示，把黑表笔接到假设的集电极 c 上，红表笔接到假设的发射极 e 上，并且用手捏住 b 和 c 极（不能使 b、c 直接接触），通过人体，相当于在 b、c 之间接入偏置电阻。读出表头所示 c、

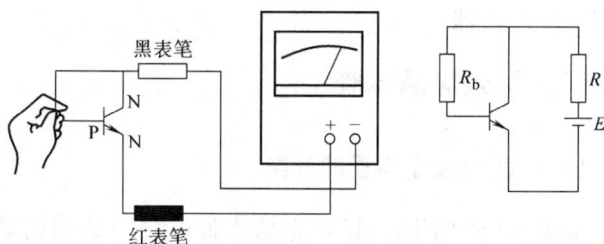

图 2-16　用指针万用表判别晶体管 c、e 极

e 间的电阻值，然后将红、黑两表笔反接重测。若第一次电阻值比第二次小，说明原假设成立，黑表笔所接为晶体管集电极 c，红表笔所接为晶体管发射极 e。因为 c、e 间电阻值小，正说明通过万用表的电流大，偏置正常。

　　以上介绍的是简单而粗略地对晶体管的测试和判断。如果要进一步精确测试，可借助于晶体管特性图示仪，它能十分清晰地显示出晶体管的输入特性和输出特性曲线及电流放大系数 $\beta$ 值等。

### 3. 万用表测试晶体管的性能

　　穿透电流 $I_{\mathrm{CEO}}$：是一个反映晶体管温度特性的重要参数，$I_{\mathrm{CEO}}$ 大，晶体管的热稳定性差。用万用表的 R×1k 档检测 $I_{\mathrm{CEO}}$ 的方法是，对于 NPN 管来说，将黑表笔接 c 极，红表笔接 e 极，测量 c，e 之间的电阻值。该电阻值一般来说，锗管为几千欧至几十千欧，硅管为几十千欧至几百千欧。如果电阻值太小，说明 $I_{\mathrm{CEO}}$ 太大。再用手捏紧管壳，利用体温给晶体管加温，若电阻明显减小，即 $I_{\mathrm{CEO}}$ 明显增加，说明管子的热稳定性差，受温度影响大；如果电阻值接近零，表明晶体管已经击穿；如果电阻值无穷大，表明晶体管内部开路。

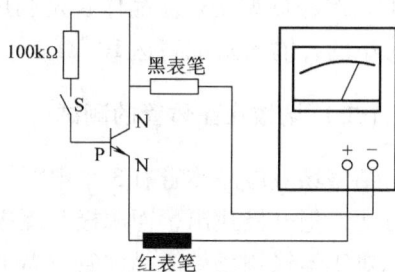

图 2-17　用万用表估测电流放大系数

　　估测电流放大系数 $\beta$：用万用表的 R×1k 或 R×100 档。如果测 NPN 型管，则按图 2-17 所示电路连接，图中的 100kΩ 电阻和开关 S，也可以用潮湿的手指捏住集电极和基极代替。若是测 PNP 型管，则红、黑表笔对调。对比 S 断开和接通时测得的电阻值（或手指断开和捏住时的电阻值），两个读数相差越大，表示该晶体管的 $\beta$ 值越高；如果相差很小或不动，

则表示该管已失去放大作用。

### （三）晶体管的选用

按电路要求选用晶体管的类型及参数。一般选管时，应使管子的特征频率高于电路工作频率的 3 ~ 10 倍，电流放大系数 $\beta$ 值选在 40 ~ 100，还应按最高反向击穿电压大于电源电压，集电极最大电流、集电极耗散功率等极限参数降为原值的 2/3 来选用。

使用晶体管时，注意不得有两项以上的参数同时达到极限值；焊接时，应使用低熔点焊锡，引脚不应短于 10mm，焊接动作要快，每根引脚焊接时间最好不要超过 2s；晶体管在焊入电路时，应先接通基极，再接入发射极，最后接入集电极，拆下时，应按相反次序，以免烧坏管子；在电路通电的情况下，不得断开基极引线，以免损坏管子；功率晶体管应加装有足够大的散热器。

## 三、场效应晶体管

### （一）场效应晶体管的分类

根据结构的不同，场效应晶体管可分为结型场效应晶体管（JFET）和绝缘栅场效应晶体管（又称金属-氧化物-半导体场效应晶体管 MOSFET，简称 MOS 管）；根据极性的不同，JFET 与 MOS 管中又分为 N 沟道和 P 沟道两种。场效应晶体管的图形符号如图 2-18 所示。

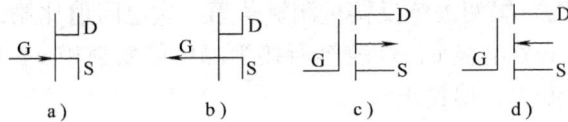

图 2-18 场效应晶体管的图形符号
a）N 沟道 JFET b）P 沟道 JFET c）NMOS 管 d）PMOS 管

结型场效应晶体管是利用导电沟道之间耗尽区的宽窄来控制电流的，输入电阻为 $10^6$ ~ $10^9 \Omega$；绝缘栅型场效应晶体管是利用感应电荷的多少来控制导电沟道的宽窄从而控制电流的大小的，输入阻抗高达 $10^{15} \Omega$。

### （二）场效应晶体管的测试

结型场效应晶体管有 3 个电极，即源极、栅极和漏极，可以用万用表测量二极管或电阻的方法，把栅极找出，而源极和漏极一般可对调使用，所以不必区分。

对于绝缘栅场效应晶体管（MOS 管）来说，由于其输入电阻很大（$10^9$ ~ $10^{15} \Omega$），栅、源极之间的感应电荷不易泄放，使得少量感应电荷就会产生很高的感应电压，极易使 MOS 管击穿。因而 MOS 管在保存时，应把它的 3 个电极短接在一起。取用时，不要拿它的引脚，而要拿它的外壳。使用时，要在它的栅、源极之间接入一个电阻或一个稳压二极管，以降低感应电压的大小。在焊接管子时，一般使用 25W 以下的内热式电烙铁，并有良好的接地措施，或在焊接时切断电烙铁电源。

绝缘栅场效应晶体管由于其电阻太大，极易被感应电荷击穿，因而不能用万用表进行检测，而要用专用测试仪进行测试。

## 四、晶闸管

### （一）晶闸管的分类

晶闸管俗称可控硅整流元件，或简称可控硅。它是一种大功率半导体器件，主要用于大功率的交直流变换、调压等。普通晶闸管的结构和图形符号如图 2-19 所示，从图 2-19a 可以看出，它是由 4 层半导体材料组成，共有 3 个 PN 结，对外有 3 个电极：第一层 P 型半导体处引出的电极为阳极 A，第三层 P 型半导体处引出的电极为门极 G，第四层 N 型半导体处引出的电极称为阴极 K。图 2-19b 为图形符号。

普通晶闸管因具有单向导电性，所以又称为单向晶闸管。晶闸管按功能来分还有双向晶闸管、快速晶闸管、可关断晶闸管、逆导晶闸管、光控晶闸管、场控晶闸管、温控晶闸管等。

双向晶闸管是一种无论加何种方向的电压与何种极性的触发信号都可以导通的晶闸管，可以被认为是一对反并联连接的单向普通晶闸管。由于两种极性的电压都能导通，所以其与单向晶闸管的阳极、阴极相对应的两个电极不再称阳极、阴极，而分别称第一阳极和第二阳极，用来加触发信号的电极称为门极。双向晶闸管主要用于电机控制、电磁阀控制、调温及调光控制等方面。

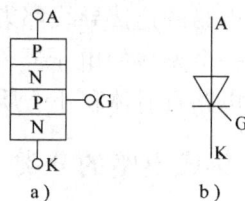

图 2-19 普通晶闸管的结构和图形符号
a) 晶闸管的结构 b) 晶闸管的图形符号

在正常情况下，晶闸管导通的必要条件有两个，缺一不可：晶闸管承受正向电压，即阳极电位高于阴极电位；加上适当的正向门极电压，即门极电位高于阴极电位。

晶闸管一旦导通，门极就失去了控制作用。正因为如此，晶闸管的门极控制信号只要是正向脉冲电压就可以了，称之为触发电压或触发脉冲。

要使晶闸管关断，必须去掉阳极正向电压，或者给阳极加反向电压，或者降低阳极正向电压，这样就使通过晶闸管的电流降低到一定数值以下。能保持晶闸管导通的最小电流，称之为维持电流。

当门极没有加正向触发电压时，即使在其阳极和阴极之间加上正向电压，晶闸管一般也不会导通。

### （二）晶闸管的正确使用

（1）引脚的判别 用数字万用表二极管档测量，同二极管测量相同，导通时红表笔所接为门极 G，黑表笔所接为阴极 K，另一端为阳极 A。

（2）管子质量的判别 用万用表若测得以下情况之一，则说明管子是坏的：

1）任意两极间正反向电阻均为零。

2）A、K 间正向电阻为低阻（注意：测量过程中黑表笔不要接触 G 极）。

3）各极之间均为高电阻。

（3）晶闸管额定电压的选择 晶闸管实际工作时承受的正常峰值电压应低于正、反向重复峰值电压 $U_{DRM}$ 和 $U_{RRM}$，并留有 2~3 倍的额定电压值的裕量，还应有可靠的过电压保护措施。

（4）晶闸管额定电流的选择　晶闸管实际工作通过的最大平均电流应低于额定通态平均电流，并应根据电流波形的变化进行相应换算，还应有 1.5~2 倍的裕量及过电流保护措施。

（5）关于门极触发电压和电流的考虑　晶闸管实际触发电压和电流应大于晶闸管参数 $U_G$ 和 $I_G$，以保证晶闸管可靠地被触发，但也不能超过允许的极限值。

# 第五节　集成电路器件

集成电路简称 IC，它是将半导体器件（二极管、晶体管及场效应晶体管等）、电阻、小电容以及电路的连接导线都集成在一块半导体硅片上，形成一个具有一定功能的电子电路，并封装成一个整体的电子器件，形成了材料、元器件、电路的三位一体。与分立元器件相比，集成电路具有体积小、质量小、性能好、可靠性高、损耗小、成本低等优点。

## 一、集成电路的分类

按传送信号的功能来分，有模拟集成电路、数字集成电路。

按导电类型不同分，有单极型集成电路和双极型集成电路。双极型集成电路工作速度快，但功耗较大，而且制造工艺复杂，如 TTL 和 ECL 集成电路。单极型集成电路工艺简单、功耗低，工作电源电压范围较宽，但工作速度慢，如 CMOS、PMOS 和 NMOS 集成电路。

按集成度分，有小规模集成电路（SSI）、中规模集成电路（MSI）、大规模集成电路（LSI）、超大规模集成电路（VLSI）及系统芯片（SOC：其集成度已达 1000~2500 万门）。

按外形又可分为圆型（金属外壳晶体管封装型，一般适用于大功率）、扁平型（稳定性好、体积小）和双列直插型（有利于采用大规模生产技术进行焊接，因此获得广泛的应用）等。常用集成电路外形如图 2-20 所示。

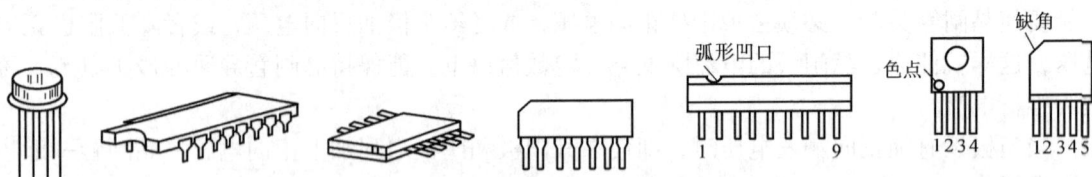

图 2-20　常用集成电路外形

## 二、集成电路的命名

集成电路的型号由 5 部分组成，现行国际标准集成电路命名法、各部分符号及意义见表 2-8。

表 2-8　国际标准集成电路命名法、各部分符号及意义

| 第一部分 | 第二部分 | 第三部分 | 第四部分 | 第五部分 |
| --- | --- | --- | --- | --- |
| 中国制造 | 器件类型 | 器件系列品种 | 工作温度范围 | 封　装 |
| C | T：TTL<br>H：HTL<br>E：ECL | TTL 电路分为：<br>54/74×××[①]<br>54/74H×××[②] | C：0~70℃[⑤]<br>G：-25~70℃<br>L：-25~85℃ | D：多层陶瓷双列直插<br>F：多层陶瓷扁平<br>B：塑料扁平 |

（续）

| 第一部分 | 第二部分 | 第三部分 | 第四部分 | 第五部分 |
|---|---|---|---|---|
| 中国制造 | 器件类型 | 器件系列品种 | 工作温度范围 | 封 装 |
| C | C：CMOS<br>M：存储器<br>μ：微型机电路<br>F：线性放大器<br>W：稳压器<br>D：音响电视电路<br>B：非线性电路<br>J：接口电路<br>AD：A/D 转换器<br>DA：D/A 转换器<br>SC：通信专用电路<br>SS：敏感电路<br>SW：钟表电路<br>SJ：机电仪电路<br>SF：复印机电路<br>…… | 54/74L × × ×③<br>54/74S × × ×<br>54/74LS × × ×④<br>54/74AS × × ×<br>54/74ALS × × ×<br>54/74F × × ×<br>CMOS 电路为：<br>4000 系列<br>54/74HC × × ×<br>54/74HCT × × × | E：−40 ~ 85℃<br>R：−55 ~ 85℃<br>M：−55 ~ 125℃⑥ | H：黑瓷扁平<br>J：黑瓷双列直插<br>P：塑料双列直插<br>S：塑料单列直插<br>T：金属圆壳<br>K：金属菱形<br>C：陶瓷芯片载体<br>E：塑料芯片载体<br>G：网格针栅阵列封装<br>……<br>SOIC：小引线封装<br>PCC：塑料芯片载体<br>LCC：陶瓷芯片载体 |

注：①74 表示国际通用 74 系列（民用）；54 表示国际通用 54 系列（军用）。

②H 表示高速。

③L 表示低速。

④LS 表示低功耗。

⑤C 表示只出现在 74 系列。

⑥M 表示只出现在 54 系列。

型号举例：CT74LS160CJ

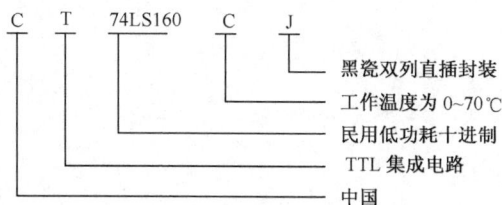

```
        C   T   74LS160   C   J
                              └── 黑瓷双列直插封装
                          └────── 工作温度为 0~70℃
            └────────────── 民用低功耗十进制
        └────────────────── TTL 集成电路
    └────────────────────── 中国
```

## 三、集成电路引脚的识别

使用集成电路时必须认真查对识别器件的引脚，确认电源、地、输入、输出、控制等端的引脚号，以免因错接而损坏器件。集成电路器件的引脚一般都按一定规律来排列，以便识别。

识别圆形集成电路时，面向引脚正视，从定位销顺时针方向依次为 1，2，3，…如图 2-21a 所示。圆形多用于模拟集成电路。

使用扁平和双列直插型等集成电路，在识别时，将文字符号标记正放（一般集成电路上有一圆点或有一缺口，将缺口或圆点置于左方），由顶部俯视，从器件的左下脚开始，按逆时针方向依次为 1，2，3，…如图 2-21b 所示。双列直插型广泛应用于模拟和数字集成电路，扁平型多用于数字集成电路。

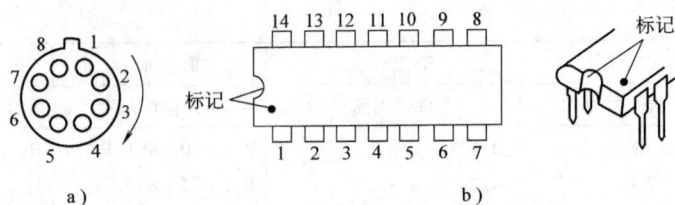

图 2-21　集成电路引脚的识别

a）圆形　b）扁平和双列直插型

## 四、集成电路使用注意事项

1）集成电路使用时，电源电压要符合要求。TTL 集成电路为 +5V，CMOS 集成电路为 3~18V，电压要稳，滤波要好。

2）集成电路使用时，要考虑系统的工作速度，工作速度较高时，宜用 TTL 集成电路（工作频率大于 1MHz）；工作速度较低时，应用 CMOS 集成电路。

3）集成电路使用时，不允许超过其规定的极限参数。

4）集成电路插装时，要注意引脚序号，不能插错。

5）CMOS 集成电路多余的输入端绝对不能悬空，要根据逻辑关系进行处理。输出端不允许与电源或地短路，输出端不允许并联使用。

6）集成电路焊接时，不得使用大于 45W 的电烙铁，连续焊接时间不能超过 10s。

7）MOS 集成电路要防止静电感应击穿，焊接时要保证电烙铁外壳可靠接地，若无接地线可将电烙铁从电源拔下，利用余热焊接。必要时焊接者还应带上防静电手环，穿防静电服装和防静电鞋。在存放 MOS 集成电路时，必须将其收藏在金属盒内或用金属箔包起来。

# 第三章　常用实验仪器的使用

在电子电路实验中，经常使用的电子仪器有示波器、函数信号发生器、直流稳压电源、交流毫伏表及频率计等。它们和万用表一起，可以完成对电子电路的静态和动态工作情况的测试。

实验中要对各种电子仪器进行综合使用，可按照信号流向，以连线简捷、调节顺手、观察与读数方便等原则进行合理布局。接线时应注意，为防止外界干扰，各仪器的公共接地端应连接在一起，称为共地。

## 第一节　万　用　表

万用表有指针表和数字表两种。指针表读取精度较差，但指针摆动的过程比较直观，其摆动速度幅度有时也能比较客观地反映被测量的大小；其内一般有两块电池，一块低电压约1.5V，另一块是高电压的9V或15V，其黑表笔相对红表笔来说是正端；在电压档，指针表内阻相对数字表来说比较小，测量精度较差，某些高电压微电流的场合甚至无法测准，因为其内阻会对被测电路造成影响。数字万用表，它采用了集成电路模数转换器和数显技术，将被测量的数值直接以数字形式显示出来。数字万用表显示清晰直观，读数正确，与指针万用表相比，其各项性能指标均有大幅度的提高。数字表则常用一块6V或9V的电池，其红表笔相对黑表笔来说是正端。在电阻档，指针表的表笔输出电流相对数字表来说要大很多，用R×1档可以使扬声器发出响亮的"哒"声，用 R × 10k 档甚至可以点亮发光二极管（LED）；数字式表电压档的内阻很大，至少在兆欧级，对被测电路影响很小。但极高的输出阻抗使其易受感应电压的影响，在一些电磁干扰比较强的场合测出的数据可能是虚的。

下面介绍实验中常用的优利德 UT50 系列数字万用表的使用。

## 一、UT50 系列数字万用表外部结构

UT52 型数字万用表的外部结构如图 3-1 所示。其中：① 电源开关；② 电容测试座；③ LCD 显示器；④温度测试座；⑤功能开关；⑥晶体管测试座；⑦输入插孔；⑧VΩ 插孔；⑨ mA 插孔；⑩A 插孔。

## 二、数字万用表的基本使用方法

### （一）直流电压测量

1）将黑表笔插入 COM 插孔，红表笔插入 V 插孔。

2）将功能开关置于 V ▬▬量程范围，并将测试表笔并接到待测电源或负载上，红表笔所接端子的极性将同时显示。

注意：

①如果不知被测电压范围,将功能开关置于最大量程并逐渐下调。

②如果显示器只显示"1",表示过量程,功能开关应置于更高量程。

③"⚠"表示不要输入高于1000V的电压,显示更高的电压是可能的,但有损坏内部电路的危险。

④当测量高电压时要格外注意避免触电。

**(二)交流电压测量**

1)将黑表笔插入COM插孔,红表笔插入V插孔。

2)将功能开关置于V~量程范围,并将测试表笔并接到待测电源或负载上。

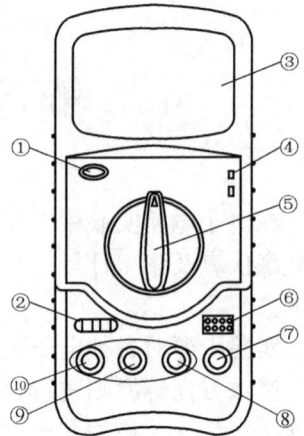

图 3-1    UT52 型数字万用表外部结构

注意:

①参看直流电压"注意"。

②"⚠"表示不要输入高于750V有效值的电压,显示更高的电压是可能的,但有损坏内部电路的危险。

**(三)直流电流测量**

1)将黑表笔插入COM插孔。当测量最大值为200mA(UT51型为2A)以下的电流时,红表笔插入mA插孔;当测量最大值为20A(10A)的电流时,红表笔插入A插孔。

2)将功能开关置于A ━━ 量程,并将测试表笔串联接入到待测负载回路里,电流值显示的同时,将显示红表笔的极性。

注意:

①如果不知被测电流范围,将功能开关置于最大量程并逐渐下调。

②如果显示器只显示"1",表示过量程,功能开关应置于更高量程。

③"⚠"表示不要输入高于200mA的电流(UT51型为2A),过量的电流将烧坏熔丝,应及时更换,20A量程无熔丝保护(UT51型10A量程有熔丝保护)。

**(四)交流电流的测量**

1)将黑表笔插入COM插孔。当测量最大值为200mA(UT51型为2A)以下的电流时,红表笔插入mA插孔;当测量最大值为20A(10A)的电流时,红色笔插入A插孔。

2)将功能开关置于A~量程,并将测试表笔串联接入待测负载回路里。

注意:参看直流电流测量"注意"。

**(五)电阻测量**

1)将黑表笔插入COM插孔,红表笔插入Ω插孔。

2)将功能开关置于Ω量程,将测试表笔并接到待测电阻上。

注意:

①如果被测电阻值超出所选择量程的最大值，将显示过量程"1"，应选择更高的量程，对于大于$1M\Omega$或更高的电阻，要几秒种后读数才能稳定，对于高阻值读数这是正常的。

②当无输入时，例如开路情况，仪表显示为"1"。

③当检查内部电路阻抗时，被测电路必须将所有电源断开，电容电荷放尽。

④$200M\Omega$短路时有10个字，测量时应从读数中减去，如测$100M\Omega$电阻时，显示101.0，10个字应减去。

### （六）电容测量

连接待测电容之前，注意每次转换量程时复零需要时间，有漂移读数存在不会影响测试精度。

注意：

①仪器本身虽然对电容档进行了保护，但仍须将待测电容先放电然后进行测试，以防损坏本表或引起测量误差。

②测量电容时，将电容插入电容测试座中。

③测量大电容时稳定读数需一定时间。

④单位：$1pF = 10^{-6}\mu F$，$1nF = 10^{-3}\mu F$。

### （七）频率测量

1）将红表笔插入 Hz 插孔，黑表笔插入 COM 插孔。

2）将功能开关置于 kHz 量程，并将测试笔并接到频率源上，可直接从显示器上读取频率值。

### （八）温度测量

测量温度时，将热电偶传感器的冷端（自由端）插入温度测试座中，请注意极性。热电偶的工作端（测温端）置于待测物上面或内部，可直接从显示器上读数，其单位为℃。

### （九）二极管测试及蜂鸣通断测试

1）将黑色表笔插入 COM 插孔，红表笔插入$V\Omega$插孔（红表笔极性为"＋"）将功能开关置子"$\rightarrow$、$\cdot$)）"档，并将表笔连接到待测二极管上，读数为二极管正向压降的近似值。

2）将表笔连接到待测电路的两端，如果两端之间电阻值低至$70\Omega$，内置蜂鸣器发声。

### （十）晶体管$h_{FE}$（$\beta$值）测试

1）将功能开关置于$h_{FE}$量程。

2）确定晶体管是 NPN 或 PNP 型，将基极、发射极和集电极分别插入面板上相应的插孔。

3）显示器上将显示$h_{FE}$的近似值，测试条件：$I_b = 10\mu A$，$V_{ce} \approx 2.8V$。

（十一）自动电源切断使用说明（仅 UT53、UT54、UT55 型有此功能）

1）仪表设有自动电源切断电路，当仪表工作时间约 15min，电源自动切断，仪表进入睡眠状态，这时仪表约消耗 7μA 的电流。

2）在仪表电源切断后若要重新开启电源，请重复按动电源开关两次。

### 三、数字万用表的安全操作准则

1）后盖没有盖好前严禁使用，否则有电击危险。

2）功能开关应置于正确测量位置。

3）检查表笔绝缘层应完好，无破损和断线。

4）红、黑表笔应插在符合测量要求的插孔内，保证接触良好。

5）输入信号不允许超过规定的极限值，以防电击和损坏仪表。

6）严禁功能开关在电压测量或电流测量过程中改变档位，以防损坏仪表。

7）必须用同类型规格的熔丝更换坏熔丝。

8）为防止电击，测量公共端"COM"和大地"⏚"之间电位差不得超过 1000V。

9）被测电压高于直流 60V 或交流 30V（rms，有效值）的场合，均应小心谨慎，防止触电。

10）液晶显示"🔋"符号时，应及时更换电池，以确保测量精度。

11）测量完毕应及时关断电源。长期不用时，应取出电池。

12）不要在高温、高湿环境中使用，尤其不要在潮湿环境中存放，受潮后仪表性能可能变劣。

13）请勿随意改变仪表电路，以免损坏仪表和危及安全。

14）维护：请使用湿布和温和的清洁剂清洗外壳，不要使用研磨剂或溶剂。

15）不要接高于 1000V 的直流电压或有效值高于 750V 的交流电压。

16）不要在功能开关处于电流档位、Ω 和 ➤⊢、•))) 位置时，将电压源接入。

17）只有在测试表笔移开并切断电源以后，才能更换电池或熔丝。

# 第二节　示　波　器

电子示波器是一种综合性的电信号测试仪器，它能把眼睛看不见的电信号转换成能直接观察的波形，显示于荧光屏上。示波器实际上是一种时域测量仪器，用于观察信号随时间的变化关系，可用来测量电信号波形的形状、幅度、频率和相位等。示波器种类很多，有通用示波器、多踪示波器、数字示波器等。而数字示波器通常还具备万用表、频谱仪、阻抗分析仪、时间间隔分析仪、频率计数器及功率计等的基本功能。本节介绍日本岩崎 SS—7802 型 20MHz 双踪示波器的使用。

### 一、示波器面板结构及使用

SS—7802 型 20MHz 双踪示波器前面板如图 3-2 所示。下列说明中，功能钮用"▭"表示按钮，用"【　】"表示旋钮。

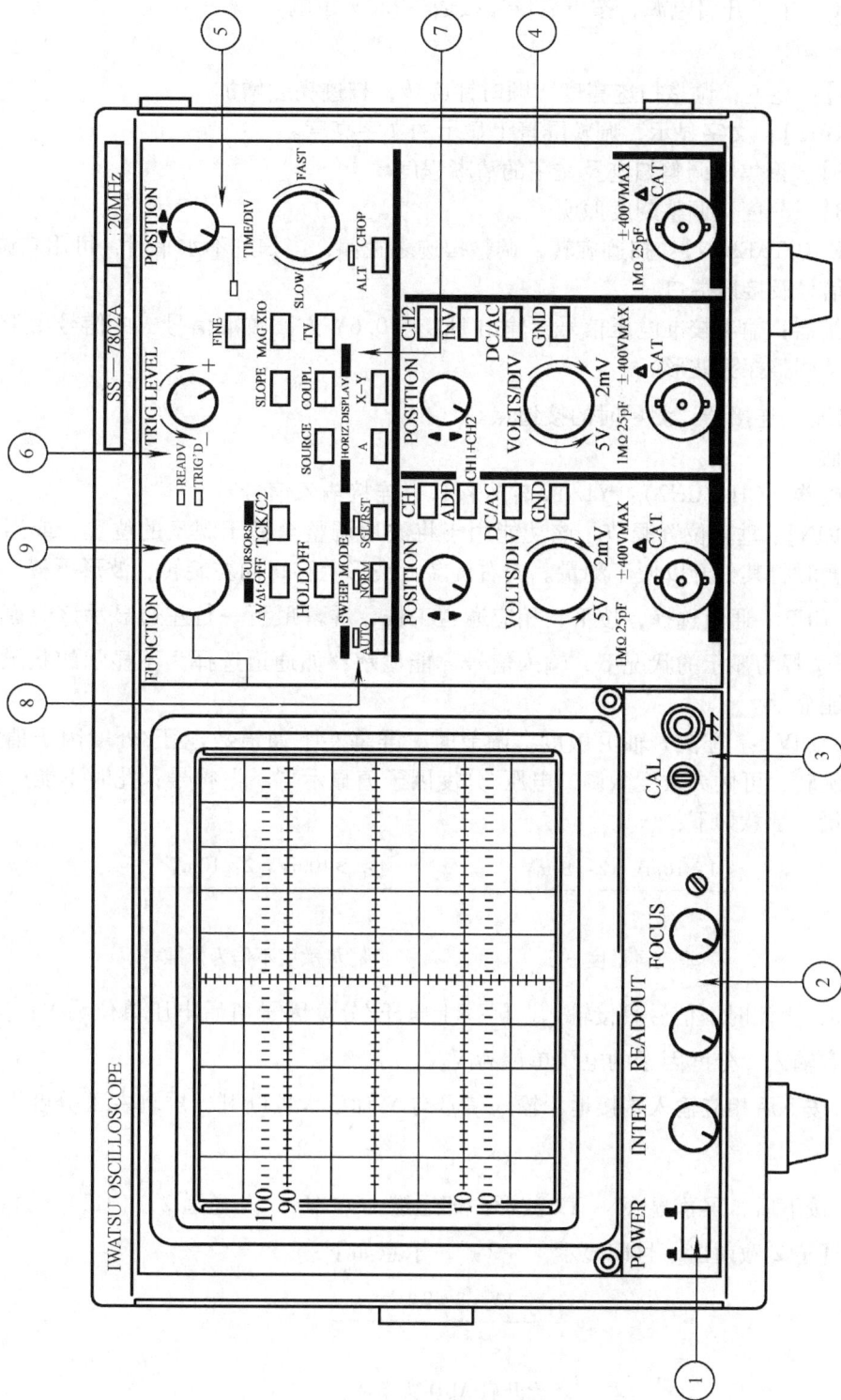

图 3-2　SS—7802 型 20MHz 双踪示波器前面板

①电源

POWER：用于开启电源，按下后仪器接通～220V市电。

②显示的调整

【INTEN】：亮度，调整扫迹亮度，顺时针旋转，扫迹亮度增加。

【READOUT】：文字显示，调整屏幕上显示的文字亮度。

【FOCUS】：聚焦，调整扫迹及文字的清晰程度。

【SCALB】：刻度，调整刻度照明。

【TRACE ROTAEION】：扫迹旋转，调整扫迹之磁偏，当扫迹不水平时，可用它调整。

③校准信号及接地端口

CAL连接器：输出校准电压信号，输出1kHz、0.6V方波校准信号，此信号用于本仪器之操作检查及调整探头波形。

⏚（接地）连接器：测量时的接地点。

④垂直轴

输入连接器（CH1/CH2）：Y1/Y2输入接口，连接输入信号

【POSITION】：垂直位置调节，该功能用于将波形调整至易于观察的位置，或当两个或多个波形重叠时将其分开以便于测量。向右旋转，波形上移；向左旋转，波形下移。

CH1、CH2：通道选择，按下，相应通道工作，屏幕最下一行左边显示该通道数1或2。只有通道选择为显示的状况下，输入信号才能显示；如通道选择为不显示的状况下，则输入信号不能显示。

【VOLTS/DIV】：调节Y轴灵敏度。调节时，屏幕左下通道数电压/分度因子值相应改变。按下再旋转，可做灵敏度微调，电压/分度因子值显示">"符号，此时不能进行Y轴信号幅度测量，示意如下：

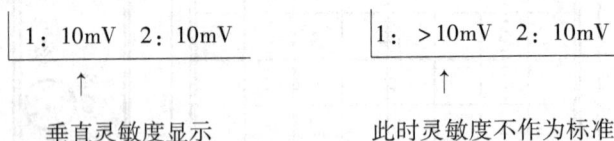

| 1：10mV 2：10mV | 1：>10mV 2：10mV |
|---|---|
| ↑ | ↑ |
| 垂直灵敏度显示 | 此时灵敏度不作为标准 |

DC/AC：直流时，信号直接输入，屏幕上电压/分度因子值后电压单位为V；交流时，信号通过电容输入，分度因子的电压单位为V。

GND：按下后相应输入端接地，输入信号与Y轴放大器断开，屏幕左下分度因子后显示⏚符号。

ADD：按下后，屏幕显Y1+Y2波形，即通道1（CH1）及通道2（CH2）的相加，同时屏幕下方通道2数前出+号即显示"+2:"，示意如下：

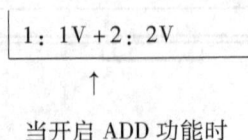

1：1V +2：2V

↑

当开启ADD功能时

INV：按下后，Y2波形反相，即通道2（CH2）信号反相显示，同时屏幕下方显示

"2：↓"。若此时 $\boxed{\text{ADD}}$ 也按下，则屏幕显示 Y1 – Y2 波形，示意如下：

$$1：1V + 2：↓2V$$
↑
当开启 INV 功能时

⑤水平部分

【POSITION】：水平位置调节，向右旋转，波形右移；向左旋转，波形左移。

$\boxed{\text{FINE}}$：位置微调，按下，FINE 指示灯亮，转动 POSITION，可做水平位置微调，再按一次，FINE 灯灭。

【TIME/DIV】：时间分度调节，旋转时选择扫描速度，波形基于扫描的起始点进行放大或缩小。按下后再旋转，可做微调，扫描时间因子值显示在屏幕左上角，单位是 s、ms 或 μs，微调时数值前为"＞"号，此时扫描时间不可为准，示意如下：

$$A > 5ms$$
$$B \quad 1ms$$

$\boxed{\text{MAG} \times 10}$：扫速放大，按下后，扫描速度放大 10 倍，屏幕中心波形向左右展开，屏幕右下角显示"MAG"。

⑥触发部分

【TRIG LEVEL】：调整触发电平，可使图像稳定。当触发信号产生时，指示灯亮。

READY 指示灯：亮时，处于单次触发准备状态，等待触发信号时灯亮，触发后灯变暗。

TRIGD 指示灯：触发指示，触发脉冲来时，灯亮。此时所示的图形才稳定。

$\boxed{\text{SLOPE}}$：选择触发沿（ + 、 – ），" + "扫描在波形的上升沿开始，" – "扫描在波形的下降沿开始。

$\boxed{\text{SOURCE}}$：触发源选择，按下，改变一次。选择触发信号来源（CH1、CH2、LINE、EXT 或 VERT），触发源符号显示在屏幕左上扫描因子后，示意如下：

↓
$$1ms \quad CH1$$

CH1：用输入到 CH1 的信号做触发源。

CH2：用输入到 CH2 的信号做触发源。

LINE：用电源频率做触发源，便于观察电源频率触发的信号。

EXT：为外触发，这个信号连在面板"EXT INPUT"。

VERT：用小序号通道的信号做触发源。当 ADD 未用和选用时见表 3-1、表 3-2。

$\boxed{\text{COUPL}}$：触发耦合方式选择，选择触发耦合模式，按下，改变一次（AC、DC，HF-R、LF-R），示意如下：

↓
$$1ms \quad CH1 + AC$$

表 3-1　当 ADD 未用时

| 显示通道 | 同步信号源 |
| --- | --- |
| CH1 | CH1 |
| CH2 | CH2 |
| CH1，CH2 | CH1 |

表 3-2　当 ADD 选用时

| 显示通道 | 同步信号源 |
| --- | --- |
| ADD | CH1 |
| CH1，ADD | CH1 |
| CH2，ADD | CH2 |
| CH1，CH2，ADD | CH1 |

AC：隔离触发信号中的直流成分，下限频率为 100Hz。

DC：通过触发信号中的所有成分。

HF-R：衰减高频（10kHz 以上）成分。该模式适用于当触发信号中含有高频噪声而使触发不稳定时，适合观测低频信号。

LF-R：衰减信号中的低频（10kHz 以下）成分。该模式适用于当触发信号中含有低频噪声而使触发不稳定时，适合观测高频信号。

TV：按下，选择相对 NTSC（PAL、SECAM）制式的视频触发模式（BOTH、ODD、EVEN、或 TV-H）。

TV-H：功能显示变为"f：TV-MODE"。旋转【FUNCTION】选择 NTSC、PAL（SECAM）或 HDTV，示意如下：

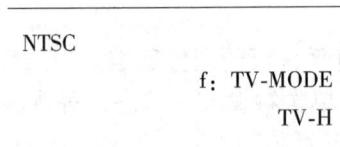

```
NTSC
            f：TV-MODE
                  TV-H
```

BOTH，ODD 或 EVEN：功能显示变为"f：TV-LINE"。旋转【FUNCTION】选择线的序号。当【FUNCTION】被按下或连续按下时，是对位置方向的粗调，示意如下：

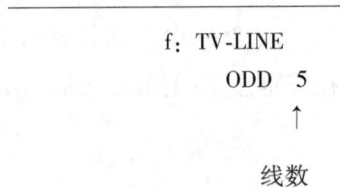

```
          f：TV-LINE
             ODD   5
                ↑
                线数
```

ODD：当选择水平同步信号显示模式和垂直同步信号显示模式的奇数号时，触发被设置。

EVEN：当选择水平同步信号显示模式和垂直同步信号显示模式的偶数号时，触发被设置。

BOTH：当选择水平同步信号显示模式和垂直同步信号显示模式的奇数号或偶数号时，触发被设置。

TV-H：触发设置在水平同步脉冲上。

⑦水平显示

A：扫描显示，按后显示 Y1、Y2 或 Y1、Y2 波形。

X-Y：X-Y 显示，按下后，CH1 信号加到 X 轴（水平轴）。而 CH1、CH2 或 ADD 信号加到 Y 轴（垂直轴）。用于观察李萨育图形或磁滞回线等。

⑧扫描模式

AUTO 或 NORM ：自动/正常，任一按下均为重复扫描状态，相应指示灯亮。AUTO 用于 50Hz 以上信号，NORM 适合于低频信号。

AUTO ：若触发信号的频率为以下几种情况，触发在自激过程中将会不稳定。此时，可将触发设置为 NORM。

1）扫描时间为 10ms/div：近似为 10Hz 或更少。

2）扫描时间在 5ms/div 左右：近似为 50Hz 或更少。

3）适用于 50Hz 以上触发信号。

4）无正确触发信号时将自由扫描。

NORM ：触发信号不受限制，常态（NORM）触发模式尤其适于低频信号和低重复信号。

没有足够的触发信号或触发条件不能满足时，将不进行任何扫描。

当触发源为 CH1 或 CH2 而输入耦合设定为接地（GND）时，将自由扫描。

SGL/RST ：单次，按下选择单次扫描状态. 且处于等待状态，READY 灯亮，单扫后灯灭。

⑨功能部分

【FUNCTION】：功能旋钮，用于光标测量调节。使用说明如下：

1）按下 ΔV-Δt-OFF 以选择 Δt（时间间隔测量）、ΔV（电压差测量）或 OFF（关闭测量）。当选择 Δt 时，屏幕显示两条竖直的水平测量光标 $H_1$、$H_2$；选 ΔV 时，屏幕显示两条水平的垂直测量光标 $V_1$、$V_2$。

2）转动【FUNCTION】，可调整光标位置。每按一次【FUNCTION】，测量光标按原转动方向移动一步，持续按【FUNCTION】，光标快速移动。

3）ΔV 测量。按 ΔV-Δt-OFF ，以选择 ΔV 测量方式，此时屏幕下方倒数第二行显示，"$\Delta V_1 = \cdots V$，$\Delta V_2 = \cdots V$"。按 TCK/C2 以选择 V-TRACK（光标跟踪方式），屏幕右上角显示" f：V-TRACK"，此时转动【FUNCTION】，两垂直测量光标 $V_1$、$V_2$ 同时移动，将 $V_1$ 移至一测量点，如图 3-3a 所示；再按 TCK/C2 ，选择 V-C2（只移动光标 $V_2$），屏幕右上角显示"f：

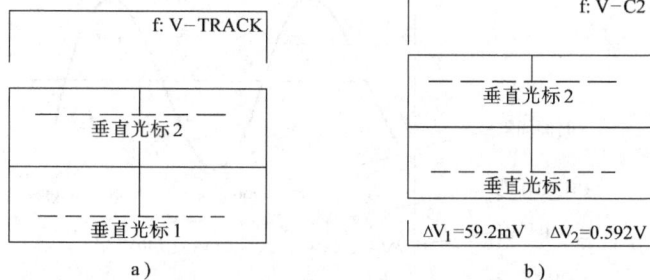

图 3-3 ΔV 测量

V-C2"，转动【FUNCTION】，移动 $V_2$ 至另一测量点，如图 3-3b 所示，同理，可单独移动光标 $V_1$。被测波形两测量点之间的电压即显示在屏幕下方，$\Delta V_1$ 为 CH1 信号的测量值，$\Delta V_2$ 为 CH2 信号的测量值。

4）Δt 测量。按 $\boxed{\Delta V\text{-}\Delta t\text{-}OFF}$，以选择 Δt 测量方式，此时屏幕下方倒数第 3 行显示"Δt = …ms（μs），1/Δt = …kHz"。按 $\boxed{TCK/C2}$ 以选择 H-TRACK（光标跟踪方式），屏幕右上角显示"f：H-TRACK"，此时转动【FUNCTION】，两垂直测量光标 $H_1$、$H_2$ 同时移动，将 $H_1$ 移至一测量点，如图 3-4a 所示；再按 $\boxed{TCK/C2}$，选择 H-C2（只移动光标 $H_2$），屏幕右上角显示"f：H-C2"，转动【FUNCTION】，移动 $H_2$ 至另一测量点，如图 3-4b 所示，同理，可单独移动光标 $H_1$。被测波形两测量点之间的时间，即显示在屏幕下方倒数第 3 行 Δt（s、ms 或 μs），1/Δt 为其倒数（Hz）。若 Δt 为信号的周期，1/Δt 是信号的频率。

$\boxed{HOLD\text{-}OFF}$：触发隔离。当信号波形复杂时，使用【TRIG LEVEL】不可获得稳定的触发，按下此钮，转动【FUNCTION】，可以调节 $\boxed{HOLD\text{-}OFF}$ 时间（禁止触发周期超过扫描周期），使信号波形稳定。

除以上说明外，示波器还可做频率计使用：设置 A 触发，屏幕下方倒数第 3 行右侧显示的"f = …Hz"为 CH1 或 CH2 输入信号的频率。当 A 触发没有设置时，或当输入信号超过测量的频率范围时，显示 0Hz。

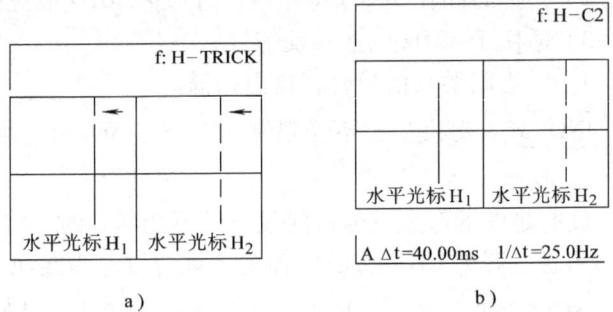

图 3-4　Δt 测量

## 二、示波器屏幕显示

示波器屏幕显示的测量数字综合意义如图 3-5 所示。

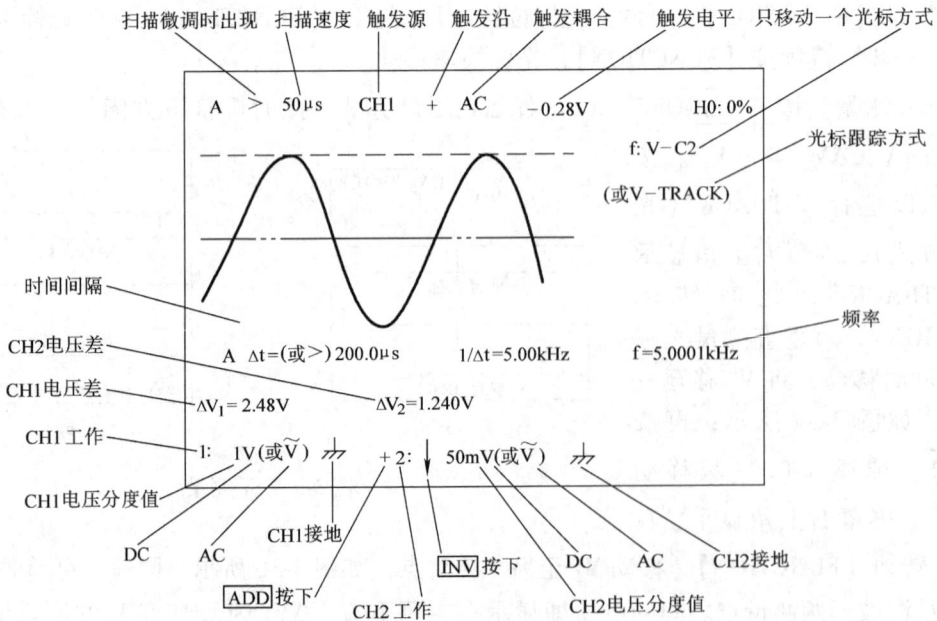

图 3-5　屏幕显示的测量数字综合意义

# 第三节　交流毫伏表

交流毫伏表是测量正弦交流电压有效值的电子仪器。与一般交流电压表相比，交流毫伏表的量程多，频率范围宽，灵敏度高，适用范围广；输入阻抗高，输入电容小，对被测电路影响小。因此，在电子电路的测量中交流毫伏表得到了广泛的应用。

## 一、HG2170 型双通道交流毫伏表

### （一）技术参数

1）电压测量范围：$10\mu V \sim 300V$（共 12 档）；

量程：1、3、10、30、100、300mV，1、3、10、30、100、300V。

2）电平测量范围：$-60 \sim +50dB$（共 12 档）；

量程：$-60$、$-50$、$-40$、$-30$、$-20$、$-10$、0、$+10$、$+20$、$+30$、$+40$、$+50dB$。

3）频率范围：5Hz ~ 2MHz。

4）基本误差：$\leqslant \pm3\%$（环境温度为（$20\pm5$）℃，以 1kHz 为基准）。

5）频率响应特性（以 1kHz 为基准）：

30Hz ~ 100kHz，$\pm3\%$；

20Hz ~ 200kHz，$\pm5\%$；

5Hz ~ 2MHz，$\pm10\%$。

6）温度变化附加误差：$\pm1\%/℃$（20℃ ±5℃为基准）。

7）输入电阻：10MΩ。

8）输入电容：<45pF（$1 \sim 300$mV）；<25pF（$1 \sim 300$V）。

9）最大输入电压：交流（峰值）+直流 =600V。

10）噪声：在 1mV 档时输入短路电压指示应小于满刻度的 2%。

11）放大器性能：

输出电压：在电表指到满刻度 1.0 时，输出 1V（rms，空载）；

频率响应：10Hz ~ 200kHz，$-3dB$（1kHz 为参考）；

输出阻抗：600（$1\pm20\%$）Ω；

失真：$\leqslant1\%$（1kHz 为参考）。

12）电源电压：220（$1\pm10\%$）V，50（$1\pm5\%$）Hz。

13）消耗功率：HG2170 型约为 7W。

### （二）工作原理

交流毫伏表原理框图如图 3-6 所示。

各部分功能如下：

（1）60dB 衰减器　控制输入电压使阻抗变换电路正常工作，在 1 ~ 300mV 时不衰减，在 1 ~ 300V 时，使输入信号衰减 60dB。

（2）输入保护电路　防止过大信号损坏后面的电路，用两个发射结对接的晶体管组成双限保护。

（3）阻抗变换及 10dB 放大　由场效应晶体管及一个晶体管组成，将高的输入阻抗变换为低的阻抗，并有 10dB 的增益。

（4）10dB 步进衰减器　10dB 与 60dB 衰减器一起选择适当的被测电压值，变化一档衰减量改变 10dB。

（5）表前置放大器　由 3 个晶体管组成直接耦合放大器，将小信号放大，电路有电压电流反馈，有电位器可适当调整放大器增益。

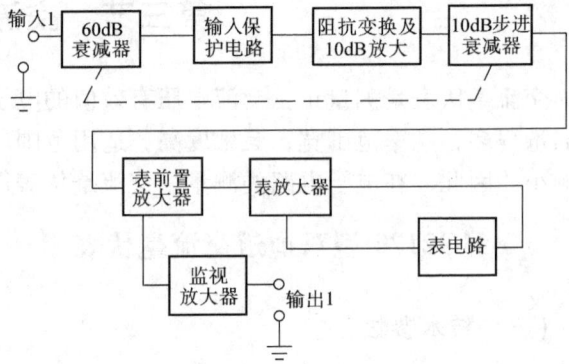

图 3-6　交流毫伏表原理框图

（6）表放大器和表电路　由 3 个晶体管和两个二极管组成表头及整流电路接在放大器的反馈回路里，使表头有良好的线性。

（7）监视放大器　由两个晶体管组成，后级是跟随器，电位器可调节输出电压，当电表指示满度时输出 1V（rms）。

### （三）使用方法

**1. 面板说明**

HG2170 型双通道交流毫伏表面板如图 3-7 所示。图中：① 双指针电表有电压及 dB 刻

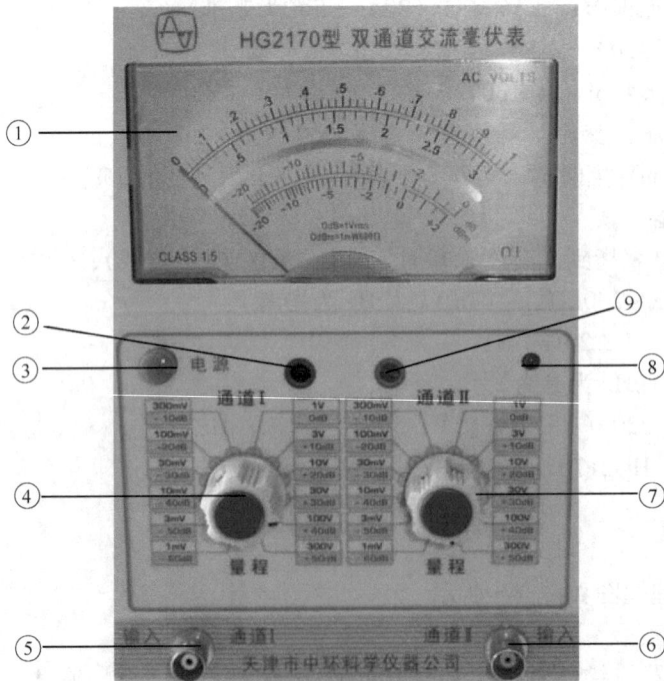

图 3-7　HG2170 型双通道交流毫伏表面板

度，绿色刻度是电压及 dBV，红色刻度是 dBm；②、⑨黑针和红针机械零的调整孔；③电源开关，按下时电源接通；④左通道量程开关；⑤通道Ⅰ输入端；⑥通道Ⅱ输入端；⑦右通道量程开关；⑧电源指示灯。

HG2170 型双通道交流毫伏表后面板如图 3-8 所示。图中：⑩、⑪通道Ⅰ、Ⅱ放大器的输出端；⑫电源插座；⑬接地—浮地开关；⑭接地接线柱。

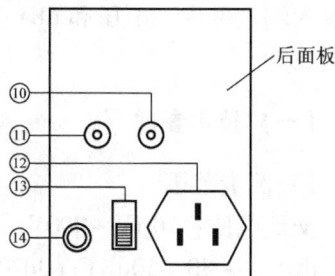

图 3-8　HG2170 型双通道交流毫伏表后面板

### 2. 使用注意事项

1）本机电源电压是交流 220（1±10%）V。

2）开机之前调节电表指示为"0"。

3）最大输入电压是交流峰值 + 直流 = 600V，不允许超过此电压。

4）本仪器是按正弦波有效值刻度的，只适宜测量失真小的正弦电压。

5）当仪器接通电源，没使用时，量程开关应放在高量程位置上。

6）在小信号测量时使用尽量短的电缆。

### 3. 电压的测量

1）打开电源预热 30min。

2）从后面板上选择"电路地"开关在一个适当位置。

3）将被测电压从输入端⑤、⑥引入，选择合适的量程。

4）每档电压读数必须乘以适当的倍乘。

### 4. 分贝测量

电表的上部有两种分贝刻度，黑色为 dBV，红色为 dBm。

dBV——0dB = 1V（rms）；

dBm（1mW、600Ω）——0dBm = 0.775V（rms）；

dBm 是 dB（mW）的缩写，它表示功率与 1mW 的比值，通常"dBm"暗指一个 600Ω 的阻抗所产生的功率，因此，"dBm"可被认为

$$0dBm = 1mW \text{ 或 } 0.775V（rms）\text{ 或 } 1.291mA$$

实际电平读数是量程开关的标称数与表读数的代数和，例如，开关调置在 +20dB 时：

表的读数：-4dB；

电平：+20dB +（-4dB）= 16dB。

### 5. 放大器的使用

HG2170 型交流毫伏表的每一个通道都是高灵敏的放大器，在后面板上有它的输出端。在任何量程电表指示在满刻度"1.0"时，输出电压为 1V（rms）。

### 6. 输入端浮地功能

HG2170 型交流毫伏表的两个通道地线是互相独立，当浮地接地开关⑬置浮地时，与大地（机壳）断开，当⑬置接地时，两个通道通过电阻接地。

## 二、SM1030 数字交流毫伏表

SM1030 数字交流毫伏表采用了单片机控制和液晶显示技术，结合了模拟技术和数字技

术，适用于测量频率 5Hz ~ 2MHz，电压 70μV ~ 300V 的正弦波有效值电压，具有量程自动/手动转换功能，有过压和欠电压指示，4 位数显，小数点自动定位，单位自动变换，同时显示输入端、量程、电压和 dBV/dBm。SM1030 是双输入全自动数字交流毫伏表，具备 RS-232 通信功能。

## （一）技术参数

1）测量范围

交流电压：70μV ~ 300V；

dBV：- 80 ~ 50dBV（0dBV = 1V）；

dBm：- 77 ~ 52dBm（0dBm = 1mW 600Ω）。

2）量程：3mV，30mV，300mV，3V，30V，300V。

3）频率范围：5Hz ~ 2MHz，见表 3-3。

4）电压测量误差（20℃），见表 3-3。

**表 3-3　频率范围及电压测量误差**

| 频 率 范 围 | 电压测量误差 | 频 率 范 围 | 电压测量误差 |
|---|---|---|---|
| 50Hz ~ 100kHz | ±1.5% 读数 ±8 个字 | 5Hz ~ 2MHz | ±4.0% 读数 ±20 个字 |
| 20Hz ~ 500kHz | ±2.5% 读数 ±10 个字 | | |

5）分辨率

dBV：±0.1dBV；

dBm：±0.1dBm；

电压：0.001mV ~ 0.1V，见表 3-4。

**表 3-4　电压分辨率**

| 量　　程 | 满　度　值 | 电压分辨率 | 量　　程 | 满　度　值 | 电压分辨率 |
|---|---|---|---|---|---|
| 3mV | 3.000mV | 0.001mV | 3V | 3.000V | 0.001V |
| 30mV | 30.00mV | 0.01mV | 30V | 30.00V | 0.01V |
| 300mV | 300.0mV | 0.1mV | 300V | 300.0V | 0.1V |

6）噪声：输入短路时为 0 个字。

7）输入电阻 10MΩ。

8）输入电容 30pF。

9）最大输入电压，见表 3-5。

**表 3-5　最大输入电压**

| 量　　　程 | 频　　　率 | 最大输入电压 |
|---|---|---|
| 3 ~ 300V | 5Hz ~ 2MHz | 450Vrms |
| 3 ~ 300mV | 5Hz ~ 1kHz | 450Vrms |
| | 1 ~ 10kHz | 45Vrms |
| | 10kHz ~ 2MHz | 10Vrms |

10）隔离度：SM1030 两输入端的隔离度（被干扰端端接 50Ω），见表 3-6。

表 3-6　SM1030 两输入端的隔离度

| 频　　率 | ≤100kHz | ≤500kHz | ≤1MHz | ≤2MHz |
|---|---|---|---|---|
| 隔离度/dB | -90 | -75 | -70 | -65 |

11）预热时间 30min。

12）供电电源：

频率：50（1±5%）Hz；电压：220（1±10%）V；容量：≥10VA。

13）功耗：<10VA。

## （二）面板说明

SM1030 数字交流毫伏表的前面板如图 3-9 所示。

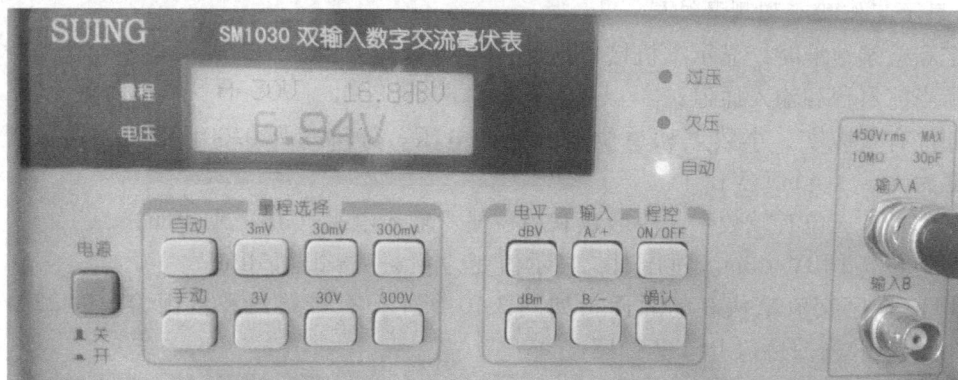

图 3-9　SM1030 数字交流毫伏表前面板图

### 1. 按键和插座

电源开关：开机时显示厂标和型号后，进入初始状态：输入 A，手动改变量程，量程为 300V 时，显示电压和 dBV 值。

自动：切换到自动选择量程。在自动位置，输入信号小于当前量程的 1/10，自动减小量程；输入信号大于当前量程的 4/3 倍，自动加大量程。

手动：无论当前状态如何，按下手动键都切换到手动选择量程，并恢复到初始状态。在手动位置，应根据"过压"和"欠压"指示灯的提示，改变量程：过压灯亮，增大量程；欠压灯亮，减小量程。

3mV~300V：量程切换键，用于手动选择量程。

dBV：切换到显示 dBV 值。

dBm：切换到显示 dBm 值。

ON/OFF：进入程控，退出程控。

确认：确认地址。

＋：设定程控地址，起地址加作用。

－：设定程控地址，起地址减作用。

A/＋：切换到输入 A，显示屏和指示灯都显示输入 A 的信息。量程选择键和电平选择键对输入 A 起作用。设定程控地址时，起地址加作用。

B/－键：切换到输入 B，显示屏和指示灯都显示输入 B 的信息。量程选择键和电平选择键对输入 B 起作用。设定程控地址时，起地址减作用。

输入 A：A 输入端。

输入 B：B 输入端。

**2. 指示灯**

自动指示灯：用自动键切换到自动选择量程时，该指示灯亮。

过压指示灯：输入电压超过当前量程的 4/3 倍时，过压指示灯亮。

欠压指示灯：输入电压小于当前量程的 1/10 时，欠压指示灯亮。

**3. 液晶显示屏**

1）开机时显示厂标和型号。

2）显示工作状态和测量结果：

设定和检索地址时，显示本机接口地址；

显示当前量程和输入通道；

用四位有效数字、小数点和单位显示输入电压。分辨率为 0.001mV ~ 0.1V。过压时，显示值变为 ＊＊＊＊mV/V；

用正负号、三位有效数字、小数点和单位显示输入电平（dBV 或 dBm）；

分辨率为 0.1dBV/dBm。过压时，显示值变为 ＊＊＊＊dBV/dBm。

SM1030 数字交流毫伏表的后面板如图 3-10 所示，有带熔丝和备用熔丝的 220V/50Hz 0.5A 插座，以及程控接口 RS232 插座。

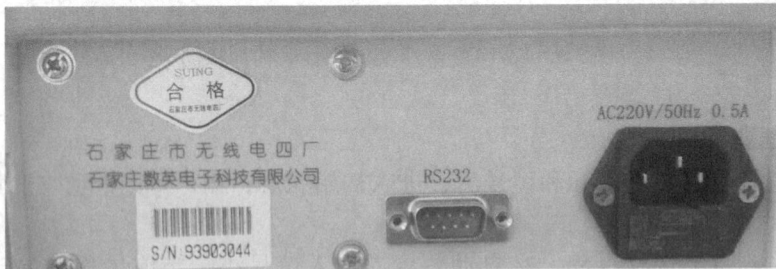

图 3-10　SM1030 数字交流毫伏表后面板

**（三）测量使用**

按下面板上的电源按钮，电源接通，仪器进入初始状态。

**1. 预热**

预热 30min

**2. 输入信号**

SM1030 有 A、B 两个输入端，可由输入端 A 或输入端 B 输入被测信号，也可由输入端 A 和输入端 B 同时输入两个被测信号。两输入端的量程选择方法、量程大小和电平单位，可以分别设置，互不影响；但两输入端的工作状态和测量结果不能同时显示。可用输入选择键切换到需要设置和显示的输入端。

**3. 手动测量**

可从初始状态（手动，量程 300V）输入被测信号，然后必须根据"过压"和"欠压"指示灯的提示手动改变量程。过压灯亮，说明信号电压太大，应加大量程；欠压指示灯亮，说明输入电压太小，应减小量程。

**4. 自动量程的使用**

可以选择自动量程。在自动位置，仪器可根据信号的大小自动选择合适的量程。若过压指示灯亮，显示屏显示 ＊＊＊＊V，说明信号已大于或等于 400V，超出了本仪器的测量范围；若欠压指示灯亮，显示屏显示 0，说明信号太小，也超出了本仪器的测量范围。

**5. 电平单位的选择**

根据需要选择显示 dBV 或 dBm。dBV 和 dBm 不能同时显示。

**6. 重新开机**

关机后再开机，间隔时间应大于 10s。

**（四）RS232 接口**

**1. 接口性能**

接口符合 EIA-232 标准的规定。

接口电平：逻辑"0"：＋5 ～ ＋15V　逻辑"1"：－5 ～ －15V。

传输格式：传输信息的每一帧数据由 11 位组成：1 个起始位（逻辑 0），8 个数据位（ASCII 码），1 个标志位（地址字节为逻辑 1，数据字节为逻辑 0），1 个停止位（逻辑 1）（串口模式 3 的操作方式）。

传输速率：2400bit/s。

接口连接：采用 9 线标准连接器及三芯屏蔽电缆。

系统组成：最多 20 台仪器，仪器之间连接电缆的总长度不能超过 100m。

适用范围：适用于电气干扰不太严重的实验室或生产环境。

**2. 进入程控**

开机后仪器工作在本地操作状态，按下 ON/OFF 键，显示"RS232"，然后在屏幕左上角出现出厂时设定的地址 19，用 ＋ 和 － 键或者 A/ ＋ 和 B/ － 键在 0 ～ 19 间设定所需的地址。然后按确认键，结束地址设定，等待串口输入命令。仪器进入程控操作状态，除 ON/OFF 键，其他键不起作用，仪器只能根据控者发出的程控命令进行工作。需要返回本地时，按下 ON/OFF 键。

**3. 地址信息**

仪器进入程控状态以后，开始接受控者发出的信息，根据标志位判断是地址信息还是数据信息。如果收到的是地址信息，判断是不是本机地址。如果不是本机地址，则不接收此后的任何数据信息，继续等待控者发来的地址信息；如果判断为本机地址，则开始接收此后的数据信息，直到控者发来下一个地址信息，再重新进行判断。

**4. 接口参数选择**

接口参数见表 3-7。

表 3-7　接口参数选择

| 波特率 | 字长 | 校验 | 停止位 |
|---|---|---|---|
| 2400 | 8 | 无校验 | 1 |

### 5. 程控命令

本机的程控命令编码见表 3-8：如 "自动" 设置成 "auto"，电平单位 dBV 设置成 'dBV'，而命令码 'read' 是使仪器的数据返回到计算机。注意：命令码一律用小写。

表 3-8 SM1030 接口命令码（ASCII 码方式传送）

| 命令码 | auto | opte | 3mV | 30mV | 300mV | 3V | 30V | 300V | a1 | b1 | dBV | dbm | read |
|---|---|---|---|---|---|---|---|---|---|---|---|---|---|
| 含义 | 自动 | 手动 | 量程 | 量程 | 量程 | 量程 | 量程 | 量程 | 输入 A | 输入 B | 电平单位 | 电平单位 | 读取显示值 |

说明：

① 输入命令码 "opte" 后屏幕清空，这与本控操作有所不同。

② 如果输入命令码错误，则显示 "发送错误，重新发送"。

③ 编写应用程序时，每个命令码尾都必须加结束符 Chr（10）。

# 第四节 信号发生器

信号发生器是一种通用仪器，作为多波形信号发生器，能产生正弦波和方波等。本节介绍 GAG—809 型音频发生器和 TFG2003G DDS 函数发生器。

## 一、GAG—809 音频发生器

### （一）技术参数

1）频率范围：

×1 档位：0 ~ 100Hz；

×10 档位：100Hz ~ 1kHz；

×100 档位：1 ~ 10kHz；

×1k 档位：10 ~ 100kHz；

×10k 档位：100kHz ~ 1MHz。

频率精确度：±3%，±1Hz。

2）正弦波特性：

输出电压：≥5V（rms，600Ω 负载）；

频率特性：10Hz ~ 1MHz，±0.5dB（参考频率为 1kHz，600Ω 负载）。

3）方波特性：

输出电压：≥10V（峰-峰）（空载）；

上升和下降时间：≤200ns；

过激：≤2%（在 1kHz，最大输出）；

作用比：50% ±5%（在 1kHz，最大输出）。

4）外部同步特性：

同步范围：±1%/V；

最大的允许输入电压：15V（DC + AC 峰值）；

输入阻抗：约为 150kΩ。

5）输出阻抗：约为 600Ω。

6）输出衰减：0dB，−10dB，−20dB，−30dB，−40dB 和 −50dB 共分 6 段（精确度：在 600Ω 负载时为 ±1dB）。

7）电源规格：AC100/120/220/240V，误差为 ±10%（最大 AC250V），50Hz/60Hz。

8）功率消耗：5W。

**（二）使用方法**

**1. 面板介绍**

GAG—809 型音频发生器的前后面板如图 3-11 所示。

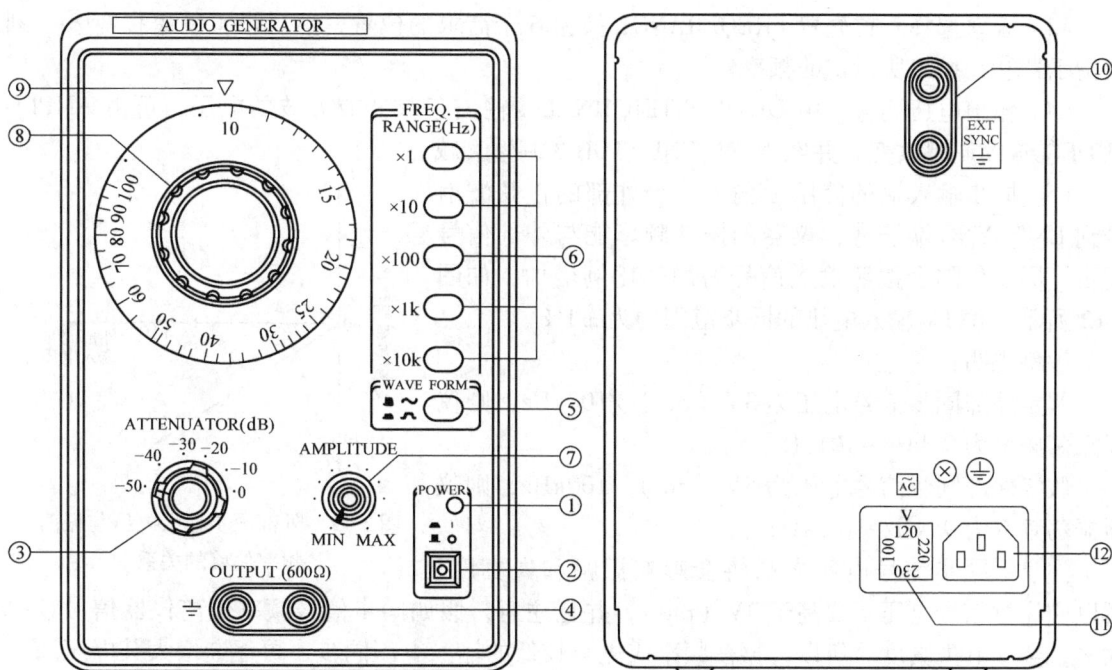

图 3-11　GAG—809 型音频发生器的前后面板

前面板：

①电源灯。

②POWER，电源开关。

③ATTENUATOR，衰减器。6 段式衰减器可选择 0 ～ −50dB 衰减度，每段为 10dB。

④OUTPUT，输出端子。输出端子用于正弦波和方波。黑色端子用于外壳接地。

⑤WAVE FORM，波形。输出波形选择开关。

⑥FREQ. RANGE，频率控制按钮，共 5 档。

⑦AMPLITUDE，幅值控制按钮。幅值调节器，用于连续不断地改变输出电压的幅值。

⑧频率拨盘。用于调整振荡频率。

⑨刻度指示器。显示频率的刻度盘。

后面板：

⑩EXT SYNC，外部同步。外部同步信号输入端子，作为接地端连接同步信号到机体的端子。

⑪FUSE HOLDER，熔丝座。

⑫AC CONNECTOR，交流电源座。

**2. 操作说明**

（1）开机　首先检查熔丝⑪，然后接上交流电源。按下电源开关②，电源灯①会亮。热机 2~3min 使仪器稳定。

（2）波形选择　设定 WAVE FORM 开关⑤于"∿"或"⊓"，选择正弦波或方波。

（3）频率选择　首先置 FREQ. RANGE 按钮⑥于需求的位置，然后设置频率拨盘⑧、刻度指示器⑨，指出所设定的频率。

（4）输出电压调整　由 OUTPUT TERMINAL④输出正弦波或方波的电压，可由 AMPLITUDE⑦连续调整改变，并经由 ATTENUATOR③调整衰减。

（5）同步输入端的使用　输入一个外部的正弦波信号到 EXT SYNC 端子⑩，仪器的振荡频率能与外部信号同步。同步范围会按照输入信号增加的比例增加，如图 3-12 所示，每 1V 输入电压的同步范围约为 ±1%。

举例说明：

假定外部同步信号电压为 3V（rms）/100kHz，则仪器振荡频率为 97kHz~101kHz。

假定外部同步信号电压为 5V（rms）/100kHz，则仪器振荡频率为 95kHz~105kHz。

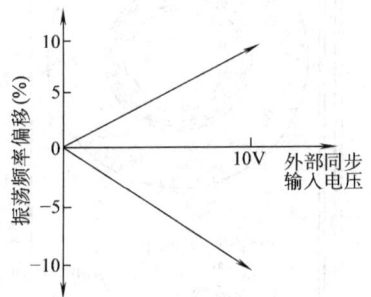

图 3-12　外部同步输入电压与振荡频率偏移的关系

注意：同步信号电压太高将会影响振幅和失真度，所以应注意信号电压不要高于 3V（rms），并且注意，假如同步信号频率偏离仪器信号频率太多，会影响失真度。所以，振荡频率应先与较低的输入电压同步，再逐渐增大其电压。

## 二、TFG 2003G DDS 函数信号发生器

TFG2000 系列 DDS 函数信号发生器采用直接数字合成技术（DDS）。

### （一）技术指标和性能

1）频率精度可达到 $10^{-5}$ 数量级；

2）全范围频率分辨率为 40mHz；

3）无量程限制：全范围频率不分档，直接数字设置；

4）无过渡过程：频率切换时瞬间达到稳定值，信号相位和幅度连续无畸变；

5）输出波形由函数计算值合成，波形精度高，失真小；

6）存储特性：可以存储 40 组不同频率和幅度的信号，在需要时可随时重现；

7）猝发特性：可以对信号进行门控输出和猝发计数输出；

8）扫描特性：具有频率扫描和幅度扫描功能，扫描起止点任意设置；

9）调制特性：可以输出多种调制信号如 AM、FM、FSK、ASK 和 PSK；

10）计算功能：可以选用频率或周期、幅度有效值或峰-峰值；

11）操作方式：全部按键操作，两级菜单显示，直接数字设置或旋钮连续调节；

12）高可靠性：大规模集成电路，表面贴装工艺，可靠性高，使用寿命长；

13）程控特性：可以选配 GPIB 接口或 RS232 接口，组成自动测试系统；

14）频率测量：可以选配频率计数器，对外部信号进行频率测量或周期测量；

15）功率放大：可以选配功率放大器，输出功率可以达到 8W。

### （二）原理概述

原理框图如图 3-13 所示。要产生一个电压信号，传统的模拟信号源是采用电子元器件以各种不同的方式组成振荡器，其频率精度和稳定度都不高，而且工艺复杂，分辨率低，频率设置和实现计算机程控也不方便。DDS 是最新发展起来的一种信号产生方法，它完全没有振荡器元件，而是用数字合成方法产生一连串数据流，再经过数模转换器产生出一个预先设定的模拟信号。

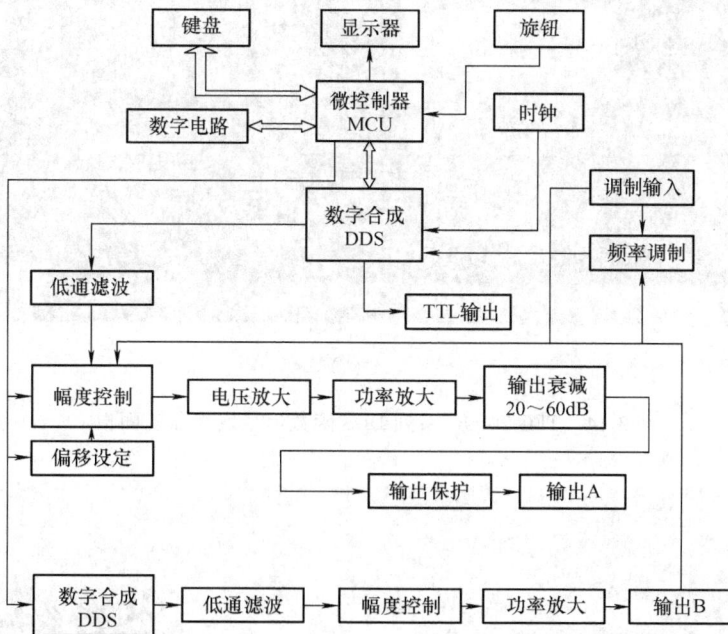

图 3-13　原理框图

例如，要合成一个正弦波信号，首先将函数 $y = \sin x$ 进行数字量化，然后以 $x$ 为地址，以 $y$ 为量化数据，依次存入波形存储器。DDS 使用了相位累加技术来控制波形存储器的地址，在每一个采样时钟周期中，都把一个相位增量累加到相位累加器的当前结果上，通过改变相位增量即可以改变 DDS 的输出频率值。根据相位累加器输出的地址，由波形存储器取出波形量化数据，经过数模转换器和运算放大器转换成模拟电压。由于波形数据是间断的取样数据，所以 DDS 发生器输出的是一个阶梯正弦波形，必须经过低通滤波器将波形中所含的高次谐波滤除掉，输出即为连续的正弦波。数模转换器内部带有高精度的基准电压源，因而保证了输出波形具有很高的幅度精度和幅度稳定性。

幅度控制器是一个数模转换器，根据操作者设定的幅度数值，产生出一个相应的模拟电压，然后与输出信号相乘，使输出信号的幅度等于操作者设定的幅度值。偏移控制器是一个数模转换器，根据操作者设定的偏移数值，产生出一个相应的模拟电压，然后与输出信号相加，使输出信号的偏移等于操作者设定的偏移值。经过幅度偏移控制器的合成信号再经过功率放大器进行功率放大，最后由输出端口 A 输出。

### （三）面板说明

前面板如图 3-14 所示。其中，①为液晶显示屏；②为电源开关；③为键盘；④为输出 B；⑤为输出 A；⑥为调节旋钮。后面板如图 3-15 所示。其中有调制输入、外测输入、TTL 输出、电源接口。

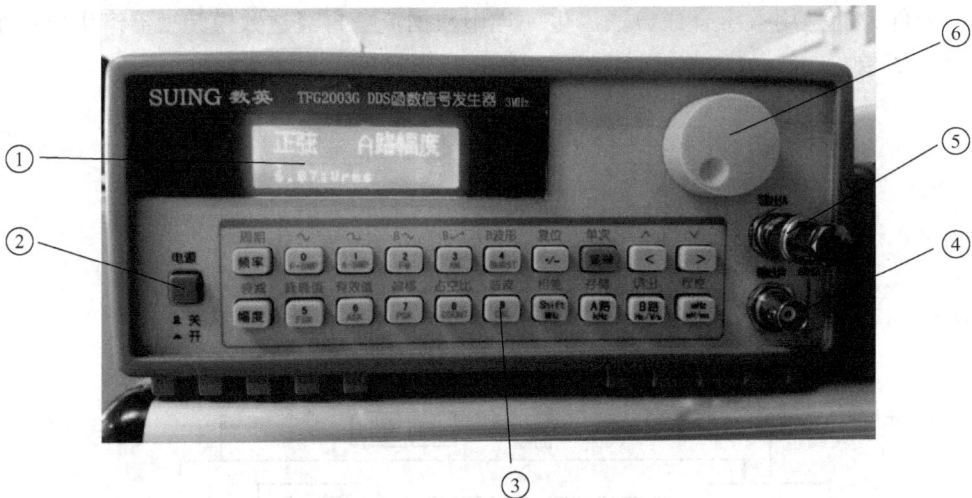

图 3-14　TFG 2000G 系列 DDS 函数信号发生器前面板

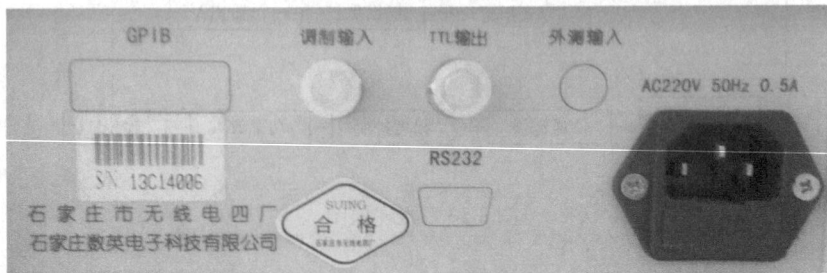

图 3-15　TFG 2003G 系列 DDS 函数信号发生器后面板

屏幕显示说明：

显示屏上面一行为功能和选项显示，左边两个汉字显示当前功能，在"A 路频率"和

"B 路频率"时显示输出波形名称。右边四个汉字显示当前选项，在每种功能下各有不同的选项，见表 3-9 ~ 3-11。表中带阴影的选项为常用选项，可使用面板上的快捷键直接选择，仪器能够自动进入该选项所在的功能；不带阴影的选项较不常用，需要首先选择相应的功能，然后使用【菜单】键循环选择。

显示屏下面一行显示当前选项的参数值及调节旋钮的光标。

### 表 3-9　功能选项表 1

| 按键功能 | A 路<br>正弦（A 路波形） | | B 路<br>正弦（B 路波形） | 按键功能 | A 路<br>正弦（A 路波形） | | B 路<br>正弦（B 路波形） |
|---|---|---|---|---|---|---|---|
| 选项 | A 路频率 | 参数存储 | B 路频率 | 选项 | A 路偏移 | 有效值 | B 路谐波 |
| | A 路周期 | 参数调出 | B 路幅度 | | A 路衰减 | 步进频率 | |
| | A 路幅度 | 峰峰值 | B 路波形 | | A 占空比 | 步进幅度 | |

### 表 3-10　功能选项表 2

| 按键功能 | 0 + 菜单扫频 | 1 + 菜单扫幅 | 2 + 菜单调频 | 3 + 菜单调幅 | 4 + 菜单猝发 |
|---|---|---|---|---|---|
| 选项 | 始点频率 | 始点幅度 | 载波频率 | 载波频率 | B 路频率 |
| | 终点频率 | 终点幅度 | 载波幅度 | 载波幅度 | B 路幅度 |
| | 步进频率 | 步进幅度 | 调制频率 | 调制频率 | 猝发计数 |
| | 扫描方式 | 扫描方式 | 调频频偏 | 调幅深度 | 猝发频率 |
| | 间隔时间 | 间隔时间 | 调制波形 | 调制波形 | 单次猝发 |
| | 单次扫描 | 单次扫描 | | | |
| | A 路频率 | A 路幅度 | | | |

### 表 3-11　功能选项表 3

| 按键功能 | 5 + 菜单 FSK | 6 + 菜单 ASK | 7 + 菜单 PSK | 8 + 菜单测频 | 9 + 菜单校准 |
|---|---|---|---|---|---|
| 选项 | 载波频率 | 载波频率 | 载波频率 | 外测频率 | 校准关闭 |
| | 载波幅度 | 载波幅度 | 载波幅度 | 闸门时间 | A 路频率 |
| | 跳变频率 | 跳变幅度 | 跳变相移 | 低通滤波 | 调频载波 |
| | 间隔时间 | 间隔时间 | 间隔时间 | | 调频频偏 |

### （四）使用指南

键盘说明：仪器前面板上共有 20 个按键，键体上的黑色字表示该键的基本功能，直接按键执行基本功能。键上方的蓝色字表示该键的上档功能，首先按【Shift】键，屏幕右下方显示"S"，再按某一键可执行该键的上档功能。键体上的红色字用来选择仪器的 10 种功能，首先按一个红色字的键，再按红色键【菜单】，即可选中该键上红色字所表示的功能。

20 个按键的基本功能如下：

【频率】【幅度】键：频率和幅度选择键。

【0】【1】【2】【3】【4】【5】【6】【7】【8】【9】键：数字输入键。

【. / -】键：小数点键，在"A 路偏移"功能时输入负号。

【MHz】【kHz】【Hz】【mHz】键：双功能键，在数字输入之后执行单位键功能，同时作为数字输入的结束键。不输入数字，直接按【MHz】键执行"Shift"功能，直接按【kHz】键选择"A 路"功能，直接按【Hz】键执行"B 路"功能，直接按【mHz】键可以循环开启或关闭按键时的提示声响。

【 < 】【 > 】键：光标左右移动键。

**1. 数字键输入**

一个项目选中以后，可以用数字键输入该项目的参数值。10 个数字键用于输入数据，输入方式为自左至右移位写入。数据中可以带有小数点，如果一次数据输入中有多个小数点，则只有第一个小数点为有效。在"偏移"功能时，可以输入负号。使用数字键只是把数字写入显示区，这时数据并没有生效，数据输入完成以后，必须按单位键作为结束，输入数据才开始生效。如果数据输入有错，可以有两种方法进行改正：如果输出端允许输出错误的信号，那么就按任一个单位键作为结束，然后再重新输入数据。如果输出端不允许输出错误的信号，由于错误数据并没有生效，输出端不会有错误的信号产生。可以重新选择该项目，然后输入正确的数据，再按单位键结束，数据开始生效。

数据的输入可以使用小数点和单位键任意搭配，仪器都会按照固定的单位格式将数据显示出来。例如，输入 1.5kHz 或 1500Hz，数据生效之后都会显示为 1500.00Hz。虽然不同的物理量有不同的单位，频率用"Hz"，幅度用"V"，时间用"s"，相位用"°"，但在数据输入时，只要指数相同，都使用同一个单位键，即【MHz】键等于 $10^6$，【kHz】键等于 $10^3$，【Hz】键等于 $10^0$，【mHz】键等于 $10^{-3}$。

输入数据的末尾都必须用单位键作为结束，因为按键面积较小，单位"°""%""dB"等没有标注，都使用【Hz】键作为结束。随着项目选择为频率、电压和时间等，仪器会自动显示出相应的单位：Hz、V、ms、%、dB 等。

**2. 旋钮调节**

实际应用中，有时需要对信号进行连续调节，这时可以使用数字调节旋钮。在参数值数字显示的上方，有一个三角形的光标，按移位键【 < 】或【 > 】，可以使光标指示位左移或右移。面板上的旋钮为数字调节旋钮，向右转动旋钮，可使光标指示位的数字连续加一，并能向高位进位；向左转动旋钮，可使光标指示位的数字连续减一，并能向高位借位。使用旋钮输入数据时，数字改变后即刻生效，不用再按单位键。光标指示位向左移动，可以对数据进行粗调，向右移动则可以进行细调。

输入方式选择：对于已知的数据，使用数字键输入最为方便，而且不管数据变化多大都能一次到位，没有中间过渡性数据产生，这在一些应用中是非常必要的；对于已经输入的数据进行局部修改，或者需要对输入的连续变化的数据进行观测时，使用调节旋钮最为方便；对于一系列等间隔数据的输入，则使用步进键最为方便。操作者可以根据不同的应用要求灵活选择。

**3. A 路功能**

按【A 路】键，即选择"A 路"，可完成下列功能：

（1）A 路频率设定　例如，设定频率值为 3.5kHz，依次按【频率】【3】【.】【5】【kHz】键。

A 路频率调节，按【 < 】或【 > 】键可移动数据上边的三角形光标，左右转动旋钮可使指示位的数字增大或减小，并能连续进位或借位，由此可任意粗调或细调频率。其他选项数据也都可用旋钮调节，不再重述。

（2）A 路周期设定　例如，设定周期值为 25ms，依次按【Shift】【周期】【2】【5】【ms】键。

（3）A 路幅度设定　例如，设定幅度值为 3.2V，依次按【幅度】【3】【.】【2】【V】键。

（4）A 路幅度格式选择　有效值或峰-峰值，依次按【Shift】【有效值】键或【Shift】【峰峰值】键。

（5）A 路波形选择　A 路选择正弦波、方波；按【Shift】【0】键选择正弦波；按【Shift】【1】键选择方波。

（6）A 路占空比设定　A 路选择脉冲波，占空比 65%，依次按【Shift】【占空比】【6】【5】【Hz】键。

（7）A 路衰减设定　选择固定衰减 0dB（开机或复位后选择自动衰减 AUTO），依次按【Shift】【衰减】【0】【Hz】键。

（8）A 路偏移设定　在衰减选择 0dB 时，设定直流偏移值为 -1V，依次按【Shift】【偏移】【-】【1】【V】键。

（9）A 路频率步进　设定 A 路步进频率为 12.5Hz，按【菜单】键选择"步进频率"，按【1】【2】【.】【5】【Hz】，再按【A 路】键选择"A 路频率"，然后每按一次【Shift】【∧】键，A 路频率增加 12.5Hz，每按一次【Shift】【∨】键，A 路频率减少 12.5Hz。A 路幅度步进与此类同。

（10）参数存储调出　在有些应用中，需要多次重复使用一些不同的参数组合，如，不同的频率、幅度、偏移、波形等，频繁设置这些参数显然非常麻烦，这时使用信号的存储和调出功能就非常方便。首先将第一组中的各项参数设置完毕，按【Shift】【存储】键，选中"参数存储"，按【1】【Hz】键，第一组参数就被存储起来，然后再依次存储可以多达 40 组的参数组合。参数的存储使用了非易失性存储器，关断电源也不会丢失。此后在需要的时候，只要按【Shift】【调出】键，选中"参数调出"，输入调出号码，按【Hz】键，即可调出所指定号码的存储参数。如果把经常使用的参数组合存储起来，就会使多次重复性的测试变得非常方便。

选中"参数调出"，按【0】【Hz】键，可以调出仪器的默认参数值，与按【Shift】【复位】键的效果相同。

（11）A 路频率扫描　按【0】【菜单】键，A 路输出频率扫描信号，使用默认参数。

扫描方式设定：设定往返扫描方式的操作是按【菜单】键，选中"扫描方式"，按【2】【Hz】键。

（12）A 路幅度扫描　按【1】【菜单】键，A 路输出幅度扫描信号，使用默认参数。

间隔时间设定：设定扫描步进间隔时间为 0.5s 的操作是按【菜单】键，选中"间隔时间"，按【0】【.】【5】【s】键。

扫描幅度显示：按【菜单】键，选中"A 路幅度"，幅度显示数值随扫描过程同步变化。

（13）A 路频率调制　按【2】【菜单】键，A 路输出频率调制（FM）信号，使用默认调制参数。

调频频偏设定：设定调频频偏为 5% 的操作是按【菜单】键，选中"调频频偏"，按【5】【Hz】键。

（14）A 路幅度调制　按【3】【菜单】键，A 路输出幅度调制（AM）信号，使用默认调制参数。

调幅深度设定：设定调幅深度为 50% 的操作是按【菜单】键，选中"调幅深度"，按【5】【0】【Hz】键。

（15）A 路 FSK　按【5】【菜单】键，A 路输出频移键控（FSK）信号，使用默认参数。

跳变频率设定：设定跳变频率为 1kHz 的操作是按【菜单】键，选中"跳变频率"，按【1】【kHz】键。

（16）A 路 ASK　按【6】【菜单】键，A 路输出幅移键控（ASK）信号，使用默认参数。

载波幅度设定：设定载波幅度 2V($U_{P-P}$）的操作是按【菜单】键，选中"载波幅度"，按【2】【V】键。

（17）A 路 PSK　按【7】【菜单】键，A 路输出相移键控（PSK）信号，使用默认参数。

跳变相移设定：设定跳变相移为 180° 的操作是按【菜单】键，选中"跳变相移"，按【1】【8】【0】【Hz】键。

#### 4. B 路功能

按【B 路】键，即选择"B 路"，实现如下功能：

（1）B 路的频率和幅度设定　B 路的频率和幅度的设定与 A 路类同，只是 B 路不能进行周期设定，幅度设定只能用峰-峰值，不能用有效值。

（2）B 路常用波形选择　选择正弦波、方波、三角波、锯齿波的操作分别是按【Shift】【0】键，按【Shift】【1】键，按【Shift】【2】键，按【Shift】【3】键。

（3）B 路其他波形选择：B 路可选择 32 种波形。按【Shift】【B 波形】键，选中"B 路波形"，转动按钮可选择 32 种波形，也可以数字键输入波形序号，再按【Hz】键。32 种波形序号名称见表 3-12。

表 3-12　32 种波形序号名称

| 序　号 | 波　形 | 名　称 | 序　号 | 波　形 | 名　称 |
|---|---|---|---|---|---|
| 00 | 正弦波 | Sine | 09 | 正直流 | Pos-DC |
| 01 | 方波 | Square | 10 | 负直流 | Neg-DC |
| 02 | 三角波 | Triang | 11 | 正弦全波整流 | All sine |
| 03 | 升锯齿波 | Up ramp | 12 | 正弦半波整流 | Half sine |
| 04 | 降锯齿波 | Down ramp | 13 | 限幅正弦波 | Limit sine |
| 05 | 正脉冲 | Pos-pulse | 14 | 门控正弦波 | Gate sine |
| 06 | 负脉冲 | Neg-pulse | 15 | 平方根函数 | Squar-root |
| 07 | 三阶脉冲 | Tri-pulse | 16 | 指数函数 | Exponent |
| 08 | 升阶梯波 | Up stair | 17 | 对数函数 | Logarithm |

（续）

| 序　号 | 波　形 | 名　　称 | 序　号 | 波　形 | 名　　称 |
|---|---|---|---|---|---|
| 18 | 半圆函数 | Half round | 25 | 正双脉冲 | Po-bipulse |
| 19 | 正切函数 | Tangent | 26 | 负双脉冲 | Ne-bipulse |
| 20 | Sinc 函数 | Sin(x)/x | 27 | 梯形波 | Trapezia |
| 21 | 随机噪声 | Noise | 28 | 余弦波 | Cosine |
| 22 | 10% 脉冲波 | Duty 10% | 29 | 双向可控硅 | Bidir-SCR |
| 23 | 90% 脉冲波 | Duty 90% | 30 | 心电波 | Cardiogram |
| 24 | 降阶梯波 | Down stair | 31 | 地震波 | Earthquake |

（4）B 路谐波设定　设定 B 路频率为 A 路频率的三次谐波的操作是依次按【Shift】【谐波】【3】【Hz】键。

（5）A、B 路相差设定　设定 A、B 两路的相位差为 90°的操作各依次按【Shift】【相差】【9】【0】【Hz】键。

（6）B 路猝发计数　按【4】【菜单】键，B 路输出计数猝发信号，使用默认调制参数。

猝发计数设定：设定猝发计数为 5 个周期的操作是按【菜单】键，选中"猝发计数"，按【5】【Hz】键。

**5. 复位初始化**

开机后或按【Shift】【复位】键后，仪器的初始化状态如下：

A 路：

波形：正弦波　　　　频率：1kHz　　　　幅度：1V（$U_{P-P}$）

衰减：AUTO　　　　偏移：0V　　　　方波占空比：50%

脉冲占空比：30%　　始点频率：500Hz　　终点频率：5kHz

步进频率：10Hz　　始点幅度：0V（$U_{P-P}$）　终点幅度：1V（$U_{P-P}$）

步进幅度：0.02V（$U_{P-P}$）扫描方式：正向　　时间间隔：10ms

载波频率：50kHz　　调制频率：1kHz　　调频频偏：5%

调幅深度：100%　　猝发计数：3 个　　猝发频率：100Hz

跳变频率：5kHz　　跳变幅度：0V（$U_{P-P}$）跳变相位：90°

B 路：

波形：正弦波　　　　频率：1kHz　　　　幅度：1V（$U_{P-P}$）

A 路谐波：1.0TIME

# 第五节　可跟踪直流稳定电源

SS1792 型可跟踪直流稳定电源是可稳压、稳流，输出连续可调，稳压—稳流两种工作状态可随负载的变化自动切换的直流电源。两路输出可实现串、并联工作和主从跟踪等功能；能输出两路 0～32V，0～3A 低纹波、低噪声的直流电。

## 一、使用方法

SS1792 型可跟踪直流稳定电源面板照片如图 3-16 所示。

### （一）面板控制功能说明

1）电源开关：开启电源。

2）调压：电压调节，调整稳压输出值。

3）调流：电流调节，调整稳流输出值。

4）VOLTS：电压表，指示输出电压。

5）AMPERES：电流表，指示输出电流。

6）跟踪/独立：跟踪/独立工作方式选择键，置独立时，两路输出各自独立，置跟踪时，两路为串联跟踪工作方式（或两路对称输出工作状态）。

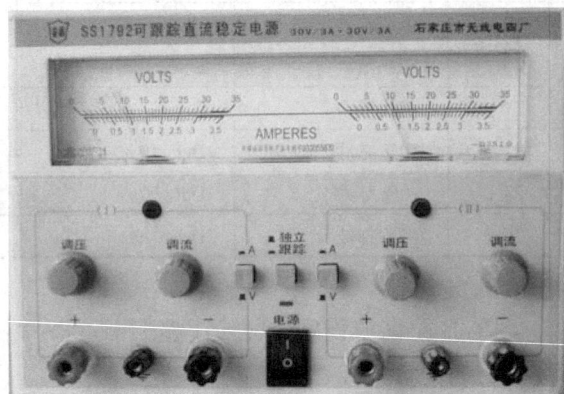

图 3-16　SS1792 型可跟踪直流稳定电源面板照片

7）V/A：表头功能选择键，置 V 时，为电压指示，置 A 时为电流指示。

### （二）输出工作方式

1）独立工作方式：将跟踪/独立工作方式选择键置于独立，即可得到两路输出相互独立的电源，连接方式如图 3-17 所示。

2）串联工作方式：将跟踪/独立工作方式选择键置于独立位置，并将主路负接线端子与从路正接线端子用导线连接，连接方式如图 3-18 所示。此时两路预置电流应略大于使用电流。

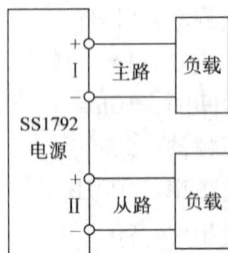

图 3-17　独立工作方式连接

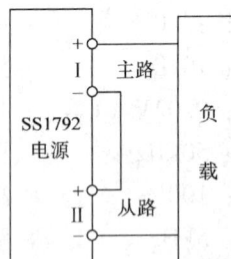

图 3-18　串联工作方式连接

3）跟踪工作方式：将跟踪/独立工作方式选择键置跟踪位置，将主路负接线端子与从路正接线端子连接，连接方式如图 3-19 所示，即可得到一组电压相同极性相反的电源输出，此时两路预置电流应略大于使用电流，电压由主路控制。

4）并联工作方式：将跟踪/独立工作方式选择键置独立位置，两路电压都调至使用电压，分别将两正接线端子两负接线端子连接，连接方式如图 3-20 所示，便可得到一组电流为两路电流之和的输出。

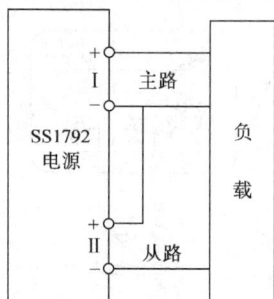

图3-19　跟踪工作方式连接

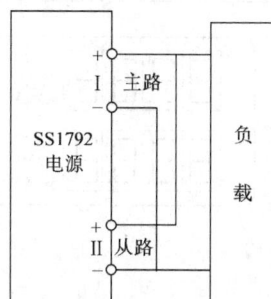

图3-20　并联工作方式连接

## 二、注意事项

1）使用前须了解使用方法。

2）仪器通电前，必须保证供电电压置于仪器的规定值，保护导体必须与保护端子连接。

3）电源插头必须插入接有保护接地点的电源插座中。

4）更换熔丝时，只能使用规定类型及额定电流的熔丝，不允许使用临时代用熔丝和将熔丝管短接。

5）仪器出现故障维修时，必须将仪器电源断开。

6）切勿随意调整机器内部电位器。

# 第六节　数字式电参数综合测量仪

## 一、测量范围和精度

1）测试电流/精度：$0.020 \sim 2.00 \sim 20.00A$，±（量程×0.1％＋测量值×0.4％）；

2）测试电压/精度：$AC20.0 \sim 300.0V$，±（量程×0.1％＋测量值×0.4％）；

3）测试功率/精度：$0.4 \sim 200 \sim 6000W$，$\cos\varphi \geqslant 0.2$ 时，±（测量值×0.4％＋量程×0.1％），$\cos\varphi < 0.2$ 时，±（测量值×0.25％＋量程×0.25％）；

4）功率因数/精度：$0.100 \sim 1.000$，±0.02％；

5）频率/精度：$45.0 \sim 400.0Hz$，±（0.3％×读数＋0.1Hz）；

6）通信接口：RS-232/RS-485（选配）。

## 二、面版说明

前视图如图3-21所示。

1）电压窗口可以显示测量电压值；显示电压报警上限、下限值；参数设置状态，显示电压比、电流比。

2）电流窗口可以显示测量电流值；显示电流报警上限、下限值；参数设置状态，显示通信的波特率。

3）功率可以显示测量功率值；显示功率报警上限、下限值；参数设置状态，显示本机地址。

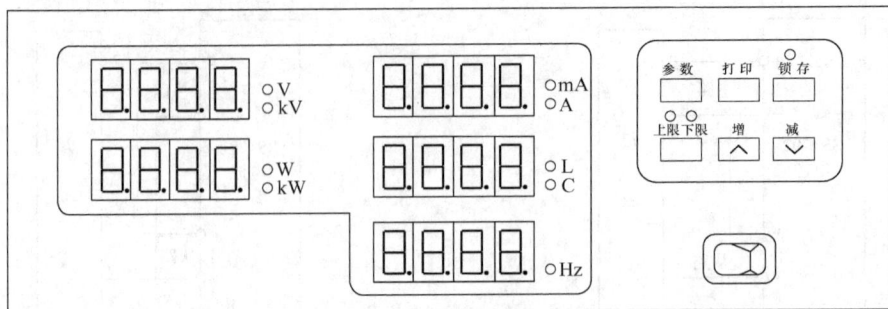

图 3-21　前视图

4）功率因数窗口显示功率因数值；显示预置组别；显示通信的奇偶校验。

5）频率窗口显示负载电压的频率值或负载的转速。

6）按键可以用于参数设置，打印数据，锁存数据，报警预置，增加和减少数值。

后视图参见仪表测量连接示意图 3-22。

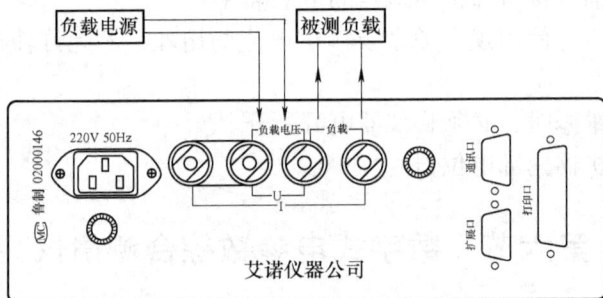

图 3-22　仪表测量连接示意图

## 三、功能及使用

数字式电参数综合测量仪具有自动报警、数据锁存、结果打印、串行通信、扩展接口和变比设置等功能。下面介绍常用功能及使用方法。

### （一）自动报警功能

测量仪的自动报警功能就是在测量仪检测到测量参数值超出预置的上限值或下限值时，测量仪自动发出警示信息。21 系列测量仪可以保存 6 组独立的预置设置值（预置组别号 0 ~ 5）。

### 1. 预置操作

报警预置组选择和报警上限值、下限值的设置操作由 上限　下限 键、∧ 键和 ∨ 键 3 个键完成。上限　下限 键以按 8 次为一个指令循环，每按一次 上限　下限 键依次执行如下操作：显示预置组别、电压上限、电压下限、电流上限、电流下限、功率上限、功率下限和退出预置状态并保存预置值（掉电非遗失）。

∧ 键和 ∨ 键用于增、减各预置数值。

**2. 示范说明**

（1）报警预置组别选择

1）第一次轻按 上限　下限 键，测量仪进入预置状态，电压、电流和功率显示窗口熄灭，功率因数显示窗口显示当前报警预置的组别数（0~5 可选）。

2） ∧ 键和 ∨ 键选择预置的组别。

（2）电压报警上限预置

1）第二次轻按 上限　下限 键，键上方的上限指示灯亮，电压显示窗口显示电压预置上限值，其余窗口都不显示。

2）用 ∧ 键和 ∨ 键，将预置值设为需要的电压上限值。

3）第三次轻按 上限　下限 键，退出电压上限预置，同时进入电压下限预置状态，键上方的下限指示灯亮，电压显示窗口显示电压预置下限值，其余窗口都不显示。此时，可以用第二步的方法继续设置电压下限值，也可以不改变电压下限值，再按一下 上限　下限 键进入下一项参数的设置，当第八次轻按 上限　下限 键后，测量仪自动退出报警预置状态并保存设置值，恢复到测量状态。

（3）功率报警下限预置

1）在测量状态下，连续轻按 上限　下限 键 7 次，跳过组别选择、电压上限、电压下限、电流上限、电流下限和功率上限预置 6 个状态，此时 上限　下限 键上方的下限指示灯亮，测量仪的功率显示窗口显示功率的报警下限预置值。

2）用 ∧ 键和 ∨ 键，将预置值设为需要的功率下限值。

3）再按一下 上限　下限 键，测量仪退出预置状态，保存预置值，返回测量状态。

（4）电流报警上限下限预置　电流报警上限、下限值可仿照上述方法，根据实际需要设置为不同的数值。

**3. 报警判断与报警输出**

当测量仪测得的电压、电流、功率 3 项参数中有一项或多项测量值超出该参数报警预置的上限、下限值范围时，测量仪自动进入报警状态，发出报警信息：当测量值高于预置上限值时，该电参数显示窗口闪烁显示 HHHH；当测量值低于预置下限值时，该电参数显示窗口闪烁显示 LLLL。报警时蜂鸣器发出"嘟嘟"的报警声，同时测量仪向对外接口输出一个模拟的开关信号，用户可根据需要利用这一控制信号。当测量值重新回到预置的上限、下限值之内后，报警自动解除。

**4. 关闭自动报警功能**

当某项电参数的报警上限值与下限值都被设置为 0，或者上限值小于等于下限值时，该项电参数的自动报警功能即被关闭，其他参数项的报警预置仍然有效。

在测量过程中出现报警状态时，轻按 ∧ 键，测量仪停止报警检测，暂停自动报警功能。轻按 ∨ 键，重新启动报警检测，恢复自动报警功能。

### （二）数据锁存功能

**1. 开启锁存**

在测量过程中，如果希望将某一时刻的测量值暂时保持下来，请轻按一下 LOCK 键，锁存指示灯亮，此刻的测量值即被暂时锁存下来供您查看、记录、打印或通过串行口传到上位机中去。当测量仪处于锁存状态时，参数设置和报警预置键无效，报警检测与数据刷新停止。

**2. 退出锁存**

测量仪处于锁存状态时，再轻按一下 LOCK 键即可退出锁存状态。

### （三）扩展接口功能

**1. 扩展接口说明**

扩展接口说明如图 3-23 所示。

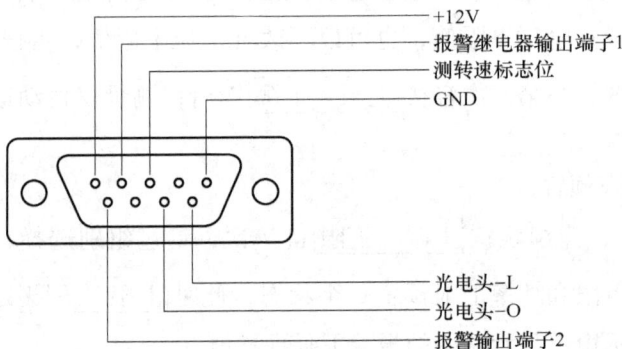

图 3-23　扩展接口说明

**2. 报警开关量接口**

当测量仪处于报警状态时，报警继电器吸合，输出端子 1 与输出端子 2 短路（短路电流小于 0.5A）；当测量仪退出报警状态后，报警继电器断开，输出端子 1 与输出端子 2 断路。

**3. 转速测量接口**

光电头与扩展口连接如图 3-24 所示，将 SM312FP 型（或类似型号）测转速的光电头接口与扩展口照图示连接，按光电头使用方法正确使用。此时，第 5 显示窗口显示测量的转速（单位：Hz）。将光电头接口从扩展口取下，第 5 显示窗口显示负载电源的频率。

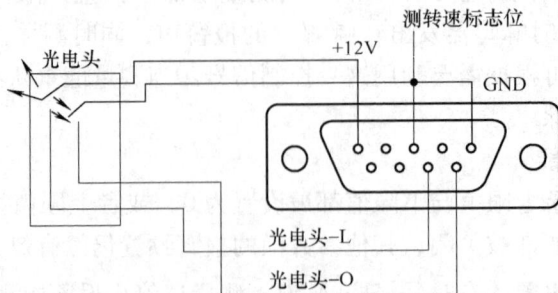

图 3-24　光电头与扩展口连接

### （四）变比设置功能

变比设置功能可实现超出测量仪标称测量范围的电参数测量。

变比 $K$ 的计算公式为

$$K = \frac{\text{外接互感器的输入值}}{\text{外接互感器的输出值（小于仪表标称值）}}$$

变比设置由 参数 键、 ∧ 键和 ∨ 键完成。

参数 键以每按 6 次为一个指令循环，依次完成：设置电压比（第一显示窗口，提示字符 $U$）、电流比（第一显示窗口，提示字符 $I$）和设定串行通信的波特率（第二显示窗口）、下位机地址（第三显示窗口）、奇偶校验（第四显示窗口），第 6 次为退出设置状态并保存设定值。 ∧ 键和 ∨ 键用来改变各设定值。

**1. 电压比设置**

注意：如果无外接电压变压器，电压比值应设置为默认值 1。

外接电压变压器连接图如图 3-25 所示。将外短路片取下后，再按图 3-20 连接。

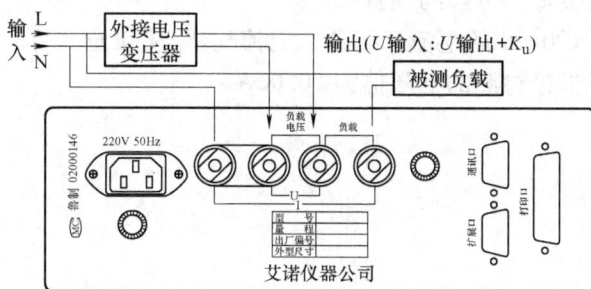

图 3-25　外接电压变压器连接

设置电压比：

1）轻按一次 参数 键，第一显示窗口显示当前电压变比值，第一个字符 $U$ 为提示字符。

2）用 ∧ 键和 ∨ 键改变电压比值，使之等于外接精密电压变压器的电压比 $K_U$（1、2、3…100）。

3）按 参数 键设置其他参数，或退出设置状态。

4）电压显示窗口显示外接电压变压器的输入电压。

5）功率显示窗口显示的功率值与电压比有关。

**2. 电流比设置**

注意：如果无外接电流互感器，电流比值应设置为默认值 1。

外接电流互感器连接如图 3-26 所示。将外短路片取下后，按图 3-26 连接。

设置电流比：

1）轻按两次 参数 键，第一显示窗口显示当前电流比值，第一个字符 $I$ 为提示字符。

2）用 ∧ 键和 ∨ 键改变电流比值为外接精密电流互感器的电流比 $K_I$（1、2、3…100）。

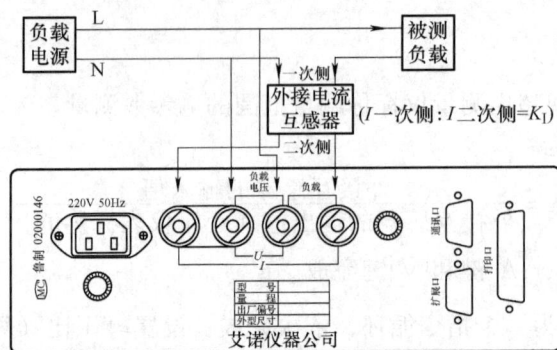

图 3-26　外接电流互感器连接

3）按 参数 键设置其他参数，或退出设置状态。

4）电流显示窗口显示外接电流互感器的输入电流。

5）功率显示窗口显示的功率值与电流比有关。

注意：变比 $K$ 代入报警上下限的预置。

例如：测量仪外接 100∶20 的电流互感器，电流比 $K_\mathrm{I}$ 应设置为 5，则电流报警上限预置为 10A 时，测量仪实际报警检测的上限值为 50.00A。

# 第四章 电 路 实 验

## 实验一 电路元器件伏安特性的测试

### （一）实验目的

1）学会识别常用电路元器件的方法。
2）掌握线性电阻、非线性电阻元件伏安特性的逐点测试法。
3）掌握实验装置上直流电工仪表和设备的使用方法。

### （二）仪器及设备

1）可调直流稳压电源。
2）直流数字毫安表。
3）直流数字电压表。
4）2AP9 二 极 管。
5）2CW51 稳压管。

### （三）实验原理

任何一个二端元器件的特性都可用该元器件上的端电压 $U$ 与通过该元器件的电流 $I$ 之间的函数关系 $I = f(U)$ 来表示，即用 $I—U$ 平面上的一条曲线来表征，这条曲线称为该元器件的伏安特性曲线。

1）线性电阻器的伏安特性曲线是一条通过坐标原点的直线，如图 4-1 所示曲线 a，该直线的斜率等于该电阻器的电阻值。

2）一般的白炽灯在工作时灯丝处于高温状态，其灯丝电阻随着温度的升高而增大，通过白炽灯的电流越大，其温度越高，阻值也越大，一般灯泡的"冷电阻"与"热电阻"的阻值可相差几倍至十几倍，所以它的伏安特性如图 4-1 所示曲线 b。

3）一般的半导体二极管是一个非线性电阻元件，其伏安特性如图 4-1 中曲线 c。正向压降很小（一般的锗管约为 0.2 ~ 0.3V，硅管约为 0.5 ~ 0.7V），正向电流随正向压降的升高而急剧上升，而反向电压从零一直增加到十几至几十伏时，其反向电流增加很小，粗略地可视为零。可见，二极管具有单向导电性，但反向电压加得过高，超过管子的极限值，则会导致管子击穿损坏。

4）稳压管是一种特殊的半导体二极管，其正向特性与普通二极管类似，但其反向特性较特别，

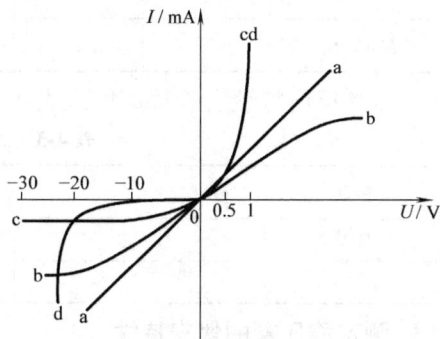

图 4-1 电路元件伏安特性曲线

如图 4-1 所示曲线 d。在反向电压开始增加时，其反向电流几乎为零，但当反向电压增加到某一数值时（称为管子的稳压值，有各种不同稳压值的稳压管）电流将突然增加，以后它的端电压将维持恒定，不再随外加的反向电压升高而增大。

### （四）实验内容和步骤

### 1. 测定线性电阻器的伏安特性

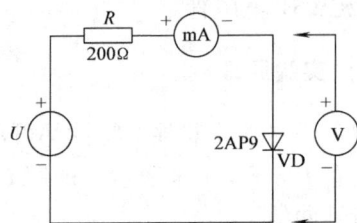

测定线性电阻器的伏安特性如图 4-2 所示。按图 4-2 接线，调节直流稳压电源的输出电压 $U$，从 0V 开始缓慢地增加，一直到 10V，记下相应的电压表和电流表的读数填入表 4-1 中。

表 4-1　电压表和电流表的读数

| 参数 | 数　据 | | | | | |
|---|---|---|---|---|---|---|
| $U/V$ | 0 | 2 | 4 | 6 | 8 | 10 |
| $I/mA$ | | | | | | |

### 2. 测定半导体二极管的伏安特性

测定半导体二极管的伏安特性如图 4-3 所示。按图 4-3 接线，$R$ 为限流电阻，测二极管 VD 的正向特性时，其正向电流不得超过 25mA，正向压降可在 0~0.75V 之间取值。特别是在 0.5~0.75V 之间更应多取几个测量点。作反向特性实验时，只需将图 4-3 中的二极管 VD 反接，且其反向电压可加到 30V 左右。

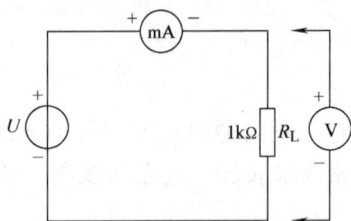

图 4-2　测定线性电阻器的伏安特性　　图 4-3　测定半导体二极管的伏安特性

二极管正向特性实验数据填入表 4-2 中。

表 4-2　二极管正向特性实验数据

| 参数 | 数　据 | | | | | | |
|---|---|---|---|---|---|---|---|
| $U/V$ | 0 | 0.2 | 0.4 | 0.5 | 0.55 | … | 0.75 |
| $I/mA$ | | | | | | | |

二极管反向特性实验数据填入表 4-3 中。

表 4-3　二极管反向特性实验数据

| 参数 | 数　据 | | | |
|---|---|---|---|---|
| $U/V$ | 0 | −5 | −10 | −20 |
| $I/mA$ | | | | |

### 3. 测定稳压管的伏安特性

只要将图 4-3 中的二极管换成稳压管，重复上述实验步骤。

稳压管正向特性实验数据填入表4-4中。

稳压管反向特性实验数据填入表4-5中。

**表4-4 稳压管正向特性实验数据**

| 参数 | 数 据 | | | | | |
|------|---|---|---|---|---|---|
| $U/V$ | | | | | | |
| $I/mA$ | | | | | | |

**表4-5 稳压管反向特性实验数据**

| 参数 | 数 据 | | | | | |
|------|---|---|---|---|---|---|
| $U/V$ | | | | | | |
| $I/mA$ | | | | | | |

### （五）实验报告要求

1）根据实验结果数据，分别在坐标纸上绘制出光滑的伏安特性曲线（其中二极管和稳压管的正、反向特性均要求画在同一张图中，正、反向电压可取为不同的比例尺）。

2）根据实验结果，总结、归纳被测各元器件的特性。

3）心得体会及其他。

### （六）预习要求及思考题

1）线性电阻与非线性电阻的概念是什么？电阻器与二极管的伏安特性有何区别？

2）设某器件伏安特性曲线的函数为 $I = f(U)$，试问在逐点绘制曲线时，其坐标变量应如何放置？

3）稳压管与普通二极管有何区别，其用途如何？

### （七）实验注意事项

1）测二极管正向特性时，稳压电源输出应由小至大逐渐增加，应时刻注意电流表读数不得超过25mA，稳压源输出端切勿碰线短路。

2）进行不同实验时，应先估算电压和电流值，合理选择仪表的量程，勿使仪表超量程，仪表的极性亦不可接错。

## 实验二 叠加原理的验证

### （一）实验目的

验证线性电路叠加原理的正确性，从而加深对线性电路的叠加性和齐次性的认识和理解。

### （二）仪器及设备

1）直流稳压电源。

2）直流数字毫安表。

3）直流数字电压表。

## （三）实验原理

1）叠加原理指出：在有几个独立源共同作用下的线性电路中，通过每一个元件的电流或其两端的电压，可以看成是由每一个独立源单独作用时在该元件上所产生的电流或电压的代数和。

2）线性电路的齐次性是指当激励信号（某独立源的值）增加或减小 $K$ 倍时，电路的响应（即在电路其他各电阻元件上所建立的电流和电压值）也将增加或减小 $K$ 倍。

## （四）实验内容和步骤

实验电路如图4-4所示。

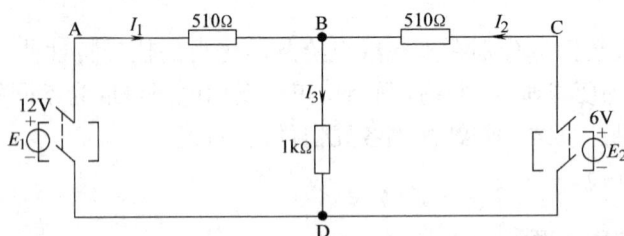

图4-4　实验电路

1）按图4-4电路接线，取 $E_1 = +12V$，$E_2 = +6V$。

2）令 $E_1$ 电源单独作用时，用直流数字电压表和毫安表测量各支路电流及各电阻元件两端电压，数据记入表4-6中。

表4-6　各支路电流及各电阻元件两端电压数据

| 测量项目<br>实验内容 | $E_1$<br>/V | $E_2$<br>/V | $I_1$<br>/mA | $I_2$<br>/mA | $I_3$<br>/mA | $U_{AB}$<br>/V | $U_{BC}$<br>/V | $U_{CD}$<br>/V | $U_{DA}$<br>/V | $U_{BD}$<br>/V |
|---|---|---|---|---|---|---|---|---|---|---|
| $E_1$ 单独作用 | | | | | | | | | | |
| $E_2$ 单独作用 | | | | | | | | | | |
| $E_1$、$E_2$ 共同作用 | | | | | | | | | | |
| $2E_2$ 单独作用 | | | | | | | | | | |

3）令 $E_2$ 电源单独作用时，重复实验步骤2）的测量和记录。

4）令 $E_1$ 和 $E_2$ 共同作用时，重复上述的测量和记录。

5）将 $E_2$ 的数值调至 +12V，重复实验步骤3）的测量并记录。

## （五）实验报告要求

1）根据实验数据验证线性电路的叠加性与齐次性。

2）各电阻器所消耗的功率能否用叠加原理计算得出？试用上述实验数据进行计算，并给出结论。

3）心得体会及其他。

## （六）预习要求及思考题

1）叠加原理中 $E_1$、$E_2$ 分别单独作用，在实验中应如何操作？是否可直接将不作用的电源（$E_1$ 或 $E_2$）置零（短接）？

2）实验电路中，若有一个电阻器改为二极管，试问叠加原理的叠加性与齐次性还成立吗？为什么？

## （七）实验注意事项

1）测量各支路电流时，应注意仪表的极性及数据表格中"＋""－"号的记录。

2）注意仪表量程的及时更换。

# 实验三　戴维南定理

## （一）实验目的

1）验证戴维南定理的正确性。

2）掌握测量有源二端网络等效参数的一般方法。

## （二）仪器及设备

1）可调直流稳压电源 0～10V。

2）可调直流恒流源 0～200mA。

3）直流数字毫安表。

4）直流数字电压表。

5）万用表。

6）电位器 1kΩ/1W。

## （三）实验原理

**1. 等效电路**

任何一个线性含源网络，如果仅研究其中一条支路的电压和电流，则可将电路的其余部分看作是一个有源二端网络（或称为含源一端口网络）。

戴维南定理指出：任何一个线性有源网络，总可以用一个等效电压源来代替，此电压源的电动势 $E$ 等于这个有源二端网络的开路电压 $U_{oc}$，其等效内阻 $R_{eq}$ 等于该网络中所有独立源均置零（理想电压源视为短路，理想电流源视为开路）时的等效电阻。

$U_{oc}$ 和 $R_{eq}$ 称为有源二端网络的等效参数。

**2. 有源二端网络等效参数的测量方法**

（1）开路电压、短路电流法　在有源二端网络输出端开路时，用电压表直接测其输出端的开路电压 $U_{oc}$，然后再将其输出端短路，用电流表测其短路电流 $I_{sc}$，则等效电阻为

$$R_{eq} = \frac{U_{oc}}{I_{sc}}$$

（2）伏安法　用电压表、电流表测出有源二端网络的外特性如图 4-5 所示。根据外特性曲线求出斜率 $\tan\phi$，则等效电阻为

$$R_{eq} = \tan\phi = \frac{\Delta U}{\Delta I} = \frac{U_{oc}}{I_{sc}}$$

用伏安法主要是测量开路电压及电流为额定值 $I_N$ 时的输出端电压值 $U_N$，则等效电阻为

$$R_{eq} = \frac{U_{oc} - U_N}{I_N}$$

若二端网络的内阻很低时，则不宜测其短路电流。

（3）半电压法　如图 4-6 所示，当负载电压为被测网络开路电压的一半时，负载电阻（由电阻箱的读数确定）即为被测有源二端网络的等效电阻。

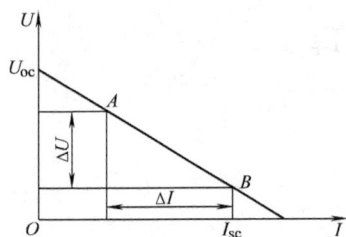

图 4-5　有源二端网络的外特性

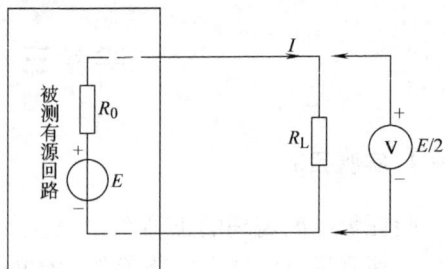

图 4-6　半电压法

（4）零示法　在测量具有高内阻有源二端网络的开路电压时，用电压表进行直接测量会造成较大的误差，为了消除电压表内阻的影响，往往采用零示测量法，如图 4-7 所示。

零示法测量原理是用一低内阻的稳压电源与被测有源二端网络进行比较，当稳压电源的输出电压与有源二端网络的开路电压相等时，电压表的读数将为 "0"，然后将电路断开，测量此时稳压电源的输出电压，即为被测有源二端网络的开路电压。

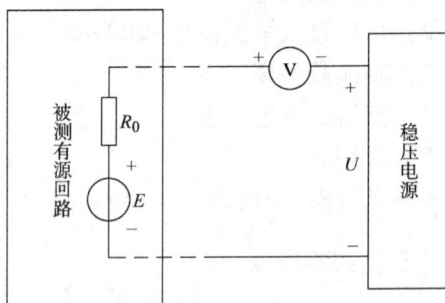

图 4-7　零示测量法

**（四）实验内容和步骤**

实验电路如图 4-8 所示。被测有源二端网络如图 4-8a 所示。

1）用开路电压、短路电流法测定戴维南等效电路的 $U_{oc}$ 和 $R_{eq}$。按图 4-8a 电路接入稳压电源 $U_s$ 和毫安表及可变电阻 $R_L$，测定开路电压 $U_{oc}$ 和短路电流 $I_{sc}$，将数据填入表 4-7 中。

表 4-7　开路电压 $U_{oc}$ 和短路电流 $I_{sc}$ 数据

| 参数 | $U_{oc}/V$ | $I_{sc}/mA$ | $R_0 = U_{oc}/I_{sc}/\Omega$ |
|---|---|---|---|
| 数据 | | | |

2）负载实验。按图 4-8a 改变 $R_L$ 阻值，测量有源二端网络的外特性，将数据填入表 4-8 中。

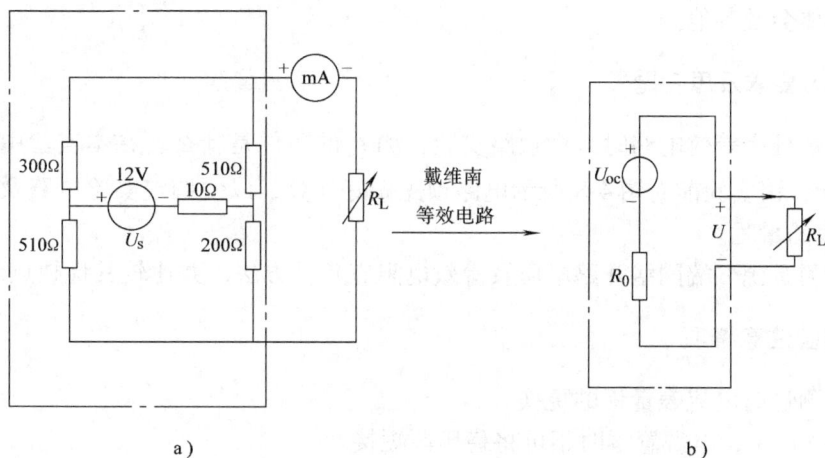

图 4-8 实验电路

**表 4-8 改变 $R_L$ 阻值，测量有源二端网络外特性数据**

| 参数 | 数 据 | | | | | | | |
|---|---|---|---|---|---|---|---|---|
| $R_L/\Omega$ | 0 | | | | | | | $\infty$ |
| $U/V$ | | | | | | | | |
| $I/mA$ | | | | | | | | |

3）验证戴维南定理。用一只 $1k\Omega$ 的电位器，将其阻值调整到等于按实验步骤 1）所得的等效电阻 $R_{eq}$ 之值，然后令其与直流稳压电源（调到实验步骤 1）时所测得的开路电压 $U_{oc}$ 之值）相串联，如图 4-8b 所示，仿照实验步骤 2），测其外特性，对戴维南定理进行验证，实验数据填入表 4-9 中。

**表 4-9 戴维南定理验证实验数据**

| 参数 | 数 据 | | | | | | | |
|---|---|---|---|---|---|---|---|---|
| $R_L/\Omega$ | 0 | | | | | | | $\infty$ |
| $U/V$ | | | | | | | | |
| $I/mA$ | | | | | | | | |

4）测定有源二端网络等效电阻（又称输入电阻）的其他方法。将被测有源网络内的所有独立源置零（将电流源 $I_s$ 断开；去掉电压源，并在原电压源处用一根短路导线相连），然后用伏安法或者直接用万用表的电阻档去测定等效内阻（开路后输出端两点间的电阻），此即为被测网络的等效内阻 $R_{eq}$ 或称网络的输入电阻 $R_{in}$。

5）用半电压法和零示法测量被测网络的等效电阻 $R_{eq}$ 及开路电压 $U_{oc}$，电路及数据表格自拟。

**（五）实验报告要求**

1）根据实验步骤 2）和 3），分别绘出曲线，验证戴维南定理的正确性。

2）根据实验步骤 1）、4）、5）各种方法测得的 $U_{oc}$ 和 $R_{eq}$ 与预习时电路计算的结果做比较，你能得出什么结论。

3）归纳、总结实验结果。

4）心得体会及其他。

### （六）预习要求及思考题

1）在求戴维南等效电路时，做短路实验，测 $I_{sc}$ 的条件是什么？在本实验中可否直接做负载短路实验？请实验前对图 4-8 所示电路预先做好计算，以便调整实验电路及测量时可准确地选取电表的量程。

2）说明测有源二端网络开路电压及等效电阻有几种方法，并比较其优缺点。

### （七）实验注意事项

1）注意测量时电流表量程的更换。

2）步骤 4）中，电源置零时不可将稳压源短接。

3）用万用表直接测 $R_{eq}$ 时，网络内的独立源必须先置零，以免损坏万用表。其次，电阻档必须经调零后再进行测量。

4）改接电路时，要关掉电源。

# 实验四　双口网络测试

## （一）实验目的

1）加深理解双口网络的基本理论。
2）掌握直流双口网络传输参数的测量技术。

## （二）仪器及设备

1）可调直流稳压电源 0～10V。
2）直流数字电压表。
3）直流数字毫安表。

## （三）实验原理

对于任何一个线性网络，通常所关心的往往只是输入端口和输出端口电压和电流间的相互关系，通过实验测定方法求取一个极其简单的等效双口电路来替代原网络，此即为"黑盒理论"的基本内容。

1）一个双口网络两端口的电压和电流之间的关系，可以用多种形式的参数方程来表示。本实验采用输出口的电压 $U_2$ 和电流 $I_2$ 作为自变量，以输入口的电压 $U_1$ 和电流 $I_1$ 作为因变量，所得的方程称为双口网络的传输方程。图 4-9 所示的无源线性双口网络（又称为四端网络）的传输方程为

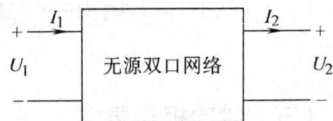

图 4-9　无源线性双口网络

$$U_1 = AU_2 - BI_2$$

$$I_1 = CU_2 - DI_2$$

式中，$A$、$B$、$C$、$D$ 是双口网络的传输参数，其值完全决定于网络的拓扑结构及各支路元件的参数值。这4个参数表征了该双口网络的基本特性，它们的含义为

$$A = \frac{U_1}{U_2}\bigg|_{I_2=0} \quad (\text{令}\ I_2 = 0,\text{即输出口开路时})$$

$$B = \frac{U_1}{-I_2}\bigg|_{U_2=0} \quad (\text{令}\ U_2 = 0,\text{即输出口短路时})$$

$$C = \frac{I_1}{U_2}\bigg|_{I_2=0} \quad (\text{令}\ I_2 = 0,\text{即输出口开路时})$$

$$D = \frac{I_1}{-I_2}\bigg|_{U_2=0} \quad (\text{令}\ U_2 = 0,\text{即输出口开路时})$$

可知，只要在网络的输入口加上电压，在两个端口同时测量其电压和电流，即可求出 $A$、$B$、$C$、$D$ 四个参数，此即为双端口同时测量法。

2）若要测量一条远距离输电线构成的双口网络，采用同时测量法就很不方便，这时可采用分别测量法，即先在输入口加电压，而将输出口开路和短路，在输入口测量电压和电流，由传输方程可得

$$R_{1o} = \frac{U_1}{I_1}\bigg|_{I_2=0} = \frac{A}{C}(\text{令}\ I_2 = 0,\text{即输出口开路时})$$

$$R_{1s} = \frac{U_1}{I_1}\bigg|_{U_2=0} = \frac{B}{D}(\text{令}\ U_2 = 0,\text{即输出口短路时})$$

然后在输出口加电压测量，而将输入口开路和短路，此时可得

$$R_{2o} = \frac{U_{2o}}{I_{2o}}\bigg|_{I_1=0} = \frac{D}{C}(\text{令}\ I_1 = 0,\text{即输入口开路时})$$

$$R_{2s} = \frac{U_{2s}}{I_{2s}}\bigg|_{U_1=0} = \frac{B}{A}(\text{令}\ U_1 = 0,\text{即输入口短路时})$$

式中，$R_{1o}$、$R_{1s}$、$R_{2o}$、$R_{2s}$ 分别是一个端口开路和短路时另一端口的等效输入电阻。这4个参数中有3个是独立的（因为 $R_{1o}/R_{2o} = R_{1s}/R_{2s} = A/D$），即

$$AD - BC = 1$$

至此可得出4个传输参数

$$A = \sqrt{R_{1o}/(R_{2o} - R_{2s})}, B = R_{2s}A, C = A/R_{1o}, D = R_{2o}C$$

3）双口网络级联后的等效双口网络的传输参数亦可采用前述的方法之一求得。从理论推得两双口网络级联后的传输参数与每一个参加级联的双口网络的传输参数之间的关系为

$$A = A_1A_2 + B_1C_2 \qquad B = A_1B_2 + B_1D_2$$
$$C = C_1A_2 + D_1C_2 \qquad D = C_1B_2 + D_1D_2$$

**（四）实验内容和步骤**

双口网络实验电路如图4-10所示。

将直流稳压电源输出电压调至10V作为双口网络的输入。

1）按同时测量法分别测定两个双口网络的传输参数 $A_1$、$B_1$、$C_1$、$D_1$ 和 $A_2$、$B_2$、$C_2$、

双口网络 I

双口网络 II

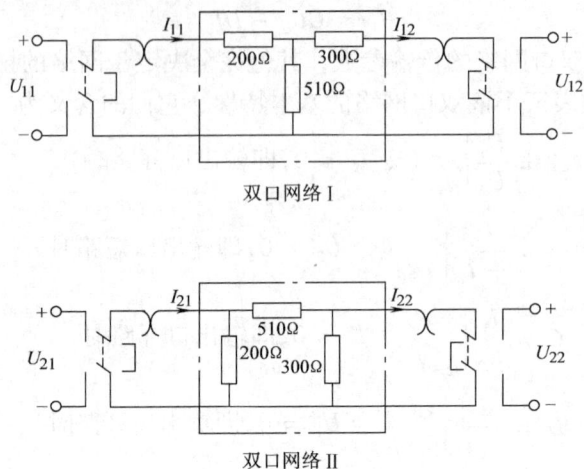

图4-10 双口网络实验电路

$D_2$，填入表4-10和表4-11中，并列出它们的传输方程。

**表4-10 双口网络 I 的传输参数**

| | | 测量值 | | | 计算值 | |
|---|---|---|---|---|---|---|
| 双口网络 I | 输出端开路 | $U_{11o}$/V | $U_{12o}$/V | $I_{11o}$/mA | $A_1$ | $B_1$ |
| | 输出端短路 | $U_{11s}$/V | $I_{11s}$/mA | $I_{12s}$/mA | $C_1$ | $D_1$ |

**表4-11 双口网络 II 的传输参数**

| | | 测量值 | | | 计算值 | |
|---|---|---|---|---|---|---|
| 双口网络 II | 输出端开路 | $U_{21o}$/V | $U_{22o}$/V | $I_{21o}$/mA | $A_2$ | $B_2$ |
| | 输出端短路 | $U_{21s}$/V | $I_{21s}$/mA | $I_{22s}$/mA | $C_2$ | $D_2$ |

2）将两个双口网络级联后，用两端口分别测量法测量级联后等效双口网络的传输参数 $A$、$B$、$C$、$D$，填入表4-12中，并验证等效双口网络传输参数与级联的两个双口网络传输参数之间的关系。

**表4-12 级联后等效双口网络的传输参数**

| 输出端开路 $I_2 = 0$ | | | 输出端短路 $U_2 = 0$ | | | 计算传输参数 |
|---|---|---|---|---|---|---|
| $U_{1o}$/V | $I_{1o}$ /mA | $R_{1o}$ /kΩ | $U_{1s}$/V | $I_{1s}$ /mA | $R_{1s}$ /kΩ | |
| 输入端开路 $I_1 = 0$ | | | 输入端短路 $U_1 = 0$ | | | $A =$ |
| $U_{2o}$/V | $I_{2o}$ /mA | $R_{2o}$ /kΩ | $U_{2s}$/V | $I_{2s}$ /mA | $R_{2s}$ /kΩ | $B =$ $C =$ $D =$ |

## （五）实验报告要求

1）完成对数据表格的测量和计算任务。

2）列写参数方程。

3）验证级联后等效双口网络的传输参数与级联的两个双口网络传输参数之间的关系。

4）总结、归纳双口网络的测试技术。

5）心得体会及其他。

## （六）预习要求及思考题

1）试述双口网络同时测量法与分别测量法的测量步骤、优缺点及适用情况。

2）本实验方法是否可用于交流双口网络的测定？

# 实验五　互感电路观测

## （一）实验目的

1）观察交流电路中的互感现象。

2）学会互感电路同名端、互感系数的测量方法。

## （二）仪器及设备

1）可控直流稳压电源 0 ~ 10V。

2）直流数字电压表。

3）直流数字毫安表。

4）直流数字安培表。

5）交流电压表。

6）铁心互感线圈。

## （三）实验原理

### 1. 判断互感线圈同名端的方法

（1）直流法　实验电路如图 4-11 所示，当开关 S 闭合瞬间，若毫安表的指针正偏，则可断定 1、3 为同名端，指针反偏，则 1、4 为同名端。

（2）交流法　实验电路如图 4-12 所示，将两个线圈 $N_1$ 和 $N_2$ 的任意两端（如 2、4 端）连在一起，在其中的一个线圈（如 $N_1$）两端加一个低压交流电压，另一线圈开路（如 $N_2$），用交流电压表分别测出端电压 $U_{13}$，$U_{12}$ 和 $U_{34}$。若 $U_{13}$ 是两个绕组端电压之差，则 1、3 是同名端：若 $U_{13}$ 是两绕组端电压之和，则 1、4 是同名端。

### 2. 两线圈互感系数 $M$ 的测量

如图 4-12 所示，在 $N_1$ 侧施加低压交流电压 $U_1$，$N_2$ 侧开路，测出 $I_1$ 及 $U_2$，根据互感电动势 $E_2 \approx U_{2_0} = \omega M I_1$，可算得互感系数为

$$M = \frac{U_{2o}}{\omega I_1}$$

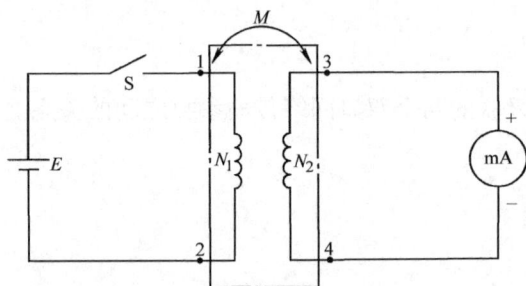

图 4-11    直流法实验电路

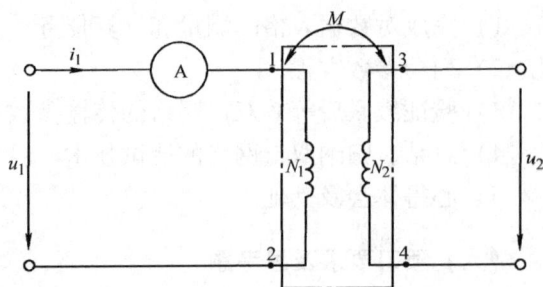

图 4-12    交流法实验电路

### 3. 耦合系数 $k$ 的测量

两个互感线圈耦合松紧的程度可用耦合系数 $k$ 来表示

$$k = M/\sqrt{L_1 L_2}$$

如图 4-12 所示，先在 $N_1$ 侧加低压交流电压 $u_1$，测出 $N_2$ 侧开路时的一次电流 $I_1$；然后再在 $N_2$ 侧加电压 $u_2$，测出 $N_1$ 侧开路时的二次电流 $I_2$，求出各自的自感 $L_1$ 和 $L_2$，即可算得 $k$ 值。

### （四）实验内容和步骤

### 1. 分别用直流法和交流法测量互感线圈的同名端

（1）直流法    按图 4-11 接线，先将开关 S 置于"接通"位置，在铁心互感线圈一次侧加 2V 的直流电压。加电压的瞬间，若毫安表的指针正偏，则可断定 1、3 为同名端；指针反偏，则 1、4 为同名端。

（2）交流法    按图 4-12 接线，接通电源前，应首先检查"降压选择"是否置于"0V"，确认后方可接通交流电源，即令开关置于"接通"位置，使降压选择置于"2V"，然后用 0 ~30V 量程的交流电压表测量 $U_{13}$、$U_{12}$、$U_{34}$ 判定同名端。

拆去 2、4 端连线，并将 2、3 端相接，重复上述步骤，判定同名端。

### 2. 互感系数 $M$ 的测量

具有互感系数 $M$ 的两只线圈串联，它的等效电感 $L' = L_1 + L_2 + 2M$（正向串联）或 $L'' = L_1 + L_2 - 2M$（反向串联），（$L_1$、$L_2$ 分别为线圈 1 与 2 的自感系数），由此可得

$$M = \left| \frac{L' - L''}{4} \right|$$

用实验方法可测量并计算出 $L'$ 和 $L''$，从而可求出互感系数 $M$。

### 3. 互感的测定

具有互感的两只线圈，在线圈 1 中通入固定频率的正弦电流 $I_1$，记录 $U_1$ 及 $I_1$，测量线圈 2 的开路电压 $U_2$，$U_2 = \omega M_{21}$。反之，线圈 2 通以电流 $I_2$，记录 $U_2$ 及 $I_2$ 并测量线圈 1 的开路电压 $U_1$，则 $U_1 = \omega M_{12}$。所以

$$M = \frac{U_2}{\omega I_1} = \frac{U_1}{\omega I_2}$$

如果这两次测量时，两个线圈位置的相对关系未变，则

$$M_{12} = M_{21} = M$$

### （五）实验报告要求

1）总结互感线圈同名端、互感系数的实验测试方法。
2）自拟测试数据表格，完成计算任务。
3）解释实验中观察到的互感现象。
4）心得体会及其他。

### （六）预习要求及思考题

1）如图 4-11 所示，当开关 S 断开瞬间，若毫安表的指针反偏，是否可判断互感线圈的同名端？如何判断？
2）如图 4-12 所示，若已知 1、3 为同名端，将 2、3 端相接，是否能测出 $U_{14} = U_{12} + U_{34}$？

### （七）实验注意事项

1）为避免互感线圈被烧毁，在铁心互感线圈二次侧加电压时，不要超过 1V。
2）作交流实验前，首先要检查"降压选择"是否置于"0V"。

## 实验六　交流电路参数的测量

### （一）实验目的

1）学习使用交流电压表、交流电流表和单相功率表测量交流电路参数。
2）学习使用调压器。
3）学习交流参数的测量方法。

### （二）仪器及设备

1）THA—JD4 型交流电路实验箱。
2）单相调压器。
3）单相功率表。
4）数字万用表。
5）交流电流表。

### （三）实验原理

交流电路中，元件的阻抗值，可以用交流电压表、交流电流表和功率表分别测出该元件两端电压 $U$、流过的电流 $I$ 和它所消耗的有功功率 $P$ 之后，再通过计算得出。其关系式如下：

阻抗的模：$|Z| = U/I$；

功率因数：$\cos\phi = P/UI$；

等效电阻：$R = P/I^2 = |Z|\cos\phi$；

等效电抗：$X = |Z|\sin\phi$ 或 $X = \sqrt{Z^2 - R^2}$。

这种测量方法简称为三表法，它是测定交流阻抗的基本方法，如所测元件为感性，那么

$$X = \omega L = 2\pi f L$$

如所测元件为容性，那么

$$|X| = \frac{1}{\omega C} = \frac{1}{2\pi f C}$$

交流电路参数测量的电路如图 4-13 所示。

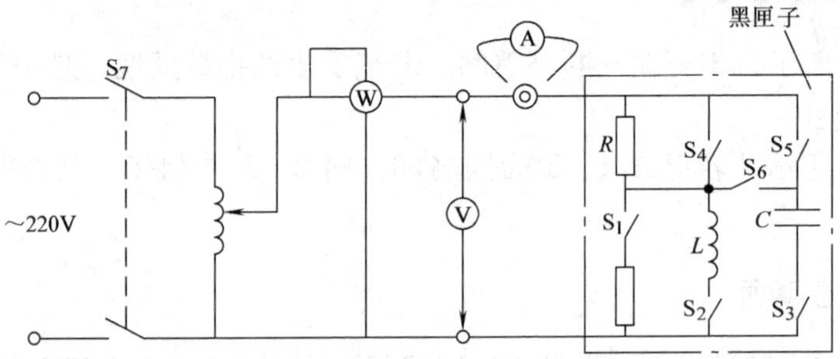

图 4-13   交流电路参数测量的电路

### （四）实验内容和步骤

按图 4-13 接线。依次接通电阻器、电感线圈、电容器，调整调压器输出（≤150V），测量两组数据，记录数据于表 4-13、表 4-14、表 4-15 中。

表 4-13   电阻器交流电路参数测量数据

| 数据 序号 | 测量值 | | | | 计算值 | |
|---|---|---|---|---|---|---|
| | $I/A$ | $U/V$ | $P/W$ | $\cos\varphi$ | $R/\Omega$ | $R$（平均）$/\Omega$ |
| 1 | | | | | | |
| 2 | | | | | | |

表 4-14   电感线圈交流电路参数测量数据

| 数据 序号 | 测量值 | | | | 计算值 | | | | | | |
|---|---|---|---|---|---|---|---|---|---|---|---|
| | $I$ /A | $U$ /V | $P$ /W | $\cos\varphi$ | $Z$ /$\Omega$ | $R_L$ /$\Omega$ | $X_L$ /$\Omega$ | $L$ /H | $X_L$（平均）/$\Omega$ | $R_L$（平均）/$\Omega$ | $Z$（平均）/$\Omega$ |
| 1 | | | | | | | | | | | |
| 2 | | | | | | | | | | | |

表 4-15   电容器交流电路参数测量数据

| 数据 序号 | 测量值 | | | | 计算值 | | | | |
|---|---|---|---|---|---|---|---|---|---|
| | $I$ /A | $U$ /V | $P$ /W | $\cos\varphi$ | $Z$ /$\Omega$ | $X_C$ /$\Omega$ | $C$ /μF | $X_C$（平均）/$\Omega$ | $C$（平均）/μF |
| 1 | | | | | | | | | |
| 2 | | | | | | | | | |

### （五）实验报告要求

根据测得的 $P$（W）、$U$（V）、$I$（A）数值，分别计算电阻器的 $R$（Ω）；电容器的 $X_C$ 及 $C$（μF）；电感线圈的 $R_L$（Ω）、$L$（mH）及 $Z$ 的值。

### （六）预习要求及思考题

1）预习交流电路中有关章节，理清交流电路中电压、电流的相量关系及电路中参数的计算方法。

2）根据表 4-14 考虑是否可以采用两种方法计算电感参数。

### （七）实验注意事项

1）调压变压器的一、二次侧要连接正确，通电和断电前应使其输出电压为零。

2）实验过程中应注意选择功率表的电压和电流量程，学会使用功率表。

3）本实验中电源电压较高，必须严格遵守操作规程，断电后才能拆接线。

# 实验七　功率因数的提高

### （一）实验目的

1）熟悉荧光灯电路的工作原理与接线方法。

2）学习提高功率因数的方法，进一步理解提高功率因数的意义。

### （二）仪器及设备

1）THA—JD4 型交流电路实验箱。

2）DT9921 型数字万用表。

3）T25—A 型交流电流表。

4）D72—WD75—W 型功率表。

### （三）实验原理

1）荧光灯电路如图 4-14 所示，它是感性负载电路。镇流器可看作电感与电阻的串联；点燃的荧光灯管看成是电阻元件。

2）20W 荧光灯电路在外加电压 $U = 220$V（有效值）的作用下，灯管电流为 0.31A，电路的有功功率 $P = 20$W，电路的功率因数为

$$\cos\phi = P/UI = \frac{20}{220 \times 0.31} = 0.293$$

功率因数低，使得供电电源设备容量不能充分利用；另外，因为功率因数低，线路总电流大，电压降加大，导致电能损耗增加，这些

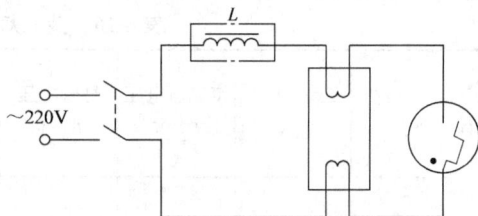

图 4-14　荧光灯电路

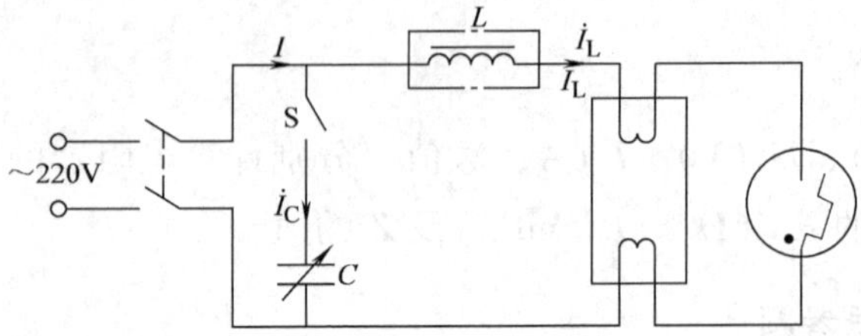

图 4-15　在荧光灯电路上并联电容提高功率因数

都是很不经济的。

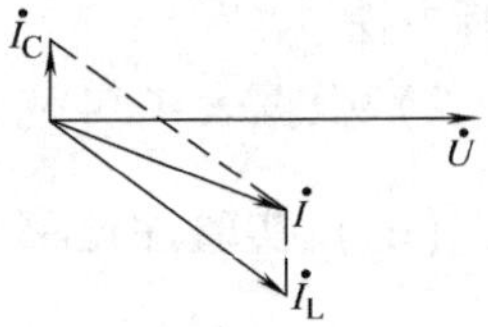

3）在荧光灯电路上并联电容，如图 4-15 所示，可以提高功率因数。由图 4-16 的相量图可见，由于有了 $\dot{I}_C$ 这一分量，总电流减小了，整个负载的功率因数提高了。

4）用带有镇流器的 20W 荧光灯作为感性负载，通过并联电容（电容数值可调）可以提高功率因数。由于灯管是非线性电阻，镇流器是带铁心的线圈，可看成是非线性电阻与电感的串联。因此，电路中的电流和元件上电压波形呈非正弦形，实验结果会有一定误差。

图 4-16　相量图

**（四）实验内容和步骤**

1）按图 4-17 所示实验电路接线（此时不接入电容 $C$）。检查无误后，闭合开关 S，观察荧光灯的启动和点亮过程。

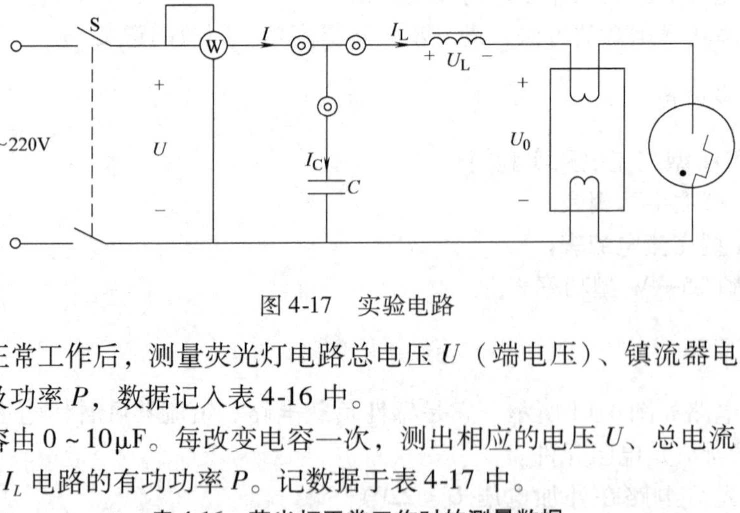

图 4-17　实验电路

2）荧光灯正常工作后，测量荧光灯电路总电压 $U$（端电压）、镇流器电压 $U_L$、灯管电压 $U_0$、电流 $I_L$ 及功率 $P$，数据记入表 4-16 中。

3）接入电容由 $0 \sim 10\mu F$。每改变电容一次，测出相应的电压 $U$、总电流 $I$、电容支路电流 $I_C$、灯管电流 $I_L$ 电路的有功功率 $P$。记数据于表 4-17 中。

表 4-16　荧光灯正常工作时的测量数据

| 序号　　　　数值 | 端电压 $U/V$ | 镇流器电压 $U_L/V$ | 灯管电压 $U_0/V$ | 灯管电流 $I_L/A$ | 功率 $P/W$ | 功率因数 $\cos\phi$ | 电阻 $R/\Omega$ | 电抗 $X/\Omega$ |
|---|---|---|---|---|---|---|---|---|
| S 闭合 | | | | | | | | |

**表 4-17　接入电容并改变电容时的测量数据**

| 电容 $C/\mu F$ | 测 量 值 | | | | |
|---|---|---|---|---|---|
| | 总电流 $I/A$ | 灯管电流 $I_L/A$ | 电容电流 $I_C/A$ | 功率 $P/W$ | $\cos\phi$ |
| | | | | | |
| | | | | | |
| | | | | | |
| | | | | | |
| | | | | | |
| | | | | | |
| | | | | | |
| | | | | | |
| | | | | | |
| | | | | | |
| | | | | | |

### （五）实验报告要求

1）计算荧光灯电路的等效参数。

2）分析为什么 $U \neq U_L + U_0$。

3）绘出 $\cos\phi$—$C$、$I$—$C$ 关系曲线，并分析曲线的变化规律（用坐标纸画）。

4）把提高功率因数接近 1 时所需电容的计算值和实验结果进行比较。

### （六）预习要求及思考题

1）复习功率表的使用方法。

2）了解荧光灯电路的工作原理，掌握其正确接线方法。

3）根据公式，试计算荧光灯电路的功率因数达到 1 时需加多大电容？

### （七）实验注意事项

1）注意电容值，以免接入大电容时，电流过大。

2）尽量测出 $\cos\phi \approx 1$ 时的一组数据。

3）严格禁止带电操作。

# 实验八 三相电路

## （一）实验目的

1）研究星形联结三相负载在对称和不对称情况下，线电压与相电压的关系。

2）当负载不对称时，比较三相四线制与三相三线制的特点。

3）学习用三瓦计法及用二瓦计法测量三相电路的有功功率。

## （二）仪器及设备

1）THA—JD4 型交流电路实验箱。

2）数字万用表。

3）交流电流表。

4）功率表。

## （三）实验原理

1）本实验所用的是三相对称电源，负载做星形联结时的电路工作情况。实验电路如图

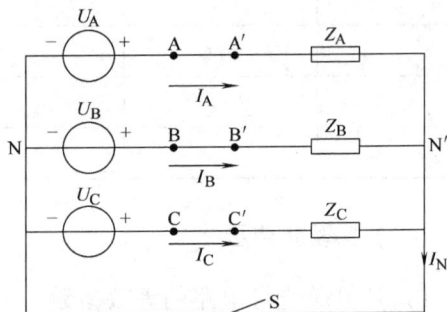

4-18 所示，$U_A$、$U_B$、$U_C$ 是三相对称电源，N 是电源的中性点，由 A 至 A′，B 至 B′，C 至 C′ 是三相电路的相线，A′、B′、C′ 是三相负载端，$Z_A$、$Z_B$、$Z_C$ 是三相负载，N′ 是负载的中性点，假如在 N′ 与 N 之间接一开关 S，那么在 S 断开时，N 与 N′ 并不相接，就是三相三线制的情况。而开关 S 闭合时，N 和 N′ 相接成为中性线，就是三相四线制的情况。

图 4-18 实验电路

2）如果三相负载是对称的（即 $Z_A = Z_B = Z_C$）并且不计及线路阻抗，则负载上的线电压是对称的，负载上的相电压也是对称的，并且，3 个负载相电压 $\dot{U}_{A'N'}$、$\dot{U}_{B'N'}$ 及 $\dot{U}_{C'N'}$ 分别等于 3 个电源相电压 $\dot{U}_A$、$\dot{U}_B$、$\dot{U}_C$，相量图如图 4-19 所示。因为相量 $\dot{U}_{AN}$、$\dot{U}_{BN}$ 及 $\dot{U}_{CN}$ 尾端的汇合点相当于 N 点，相量 $\dot{U}_{A'N'}$、$\dot{U}_{B'N'}$ 及 $\dot{U}_{C'N'}$ 的汇合点相当于 N′ 点，在相量图上可以看到 N 与 N′ 是重合的，也就是说，N′ 点与 N 点是等电位的。因此开关 S 断开（三相三线制）或闭合（三相四线制），电路各部分的电压、电流是不会发生变化的。星形联结对称三相负载上线电压与相电压的关系是

$$\dot{U}_{A'B'} = \sqrt{3}\dot{U}_{A'N'}\underline{/30°}$$

$$\dot{U}_{B'C'} = \sqrt{3}\dot{U}_{B'N'}\underline{/30°}$$

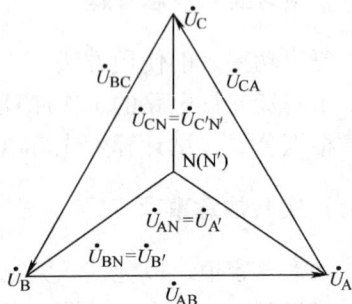

图 4-19 三相负载对称时的
电压相量图

$$\dot{U}_{C'A'} = \sqrt{3}\dot{U}_{C'N'}\underline{/30°}$$

而三相电流（即线电流）之和为零，即

$$\dot{I}_A + \dot{I}_B + \dot{I}_C = 0$$

3）当三相负载不对称（$Z_A$、$Z_B$、$Z_C$三者不相等），在三相三线等情况下，其电压相量如图4-20所示，虽然线电压是对称的，但负载相电压并不对称，负载中性点 N′ 与电源中性点 N 之间存在电压 $\dot{U}_{NN'}$。相量图上 N′ 与 N 不重合，称之为负载中性点位移。

如果把 S 闭合（见图4-18）使之成为三相四线制，这时，迫使 N′ 与 N 重合（迫使 N′ 与 N 等电位），虽然负载相电压对称了，但相电流即线电流并不对称，中性线电流不再为零，即

$$\dot{I}_N = \dot{I}_A + \dot{I}_B + \dot{I}_C \neq 0$$

4）三相三线制对称负载测量功率：电路如图4-21所示，三相总功率等于两功率表示数的代数和。

应该注意功率表的接线方法，功率表电流线圈、电压线圈的对应端"*"应该接到电源侧，电压线圈的非对应端接到不接功率表的那根相线上。否则会引起读数的错误。

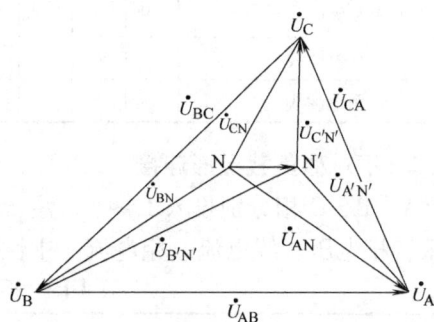

图4-20 三相负载不对称时的电压相量图

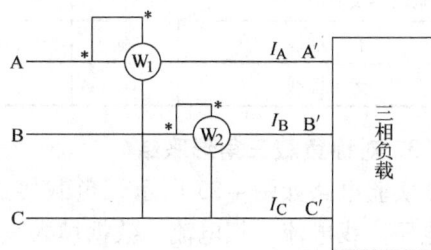

图4-21 三相三线制对称负载测量功率电路

### （四）实验内容和步骤

**1. 对称负载星形联结**

实验电路如图4-22所示。

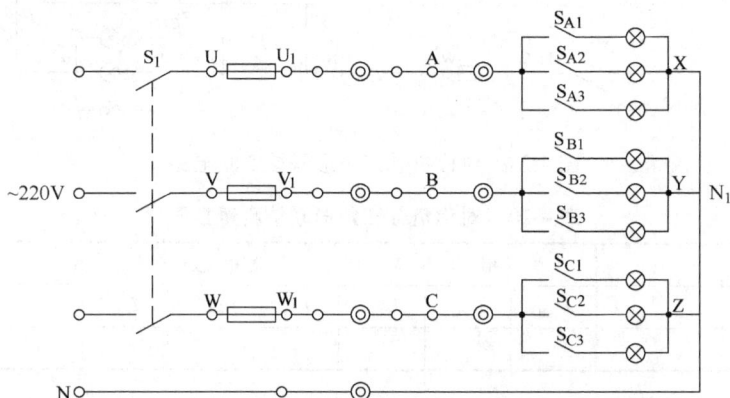

图4-22 对称负载星形联结实验电路

A、B、C三相均投入3盏灯负载，分为有中性线和无中性线两种情况，测量线电压、相电压、线电流、相电流、中性线电流，中性点偏移电压，数据填入表4-18中。

表 4-18　对称负载星形联结测量数据

| 名称\实验内容及数值 符号 | 线电压/V | | | 相电压/V | | | 线电流/mA | | | 中性线电流/mA | 中性点偏移电压/V |
|---|---|---|---|---|---|---|---|---|---|---|---|
| | $U_{AB}$ | $U_{BC}$ | $U_{CA}$ | $U_A$ | $U_B$ | $U_C$ | $I_A$ | $I_B$ | $I_C$ | | |
| 有中性线 | | | | | | | | | | | |
| 无中性线 | | | | | | | | | | | |

### 2. 不对称负载星形连接

A、B、C 相分别投入 1 盏、2 盏、3 盏灯。分为有中性线和无中性线两种情况。测量线电压、相电压、线电流、相电流、中性线电流、中性点偏移电压，数据填入表 4-19 中。

表 4-19　不对称负载星形联结测量数据

| 名称\实验内容及数值 符号 | 线电压/V | | | 相电压/V | | | 线电流/mA | | | 中性线电流/mA | 中性点偏移电压/V |
|---|---|---|---|---|---|---|---|---|---|---|---|
| | $U_{AB}$ | $U_{BC}$ | $U_{CA}$ | $U_A$ | $U_B$ | $U_C$ | $I_A$ | $I_B$ | $I_C$ | | |
| 有中性线 | | | | | | | | | | | |
| 无中性线 | | | | | | | | | | | |

### 3. 对称负载三角形联结

实验电路如图 4-23 所示，负载接成三角形联结，A、B、C 均投入 3 盏灯，测线电压、相电压、线电流、相电流，数据填入表 4-20 中。

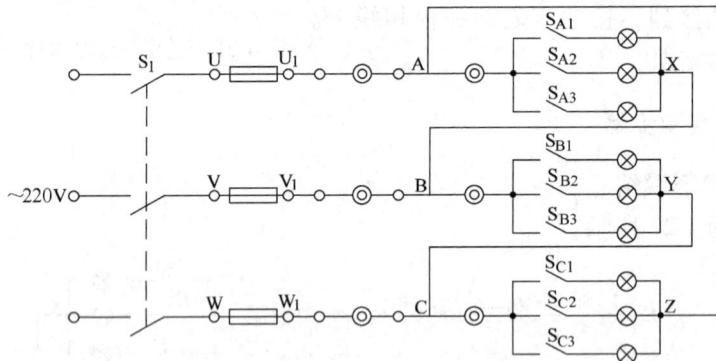

图 4-23　对称负载三角形联结实验电路

表 4-20　对称负载三角形联结测量数据

| 名称 | 线（相）电压/V | | | 相电流/mA | | | 线电流/mA | | |
|---|---|---|---|---|---|---|---|---|---|
| 符号 | $U_{AB}$ | $U_{BC}$ | $U_{CA}$ | $I_{AB}$ | $I_{BC}$ | $I_{CA}$ | $I_A$ | $I_B$ | $I_C$ |
| 数据 | | | | | | | | | |

### 4. 三相三线制对称负载测量功率

实验电路如图 4-24 所示。

A、B、C 三相均投入 3 盏灯和 A、B、C 分别投入 1 盏、2 盏、3 盏灯，用二瓦计测量三相负载功率，数据填入表 4-21 中。

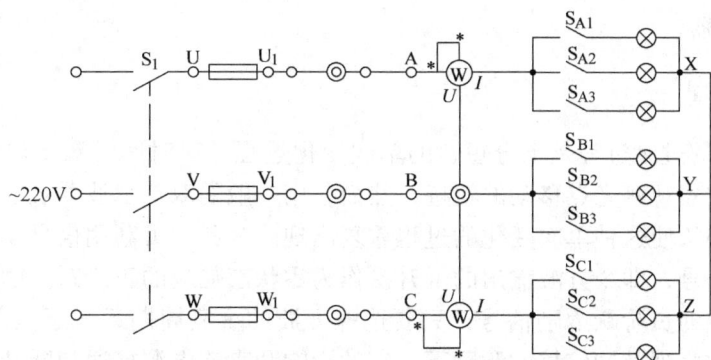

图 4-24  三相三线制对称负载测量功率实验电路

**表 4-21  用二瓦计测量三相负载功率数据**

| 名称 | $P_1/W$ | $P_2/W$ | $\sum P$ |
|------|---------|---------|----------|
| 对称星形联结 | | | |
| 不对称星形联结 | | | |

### （五）实验报告要求

1）实测数据填入表格中。

2）对称负载时验算线电压和相电压的关系。

3）讨论负载不对称时中性线的作用，并用画相量图的办法解释。

4）二瓦计法与三瓦计法测出的功率是否相等？

### （六）预习要求及思考题

1）预习教科书中有关章节，弄清星形联结的三相负载在对称和不对称负载时线电压与相电压、线电流与相电流之间的关系。

2）三相四线制中是否可以用二瓦计法测三相电路的总功率？

### （七）实验注意事项

1）改接电路时应先切断电源，以保证安全。

2）注意功率表的接线方式，电压量程、电流量程的选择及功率表的读数方法。

# 实验九  *RC* 一阶电路的响应测试

### （一）实验目的

1）测定 *RC* 一阶电路的零输入响应、零状态响应及完全响应。

2）学习电路时间常数的测量方法。

3）掌握有关微分电路和积分电路的概念。

4）进一步学会用示波器测绘图形。

### （二）仪器及设备

1）函数信号发生器。

2）双踪示波器。

**（三）实验原理**

1）动态网络的过渡过程是十分短暂的单次变化过程，对时间常数 $\tau$ 较大的电路，可用慢扫描长余辉示波器观察光点移动的轨迹，然而，用一般的双踪示波器观察过渡过程和测量有关的参数，则必须使这种单次变化的过程重复出现。为此，可利用信号发生器输出的方波来模拟阶跃激励信号，即令方波输出的上升沿作为零状态响应的正阶跃激励信号；方波下降沿作为零输入响应的负阶跃激励信号，只要选择方波的重复周期远大于电路的时间常数 $\tau$，电路在这样的方波序列脉冲信号的激励下，它的影响和直流电源接通与断开的过渡过程是基本相同的。

2）$RC$ 一阶电路的零输入响应和零状态响应分别按指数规律衰减和增长，其变化的快慢决定于电路的时间常数 $\tau$。

3）时间常数 $\tau$ 的测定方法及 $RC$ 一阶电路如图 4-25a 所示。

用示波器测得零输入响应的波形如图 4-25b 所示。根据一阶微分方程的求解得知

$$u_C = u_C(0_+) \mathrm{e}^{-\frac{t}{RC}} = u_C(0_+) \mathrm{e}^{-\frac{t}{\tau}}$$

当 $t = \tau$ 时，$u_C(\tau) = 0.368 u_C(0_+)$，此时所对应的时间就等于 $\tau$，亦可用零状态响应波形增长到 $0.632E$ 所对应的时间测得，波形如图 4-25c 所示。

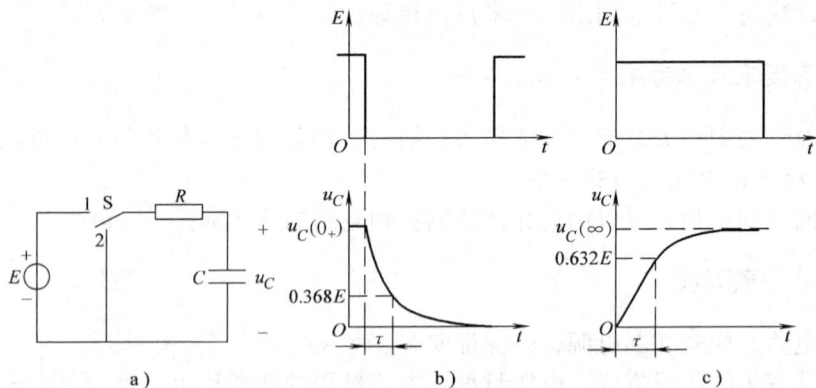

图 4-25 $RC$ 一阶电路及响应波形

a）$RC$ 一阶电路 b）零输入响应波形 c）零状态响应波形

4）微分电路和积分电路是较典型的 $RC$ 一阶电路，如图 4-26 所示，它对电路元件参数和输入信号的周期有着特定的要求。一个简单的 $RC$ 串联电路，在方波序列脉冲的重复激励下，当满足 $\tau = RC \ll T/2$ 时（$T$ 为方波脉冲的重复周期），且由 $R$ 端作为响应输出，如图 4-26a 所示。因为此时电路的输出信号电压与输入信号电压的微分成正比，所以就构成了一个微分电路。

若将图 4-26a 中的 $R$ 与 $C$ 位置调换一下，即由 $C$ 端作为响应输出，且当电路参数的选择满足 $\tau = RC \gg T/2$ 条件时，如图 4-26b 所示，即构成积分电路，因为此时电路的输出信号电压与输入信号电压的积分成正比。

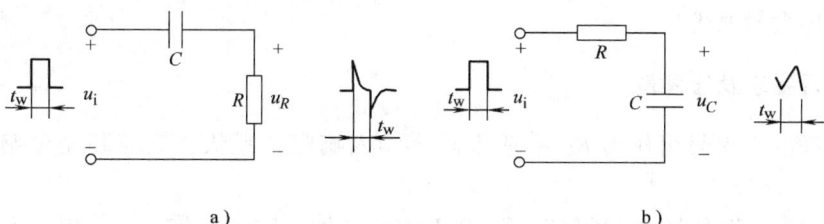

图 4-26 较典型的 $RC$ 一阶电路

a) 微分电路　b) 积分电路

从输出波形来看，上述两个电路均起着波形变换的作用，请在实验过程中仔细观察与记录。

### （四）实验内容和步骤

实验电路板的结构如图 4-27 所示，认清 $R$、$C$ 元件的布局及其标称值，各开关的通断位置等。

1）选择动态电路板上 $R$、$C$ 元件：

① 令 $R = 10\mathrm{k}\Omega$，$C = 1000\mathrm{pF}$，组成如图 4-25a 所示的 $RC$ 一阶电路，函数信号发生器输出 $u_\mathrm{i} = 3\mathrm{V}$、$f = 1\mathrm{kHz}$ 的方波电压信号。再通过两根同轴电缆线，将激励源 $u_\mathrm{i}$ 和响应 $u_\mathrm{o}$（$u_C$）的信号分别连至示波器的两个输入口 $\mathrm{Y_A}$ 和 $\mathrm{Y_B}$，这时可在示波器的屏幕上观察到激励与响应的变化规律，求测时间常数 $\tau$，并描绘 $u_\mathrm{i}$ 及 $u_\mathrm{o}$（$u_C$）波形。

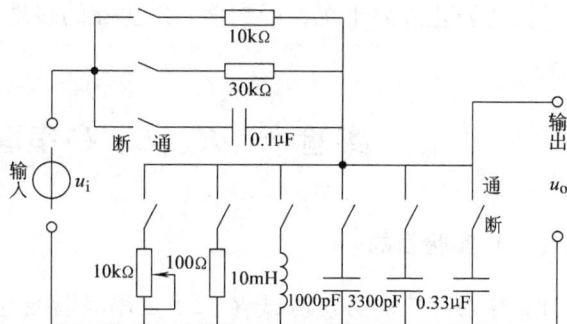

图 4-27 实验电路板的结构

少量改变电容值或电阻值，定性观察对响应的影响，记录观察到的现象。

② 令 $R = 10\mathrm{k}\Omega$，$C = 3300\mathrm{pF}$，观察并描绘响应波形，继续增大 $C$ 值，定性观察对响应的影响。

2）选择动态板上 $R$、$C$ 元件，组成如图 4-26a 所示微分电路，令 $C = 3300\mathrm{pF}$，$R = 30\mathrm{k}\Omega$，在同样的方波激励信号（$u_\mathrm{i} = 3\mathrm{V}$、$f = 1\mathrm{kHz}$）作用下，观测并描绘激励与响应的波形。

增减 $R$ 值，定性观察对响应的影响，并做记录。当 $R$ 增至 $\infty$ 时，输入输出波形有何本质上的区别？

### （五）实验报告要求

1）根据实验观测结果，在坐标纸上绘出 $RC$ 一阶电路充放电时的 $u_C$ 变化曲线，由曲线测得 $\tau$ 值，并与参数值的计算结果做比较，分析误差原因。

2）根据实验观测结果，归纳、总结积分电路和微分电路的形成条件，阐明波形变换的特征。

3）心得体会及其他。

### （六）预习要求及思考题

1）什么样的电信号可作为 $RC$ 一阶电路零输入响应、零状态响应和完全响应的激励信号？

2）已知 $RC$ 一阶电路 $R = 10\text{k}\Omega$，$C = 0.1\mu\text{F}$，试计算时间常数 $\tau$，并根据 $\tau$ 值的物理意义，拟定测定 $\tau$ 的方案。

3）何谓积分电路和微分电路，它们必须具备什么条件？它们在方波序列脉冲的激励下，其输出信号波形的变化规律如何？这两种电路有何功用？

### （七）实验注意事项

1）示波器的辉度不要过亮。

2）调节仪器旋钮时动作不要过猛。

3）调节示波器时要注意触发开关和电平调节旋钮的配合使用，以使显示的波形稳定。

4）做定量测量时"t/div"和"V/div"的微调旋钮应旋至"校准"位置。

5）为防止外界干扰，函数信号发生器的接地端与示波器的接地端要连接在一起（称共地）。

## 实验十　$R$、$L$、$C$ 串联谐振电路的研究

### （一）实验目的

1）学习用实验方法测试 $R$、$L$、$C$ 串联谐振电路的幅频特性曲线。

2）加深理解电路发生谐振的条件、特点，掌握电路品质因数的物理意义及测量方法。

### （二）仪器及设备

1）函数信号发生器。

2）交流毫伏表。

3）双踪示波器。

4）频率计。

### （三）实验原理

1）在图 4-28 所示的 $R$、$L$、$C$ 串联电路中，当正弦交流信号源的频率 $f$ 改变时，电路中的感抗、容抗随之而变，电路中的电流也随 $f$ 而变。取电路电流 $I$ 作为响应，当输入电压 $U_i$ 维持不变时，在不同信号频率的激励下，测出电阻 $R$ 两端电压 $U_o$ 值，则 $I = U_o / R$，然后以 $f$ 为横坐标，以 $I$ 为纵坐标，绘出光滑的曲线，此即为幅频特性，亦称电流谐振曲线，如图 4-29 所示。

2）在 $f = f_0 = 1/(2\pi\sqrt{LC})$ 处（$X_L = X_C$），即幅频特性曲线尖峰所在的频率点，该频率称为谐振频率，此时电路呈纯阻性，电路阻抗的模为最小，在输入电压 $U_i$ 为定值时，电

路中的电流 $I_o$ 达到最大值，且与输入电压 $U_i$ 同相位，从理论上讲，此时 $U_i = U_{R0} = U_0$，$U_{L0} = U_{C0} = QU_i$，式中的 $Q$ 称为电路的品质因数。

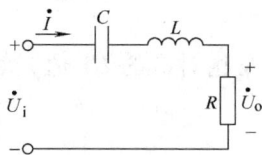

图 4-28　$R$、$L$、$C$ 串联电路

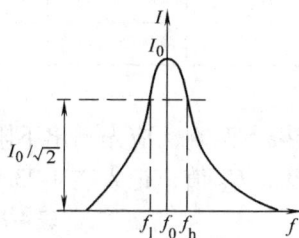

图 4-29　电流谐振曲线

3）电路品质因数 $Q$ 值的两种测量方法。一是根据公式

$$Q = \frac{U_{L0}}{U_i} = \frac{U_{C0}}{U_i}$$

测量，$U_{C0}$ 与 $U_{L0}$ 分别为谐振时电容器 $C$ 和电感线圈 $L$ 上的电压；另一方法是通过测量谐振曲线的通频带宽度

$$\Delta f = f_h - f_i$$

再求出 $Q$ 值

$$Q = \frac{f_0}{f_h - f_i}$$

式中，$f_0$ 是谐振频率。$f_h$ 和 $f_i$ 是失谐时，幅度下降到最大值的 $1/\sqrt{2}$（$= 0.707$）倍时的上、下频率点。

$Q$ 值越大，曲线越尖锐，通频带越窄，电路的选择性越好。在恒压源供电时，电路的品质因数、选择性与通频带只决定于电路本身的参数，而与信号源无关（注：本实验的 $L$ 约为 30mH）。

**（四）实验内容和步骤**

1）按图 4-30 所示实验电路接线，取 $C = 2200$pF，$R = 510\Omega$，调节信号源输出电压为 1V 正弦信号，并在整个实验过程中保持不变。

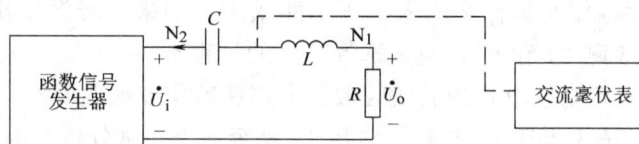

图 4-30　实验电路

2）找出电路的谐振频率 $f_0$，其方法是，将交流毫伏表跨接在电阻 $R$ 两端，令信号源的频率由小逐渐变大（注意要维持信号源的输出幅度不变），当 $U_o$ 的读数为最大时，读得频率计上的频率值即为电路的谐振频率 $f_0$，并测量 $U_{L0}$、$U_{C0}$ 等值（注意及时更换毫伏表的量限），记入表 4-22 中。

表 4-22  电路谐振时的测量数据

| 参数 | $R/\text{k}\Omega$ | $f_0/\text{kHz}$ | $U_{R0}/\text{V}$ | $U_{L0}/\text{V}$ | $U_{C0}/\text{V}$ | $I_0/\text{mA}$ | $Q$ |
|------|------|------|------|------|------|------|------|
| 数据 | 0.5 | | | | | | |
| | 1 | | | | | | |

3）在谐振点两侧，应先测出下限频率 $f_1$ 和上限频率 $f_h$ 及相对应的 $U_R$ 值，然后再逐点测出不同频率下 $U_R$ 值，记入表 4-23 中。

表 4-23  谐振点两侧的测量数据

| 参数 | $R/\text{k}\Omega$ | | $f_0$ |
|------|------|------|------|
| 数据 | 0.51 | $f/\text{kHz}$ | |
| | | $U_R/\text{V}$ | |
| | | $I/\text{mA}$ | |
| | 1.5 | $f/\text{kHz}$ | |
| | | $U_R/\text{V}$ | |
| | | $I/\text{mA}$ | |

4）取 $C = 6800\text{pF}$，$R = 2.2\text{k}\Omega$，重复实验步骤 2）、3）的测量过程。

（五）实验报告要求

1）根据测量数据，绘出不同 $Q$ 值时两条幅频特性曲线。
2）计算出通频带与 $Q$ 值，说明不同 $R$ 值时对电路通频带与品质因数的影响。
3）对两种不同的测 $Q$ 值的方法进行比较，分析误差原因。
4）通过本次实验，总结、归纳串联谐振电路的特性。

（六）预习要求及思考题

1）根据实验电路板给出的元件参数值，估算电路的谐振频率。
2）改变电路的哪些参数可以使电路发生谐振，电路中 $R$ 的数值是否影响谐振频率？
3）如何判别电路是否发生谐振？测试谐振点的方案有哪些？
4）电路发生串联谐振时为什么输入电压不能太大？如果信号源给出 1V 的电压，电路谐振时，用交流毫伏表测 $U_L$ 和 $U_C$，应该选择多大的量程？
5）要提高 $R$、$L$、$C$ 串联电路的品质因数，电路参数应如何改变？
6）谐振时，比较输出电压 $U_o$ 与输入电压 $U_i$ 是否相等？试分析原因。
7）谐振时，对应的 $U_{C0}$ 与 $U_{L0}$ 是否相等？如有差异，原因何在？

（七）实验注意事项

1）测试频率点的选择应在靠近谐振频率附近多取几点，在变换频率测试时，应调整信号输出幅度，使其维持在 1V 输出不变。
2）在测量 $U_{C0}$ 和 $U_{L0}$ 数值前，应及时改换毫伏表的量限，而且在测量 $U_{C0}$ 与 $U_{L0}$ 时毫伏表的"＋"端接 $C$ 与 $L$ 的公共点，其接地端分别触及 $L$ 和 $C$ 的近地端 $N_1$ 和 $N_2$。

3）实验过程中交流毫伏表电源线采用两线插头。

# 实验十一 受控源 VCVS、VCCS、CCVS、CCCS 的研究

## （一）实验目的

测试受控源转移特性及负载特性。

## （二）仪器及设备

1）可调直流稳压电源 $0 \sim 10V$。

2）可调直流恒流源 $0 \sim 200mA$。

3）直流数字电压表。

4）直流数字毫安表。

## （三）实验原理

1）所谓受控源是指其电源的输出电压或电流是受电路另一支路的电压或电流所控制的。当受控源的电压（或电流）与控制支路的电压（或电流）成正比时，则该受控源为线性的。根据控制变量与输出变量的不同可分为 4 类受控源，即电压控制电压源（VCVS）、电压控制电流源（VCCS）、电流控制电压源（CCVS）、电流控制电流源（CCCS）。受控源的图形符号如图 4-31 所示。

2）受控源的控制端与受控端的关系称为转移函数。4 种受控源转移函数参量的定义如下：

①压控电压源（VCVS）：$U_2 = f(U_1)$，$\mu = U_2/U_1$ 称为转移电压比（或电压增益）。

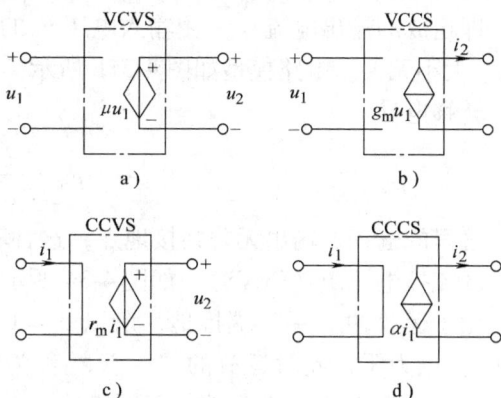

图 4-31 受控源的图形符号

②压控电流源（VCCS）：$I_2 = f(U_1)$，$g_m = I_2/U_1$ 称为转移电导。

③流控电压源（CCVS）：$U_2 = f(I_1)$，$r_m = U_2/I_1$ 称为转移电阻。

④流控电流源（CCCS）：$I_2 = f(I_1)$，$\alpha = I_2/I_1$ 称为转移电流比（或电流增益）。

3）用运放构成四种类型基本受控源的电路原理分析

①压控电压源（VCVS），如图 4-32 所示。

由于运放的虚短路特性，有

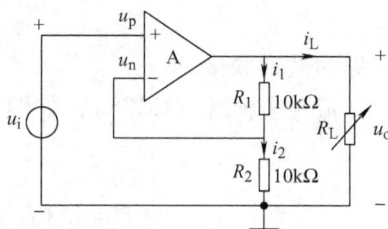

图 4-32 压控电压源

$$u_p = u_n = u_i \qquad i_2 = \frac{u_n}{R_2} = \frac{u_i}{R_2}$$

由虚断，有

$$i_1 = i_2$$

因此

$$u_o = i_1 R_1 + i_2 R_2 = i_2 (R_1 + R_2) = \frac{u_i}{R_2}(R_1 + R_2) = \left(1 + \frac{R_1}{R_2}\right)u_i$$

即运放的输出电压 $u_o$ 只受输入电压 $u_i$ 的控制,与负载 $R_L$ 大小无关,电路模型如图 4-31a 所示。

转移电压比

$$\mu = \frac{u_o}{u_i} = 1 + \frac{R_1}{R_2}$$

式中,$\mu$ 无量纲,又称为电压放大系数。这里的输入、输出有公共接地点,这种联接方式称为共地联接。

②压控电流源(VCCS)。将图 4-32 的 $R_1$ 看成一个负载电阻 $R_L$,如图 4-33 所示,即成为压控电流源 VCCS。

此时,运放的输出电流

$$i_L = i_R = \frac{u_n}{R} = \frac{u_i}{R}$$

即运放的输出电流 $i_L$ 只受输入电压 $u_i$ 的控制,与负载 $R_L$ 大小无关。电路模型如图 4-31b 所示。

转移电导

$$g_m = \frac{i_L}{u_i} = \frac{1}{R} \quad (\text{S})$$

这里的输入、输出无公共接地点,这种联接方式称为浮地联接。

③流控电压源(CCVS),如图 4-34 所示。

由于运放的"+"端接地,所以 $u_p = 0$,"-"端电压 $u_n$ 也为零,此时运放的"-"端称为虚地点。显然,流过电阻 $R$ 的电流 $i_1$ 就等于网络的输入电流 $i_S$。

此时,运放的输出电压 $u_o = -i_1 R = -i_S R$,即输出电压 $u_o$ 只受输入电流 $i_S$ 的控制,与负载 $R_L$ 大小无关,电路模型如图 4-31c 所示。

转移电阻

$$r_m = \frac{u_o}{i_S} = -R \quad (\Omega)$$

此电路为共地联接。

④流控电流源(CCCS),如图 4-35 所示。

$$u_o = -i_2 R_2 = -i_1 R_1$$

$$i_L = i_1 + i_2 = i_1 + \frac{R_1}{R_2}i_1 = \left(1 + \frac{R_1}{R_2}\right)i_1 = \left(1 + \frac{R_1}{R_2}\right)i_S$$

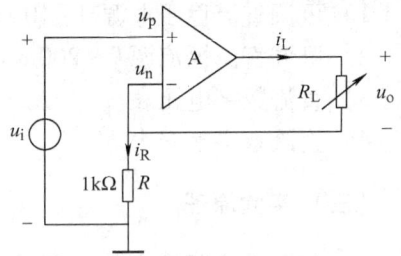

图 4-33　压控电流源

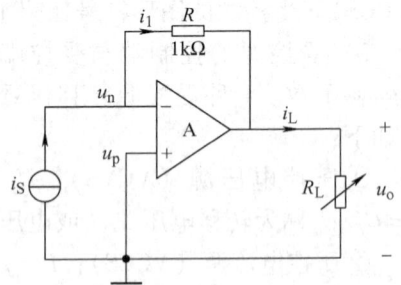

图 4-34　流控电流源

即输出电流 $i_L$ 只受输入电流 $i_S$ 的控制，与负载 $R_L$ 大小无关。电路模型如图 4-31d 所示。

转移电流比：$\alpha = \dfrac{i_L}{i_S} = \left(1 + \dfrac{R_1}{R_2}\right)$

$\alpha$ 无量纲，又称为电流放大系数。此电路为浮地联接。

注：以上四种电路仅供参考，实际电路这里不再赘述。

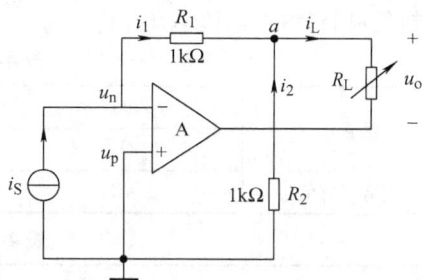

图 4-35　流控电流源

### （四）实验内容和步骤

本次实验中受控源全部采用直流电源激励，对于交流电源或其他电源激励，实验结果是一样的。

**1. 测量受控源 VCCS 的转移特性 $I_L = f(U_L)$ 及负载特性 $I_L = f(U_2)$**

实验电路如图 4-36 所示。

1）固定 $R_L = 2k\Omega$，调节直流稳压电源输出电压 $U_1$，使其在 $0 \sim 5V$ 范围内取值。测量 $U_1$ 及相应的 $I_L$，记录数据于表 4-24 中，并绘制 $I_L = f(U_1)$ 曲线，由其线性部分求出转移电导 $g_m$。

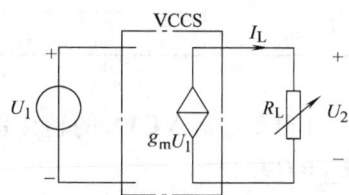

图 4-36　测量受控源 VCCS 特性的实验电路

2）保持 $U_1 = 2V$，令 $R_L$ 从 0 增至 $5k\Omega$，测量相应的 $I_L$ 及 $U_2$，数据填入表 4-25 中，并绘制 $I_L = f(U_2)$ 曲线。

**表 4-24　$U_1$ 和 $I_L$ 的测量数据**

| 测量值 | $U_1$/V | |
|---|---|---|
| | $I_L$/mA | |
| 实际计算值 | $g_m$/S | |

**表 4-25　$I_L$ 和 $U_2$ 的测量数据**

| 参数 | 数　据 |
|---|---|
| $R_L$/k$\Omega$ | |
| $I_1$/mA | |
| $U_2$/V | |

**2. 测量受控源 CCVS 的转移特性 $U_2 = f(I_s)$ 及负载特性 $U_2 = f(I_L)$**

实验电路如图 4-37 所示。$I_s$ 为可调直流恒流源，$R_L$ 为可调电阻箱。

1）固定 $R_L = 2k\Omega$，调节直流恒流源输出电流 $I_s$，使其在 $0 \sim 0.8mA$ 范围内取值，测量 $I_s$ 及相应的 $U_2$ 值，记录数据于表 4-26 中，并绘制 $U_2 = f(I_s)$ 曲线，由其线性

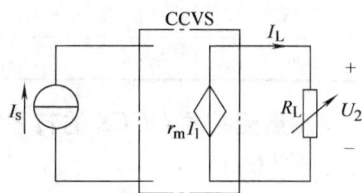

图 4-37　测量受控源 CCVS 特性的实验电路

部分求出转移电阻 $r_m$。

2) 保持 $I_s = 0.3\text{mA}$，令 $R_L$ 从 $1\text{k}\Omega$ 增至 $5\text{k}\Omega$，测量 $U_2$ 及 $I_L$ 值，数据填入表 4-27 中，并绘制负载特性曲线 $U_2 = f(I_L)$。

**表 4-26  $I_s$ 和 $U_2$ 的测量数据**

| | | |
|---|---|---|
| 测量值 | $I_s/\text{mA}$ | |
| | $U_2/\text{V}$ | |
| 实际计算值 | $r_m/\text{k}\Omega$ | |

**表 4-27  $U_2$ 和 $I_L$ 的测量数据**

| 参数 | 数据 |
|---|---|
| $R_L/\text{k}\Omega$ | |
| $U_2/\text{V}$ | |
| $I_L/\text{mA}$ | |

**3. 测量受控源 VCVS 的转移特性 $U_2 = f(U_1)$ 及负载特性 $U_2 = f(I_L)$**

实验电路如图 4-38 所示。$U_1$ 为可调直流稳压电源，$R_L$ 为可调电阻箱。

1) 固定 $R_L = 2\text{k}\Omega$，调节直流稳压电源输出电压 $U_1$，使其在 $0 \sim 6\text{V}$ 范围内取值，测量 $U_1$ 及相应的 $U_2$ 值，记录数据于表 4-28 中，并绘制 $U_2 = f(U_1)$ 曲线，由其线性部分求出转移电压比 $\mu$。

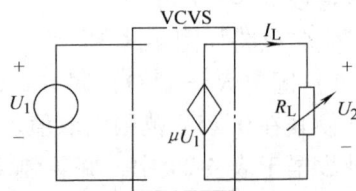

图 4-38  测量受控源 VCVS 特性
的实验电路

**表 4-28  $U_1$ 和 $U_2$ 的测量数据**

| | | |
|---|---|---|
| 测量值 | $U_1/\text{V}$ | |
| | $U_2/\text{V}$ | |
| 实际计算值 | $\mu$ | |

2) 保持 $U_1 = 2\text{V}$，令 $R_L$ 阻值从 $1\text{k}\Omega$ 增至 $5\text{k}\Omega$，测量 $U_2$ 及 $I_L$，数据填入表 4-29 中，并绘制 $U_2 = f(I_L)$ 曲线。

**表 4-29  $U_2$ 和 $I_L$ 的测量数据**

| 参数 | 数据 |
|---|---|
| $R_L/\text{k}\Omega$ | |
| $U_2/\text{V}$ | |
| $I_L/\text{mA}$ | |

**4. 测量受控源 CCCS 的转移特性 $I_L = f(I_s)$ 及负载特性 $I_L = f(U_2)$**

实验电路如图 4-39 所示。

1) 固定 $R_L = 2\text{k}\Omega$，调节直流恒流源输出电流 $I_s$，使其在 $0 \sim 0.8\text{mA}$ 范围内取值，测量 $I_s$ 及相应的 $I_L$ 值，数

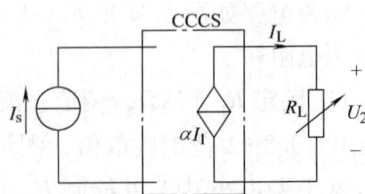

图 4-39  测量受控源 CCCS 特性
的实验电路

据填入表4-30 中，并绘制 $I_L = f(I_s)$ 曲线，由其线性部分求出转移电流比 $\alpha$。

2）保持 $I_s = 0.3\mathrm{mA}$，令 $R_L$ 从 0 增至 $4\mathrm{k\Omega}$，测量 $I_L$ 及 $U_2$ 值，数据填入表 4-31 中，并绘制负载特性曲线 $I_1 = f(U_2)$ 曲线。

表 4-30 $I_s$ 和 $I_L$ 的测量数据

| 测量值 | $I_s/\mathrm{mA}$ | |
|---|---|---|
| | $I_L/\mathrm{mA}$ | |
| 实际计算值 | $\alpha$ | |

表 4-31 $I_L$ 和 $U_2$ 的测量数据

| 参数 | 数 据 |
|---|---|
| $R_L/\mathrm{k\Omega}$ | |
| $I_L/\mathrm{mA}$ | |
| $U_2/\mathrm{V}$ | |

## （五）实验报告要求

1）对有关的预习思考题做必要的回答。

2）根据实验数据，在坐标纸上分别绘出 4 种受控源的转移特性和负载特性曲线，并求出相应的转移参量。

3）对实验的结果做出合理的分析和结论，总结对 4 类受控源的认识和理解。

4）心得体会及其他。

## （六）预习要求及思考题

1）受控源与独立源相比有何异同点？

2）试比较 4 种受控源的代号、电路模型，控制量与被控制量之间的关系。

3）4 种受控源中的 $\mu$、$g$、$r$ 和 $\alpha$ 的意义是什么？如何测得？

4）若令受控源的控制量极性反向，试问其输出量极性是否发生变化？

5）受控源的输出特性是否适于交流信号？

## （七）实验注意事项

1）实验中，注意运算放大器的输出端不能与地短接，输入电压不得超过 10V。

2）在用恒流源供电的实验中，不要使恒流源负载开路。

# 第五章　模拟电子技术实验

## 基础性实验

### 实验一　常用电子仪器使用

#### （一）实验目的

1）学习示波器、交流毫伏表、万用表和信号发生器等常用电子仪器的正确使用方法。
2）学会用示波器测量电压波形、幅度、频率的基本方法。
3）学会正确调节函数信号发生器频率、幅度的方法，熟悉 dB 按键。

#### （二）仪器及设备

1）双踪示波器（SS7802A 型）。
2）交流毫伏表（HG2170 型）。
3）信号发生器（GAG—809 型）。
4）数字万用表（UT50 型）。

#### （三）实验原理

在电子测量中，首先要了解仪器的基本功能和性能，仪器的等级是否满足测量要求。电子测量中的测量范围一般都比较宽，如电压通常可以从几毫伏至几十伏甚至上百伏，频率可以从直流到几兆赫或者更高。因此选用仪器时，一定要注意其技术指标和适用范围（量程、频带）。仪器的等级再高，如果使用不当，也达不到应有的效果，如用交流毫伏表测直流电压，用数字万用表测频率大于 1kHz 的交流信号，都将不会得到正确的结果。

在模拟电子技术基础实验中，最常用的电子仪器有示波器、信号发生器、数字万用表、交流毫伏表及直流稳压电源等，用以完成对模拟电子电路的静态和动态工作情况的测试。电路测试示意图如图 5-1 所示。

1）被测实验电路：在"电子技术基础"等课程中的各种电路。实验电路可以是一个单元电路，也可以是综合设计性电路。无论何种电路都要使用一些电子仪器及设备进行测量。测量分为两种，一是静态测试，二是动态测试。通过观察实验现象和结果，从而将理论和实践结合起来。

2）直流稳压电源：它是为被测实验电路提供能源的仪器，通常是输出电压。

3）测量仪器及仪表：数字万用表和交流毫伏表等，分别用来测量实验电路中的直流电压和交流电压，还可以用电流表、频率计等测量电路的电流、频率等参数。

4）信号发生器：用来产生信号源的仪器，可以产生正弦波、三角波、方波等信号，输出的信号（频率和幅度）均可调节，可根据被测电路的要求选择输出波形。

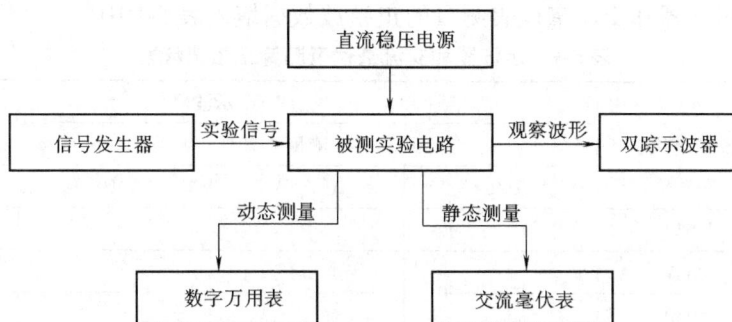

图 5-1　电路测试示意图

5）双踪示波器：用来观察、测量实验电路的输入和输出信号。通过示波器可以显示电压或电流的波形，可以测量频率、周期及其他有关参数。

本实验中所用仪器的使用方法参见本书第三章的有关内容。

**（四）实验内容和步骤**

**1. 电子仪器的使用练习**

接通示波器 $\boxed{\text{POWER}}$，选择要显示的相应通道，按下相应输入端 $\boxed{\text{GND}}$，即接地，输入信号与 Y 轴放大器断开，屏幕左下分度因子后显示 ⊥ 符号。

1）调节【INTEN】、【READOUT】、【FOCUS】、水平和垂直位置【POSITION】等旋钮，使荧光屏中间出现清晰的扫描线，使扫描线位于屏幕中央，并且调节水平、竖直的【POSI-TION】旋钮，能上下左右移动自如。

2）启动信号发生器，使其输出正弦电压（有效值）约为 3V，频率 $f = 1\text{kHz}$，用示波器观察波形。

将信号发生器信号通过专用电缆线引入选定的 CH1 或 CH2 通道，取消接地，将 Y 轴输入耦合方式开关置于"AC"，调节触发源选择 $\boxed{\text{SOURCE}}$，选择要显示的通道，如 CH1 或 CH2。调节 X 轴"扫描速率"开关【TIME/DIV】和 Y 轴"输入灵敏度"开关【VOLTS/DIV】，使示波器显示屏上显示出一个或数个周期稳定的正弦波形。不断改变频率，如频率高或低，练习用示波器观察波形。

调整触发电平【TRIG LEVEL】，可使图像稳定。当信号波形复杂时，使用【TRIG LEVEL】不能获得稳定的触发时，可按下 $\boxed{\text{HOLD-OFF}}$，旋转【FUNCTION】钮，使信号波形稳定。

练习使用【FUNCTION】旋钮，$\boxed{\Delta V - \Delta t - \text{OFF}}$，用示波器测量有效值和频率。

注意，信号发生器的地端（⊥）应与示波器的地端（⊥）相连，称为"共地"。

3）启动交流毫伏表测量信号发生器的输出电压。

4）调节信号发生器，使其输出不同频率不同幅值的正弦信号，信号频率分别改为 500Hz、1kHz、15kHz 及 100kHz，输出正弦电压的有效值分别为 5V、500mV、50mV 及 5mV。信号发生器输出小幅值时，注意练习使用"输出衰减"（dB）钮。用交流毫伏表和示波器同时测量。示波器和交流毫伏表测量的正弦波数据填入表 5-1 中。

**表 5-1　示波器和交流毫伏表测量正弦波数据**

| 信号发生器 | 交流毫伏表 | 示波器 | | | |
| --- | --- | --- | --- | --- | --- |
| | | 测量 | | | 计算 |
| | | $\Delta t/\mu s$ | $\Delta U_{p\text{-}p}/V$ | $f/Hz$ | $U$（有效值）/V |
| 500Hz | 5V | | | | |
| 1kHz | 5mV | | | | |
| 15kHz | 50mV | | | | |
| 100kHz | 500mV | | | | |

　　注意，对于过高的频率，示波器耦合应采用 LF；过低的频率，耦合应采用 HF，才能正确测量。

　　5）用数字万用表测量晶体管的 $\beta$ 值。识别晶体管的 E、B、C 极，将数字万用表的功能开关拨到"$h_{FE}$"位置，将晶体管的 E、B、C 极正确插入测试孔，读取晶体管的共发射极电流放大系数 $\beta$ 的值。

　　6）用晶体管特性图示仪观测 NPN 和 PNP 管的输入、输出特性曲线。

**2. 元器件识别**

　　参见第二章元器件的识别，学习识别实验室准备的一些晶体管、二极管、稳压管、电阻、电容等器件。

### （五）实验报告要求

　　1）学习每一种仪器的使用说明，熟悉实验中旋钮的功能和使用方法。

　　2）说明实验内容，整理测试数据并对测量数据进行必要说明。

　　3）根据实验结果，说明示波器观察波形时，调节哪些按钮可使：

①波形清晰；

②波形亮度适中；

③波形位于荧光屏中央；

④波形幅度适中；

⑤波形周期完整；

⑥波形稳定。

### （六）预习要求及思考题

　　1）参照第三章内容，预习双踪示波器、信号发生器、交流毫伏表、数字万用表的使用说明，弄清楚各按键、开关、旋钮等的作用及使用注意事项。

　　2）预习本实验的内容和步骤。

　　3）交流毫伏表是用来测量正弦波电压还是非正弦波电压？它的表头指示值是被测信号的什么数值？它是否可以用来测量直流电压的大小？

# 实验二 单管共射放大电路

## （一）实验目的

1）进一步掌握常用电子仪器的使用方法。
2）观察各电路参数对放大器性能的影响。
3）学习静态工作点和电压放大倍数的测试方法。

## （二）仪器及设备

1）双踪示波器（SS7802A 型）。
2）交流毫伏表（HG2170 型）。
3）信号发生器（GAG—809 型）。
4）数字万用表（UT50 型）。
5）模拟实验箱（TPE—A 型）。
6）分立元器件放大电路实验板。

## （三）实验原理

### 1. 实验参考电路

单管共射放大电路实验电路如图 5-2 所示。

### 2. 静态工作点的计算和调试

理论计算

$$I_{BQ} = \frac{U_{CC} - U_{BE}}{R_b}$$

$$I_{CQ} = \beta I_B = \beta \frac{U_{CC} - U_{BE}}{R_b}$$

$$U_{CEQ} = U_{CC} - I_C R_{CQ}$$

静态工作点的调试：放大器静态工作点的调试是指对管子集电极电流（电压）$I_C$（$U_{CE}$）的调整与测试。

静态工作点是否合适，对放大器的性

图 5-2 单管共射放大电路实验电路

能和输出波形都有很大影响。失真波形如图 5-3 所示。如工作点偏高，放大器在加入交流信号以后易产生饱和失真，此时 $u_o$ 负半周将被削底，如图 5-3a 所示；如工作点偏低则易产生截止失真，即 $u_o$ 的正半周将被缩顶，如图 5-3b 所示。这些情况都不符合不失真放大的要求。所以在选定工作点以后还必须进行动态调试，即在放大器的输入端加入一定的输入电压，检查输出电压 $u_o$ 大小和波形是否满足要求。如不满足，则应调节静态工作点的位置。

改变电路参数 $U_{CC}$、$R_c$、$R_b$ 都会引起静态工作点的变化，如图 5-4 所示。但通常多采用调节偏置电阻 $R_b$ 的方法来改变静态工作点，如减小 $R_b$ 可使静态工作点提高等。

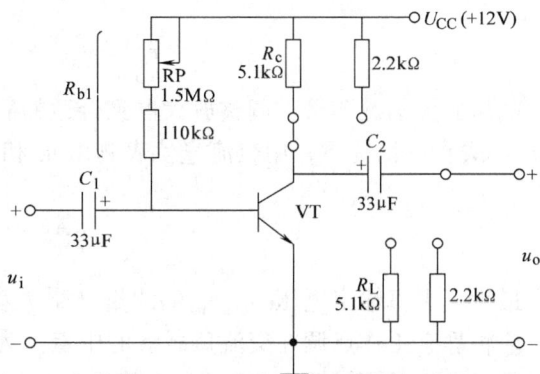

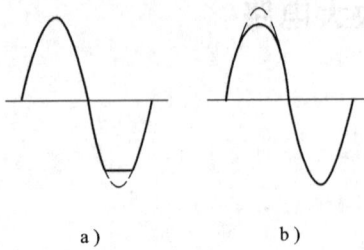

图 5-3 失真波形
a) 饱和失真 b) 截止失真

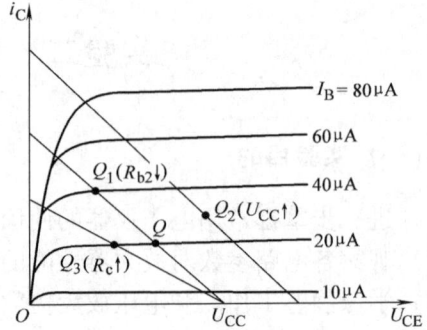

图 5-4 静态工作点的变化

最后还要说明的是，上面所说的工作点"偏高"或"偏低"不是绝对的，应该是相对于信号的幅度而言，如输入信号幅度很小，即使工作点较高或较低也不一定会出现失真。所以确切地说，产生波形失真是信号幅度与静态工作点设置配合不当所致。如需满足较大信号幅度的要求，静态工作点最好尽量靠近交流负载线的中点。

**3. 电压放大倍数计算与测量**

理论计算

$$\dot{A}_u = \frac{\dot{U}_o}{\dot{U}_i} = \frac{-\beta R_c /\!/ R_L}{r_{be}}$$

式中

$$r_{be} = r_{bb'} + (1 + \beta) \frac{U_T}{I_{EQ}}$$

电压放大倍数测量：调整放大器到合适的静态工作点，然后加入输入电压 $u_i$，在输出电压 $u_o$ 不失真的情况下，用交流毫伏表测出 $u_i$ 和 $u_o$ 的有效值 $U_i$ 和 $U_o$，则

$$A_u = \frac{U_o}{U_i}$$

最大不失真输出电压 $U_{o(p-p)}$ 的测量（最大动态范围）：如上所述，为了得到最大动态范围，应将静态工作点调在交流负载线的中点。为此在放大器正常工作情况下，逐步增大输入信号的幅度，并同时调节 RP（改变静态工作点），用示波器观察 $u_o$，当输出波形同时出现削底和缩顶现象时，说明静态工作点已调在交流负载线的中点。然后反复调整输入信号，使波形输出幅度最大，且无明显失真时，用交流毫伏表测出 $U_o$（有效值），则动态范围等于 $2\sqrt{2}U_o$，或用示波器直接读出 $U_{o(p-p)}$ 来。

**（四）实验内容和步骤**

1）熟悉实验电路板，了解各元器件的位置，然后按实验要求接线，经检查无误之后方可接通电源。

2）观察静态工作点设置不合适时输出波形的失真情况，记入表 5-2 中。条件：$R_c = 5.1\text{k}\Omega$，$R_L = \infty$，$U_i = 10\text{mV}$，$f = 1\text{kHz}$。

表 5-2　静态工作点不合适时输出波形的失真情况

| 失真类型 | $U_i$/mV | $u_o$ 波形及 $R_b$ | |
|---|---|---|---|
| 饱和失真 | 10 | $R_b =$ ＿＿＿＿ kΩ | （波形图） |
| 截止失真 | 10 | $R_b =$ ＿＿＿＿ kΩ | （波形图） |
| | 加大 $U_i$ 至观察到截止失真。此时 $U_i =$ ＿＿＿＿ mV | $R_b = \underline{1.61\text{M}\Omega}$ | （波形图） |

①减小 $R_b$ 直至输出波形 $U_o$ 发生饱和失真，记下失真波形形状，断电后测量 $R_b$ 的值并记录。

②增大 $R_b$ 直至输出波形 $U_o$ 发生截止失真，记下失真波形形状，断电后测量 $R_b$ 的值并记录。若 $R_b$ 调到最大仍无明显失真，则逐渐加大输入信号，直至输出波形有较明显失真为止。

注意：观察失真时应输入、输出波形同时观测，以确定是饱和或截止失真。

3）观察 $R_b$、$R_c$、$R_L$ 对静态工作点及电压放大倍数的影响，记入表 5-3 中。

①使 $R_c = 5.1\text{k}\Omega$，$R_L = \infty$，调节 $R_b$ 使 $U_{CQ} = 7\text{V}$，测量静态工作点，填入表 5-3 中。

静态工作点的测量：关掉信号源，将放大器输入端短路，分别测出 B、C 两极对地电位 $U_{BQ}$、$U_{CQ}$；再断开 $R_b$ 与其他的连接，测量 $R_b$ 的阻值，即可算出 $I_{BQ}$、$I_{CQ}$。

②在上述 $R_b$、$R_c$、$R_L$ 不变的条件下，使 $U_i$ 仍为 10mV，$f = 1\text{kHz}$，测量静态工作点和 $U_o$ 值，由测量值计算 $A_u$。

③在上述 $R_b$、$R_c$ 不变情况下，使 $R_L$ 分别为 $5.1\text{k}\Omega$ 及 $2.2\text{k}\Omega$，观察输出波形的变化，测量静态工作点及 $U_o$。计算 $A_u$，与 $R_c = 5.1\text{k}\Omega$，$R_L = \infty$ 时进行比较。

④在 $R_b$ 不变，$R_L = \infty$ 的情况下，使 $R_c$ 为 $2.2\text{k}\Omega$，观察输出波形的变化，测量静态工作点及 $U_o$。计算 $A_u$，与 $R_c = 5.1\text{k}\Omega$、$R_L = \infty$ 时进行比较。

表 5-3　$R_b$、$R_c$、$R_L$ 对静态工作点及电压放大倍数的影响

| 给定条件 | 改变参数 | | 实测数据 | | | | 由实测数据计算 | | |
|---|---|---|---|---|---|---|---|---|---|
| | | | 静态 | | 动态 | | 静态 | | 动态 |
| | | | $U_{BQ}$/V | $U_{CQ}$/V | $U_i$/mV | $U_o$/mV | $I_{BQ}$/mA | $I_{CQ}$/mA | $A_u$ |
| $R_c = 5.1\text{k}\Omega$ $R_L = \infty$ | 调节 $R_b$ 使 $U_{CQ}=7\text{V}$ 测 $R_b =$ ＿ kΩ | | | | 10 | | | | |
| $R_c = 5.1\text{k}\Omega$ $R_b$ 不变 | $R_L$ | 5.1 kΩ | | | 10 | | | | |
| | | 2.2 kΩ | | | | | | | |
| $R_b$ 不变 $R_L = \infty$ | $R_c$ | 2.2 kΩ | | | 10 | | | | |

4）观察"最大放大倍数"及"最大不失真输出幅度"，条件：$R_c = 5.1\text{k}\Omega$，$R_L = 5.1\text{k}\Omega$ 不变，记录于表 5-4 中。

表 5-4  观察"最大放大倍数"及"最大不失真输出幅度"

| 条件：<br>$R_c = 5.1\text{k}\Omega$，$R_L = 5.1\text{k}\Omega$ 不变 | 测量 | | 计算 |
|---|---|---|---|
| 调节 $R_b$，$U_i = 5\text{mV}$ | $U_o =$ | | 最大放大倍数 $A_{umax} =$ |
| 调节 $R_b$ 和 $U_i$ | $U_i =$ | 最大不失真输出 $U_{omax} =$ | $A_u =$ |

①输入 $U_i = 5\text{mV}$，$f = 1\text{kHz}$，调节 $R_b$ 使输出 $U_o$ 幅度最大且不失真，这时 $A_u$ 为最大。测量 $U_o$，计算 $A_u$ 值。

②调节 $R_b$ 及 $U_i$ 幅度，使不失真的输出电压 $U_o$ 达到最大。

逐步增大输入信号的幅度，用示波器观察 $u_o$，当输出波形出现削底或缩顶现象时，调节 $R_b$（改变静态工作点），使失真消失，再增大输入信号，使失真重新出现，再调节工作点，反复，直到输出波形饱和失真和截止失真同时出现，静态工作点 $Q$ 已调在交流负载线的中点。测量 $U_o$，计算 $A_u$ 值。

分清"最大放大倍数"与"最大不失真输出幅度"两个不同概念。

### （五）实验报告要求

1）整理测量数据，完成要求的计算。
2）总结改变 $R_b$、$R_c$、$R_L$ 等参数对静态工作点、$A_u$ 及输出波形的影响。
3）根据实测结果计算晶体管的 $\beta$ 值，并对表 5-3 的 $A_u$ 进行理论估算。
4）分析"最大放大倍数"与"最大不失真输出幅度"两个概念。
5）分析讨论在调试过程中出现的问题。

### （六）预习要求及思考题

1）预习共射接法单管交流放大电路的工作原理及各元件作用。
2）电解电容 $C_1$、$C_2$ 的作用是什么？极性应如何考虑？
3）如何测量 $R_b$？不断开 $R_c$ 与集电极的连线行吗？不断开电源测量会产生什么后果？
4）分析图 5-5 所示失真波形各是什么失真？原因是什么？如何解决？

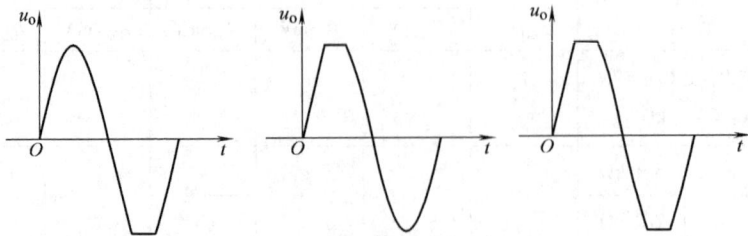

图 5-5  失真波形

5）测试中，如果将函数信号发生器、交流毫伏表、示波器中任一仪器的两个测试端子接线换位（即各仪器的接地端不再连在一起），将会出现什么问题？

# 实验三 多级放大电路

## （一）实验目的

1）学习合理设置静态工作点。
2）学习测量电压放大倍数与输入、输出阻抗。
3）学习频率特性的测量方法。

## （二）仪器及设备

1）双踪示波器（SS7802A 型）。
2）交流毫伏表（HG2170 型）。
3）信号发生器（GAG—809 型）。
4）数字万用表（UT50 型）。
5）模拟实验箱（TPE—A 型）。
6）多级放大电路实验板。

## （三）实验原理

### 1. 实验参考电路

多级放大电路实验电路如图 5-6 所示。

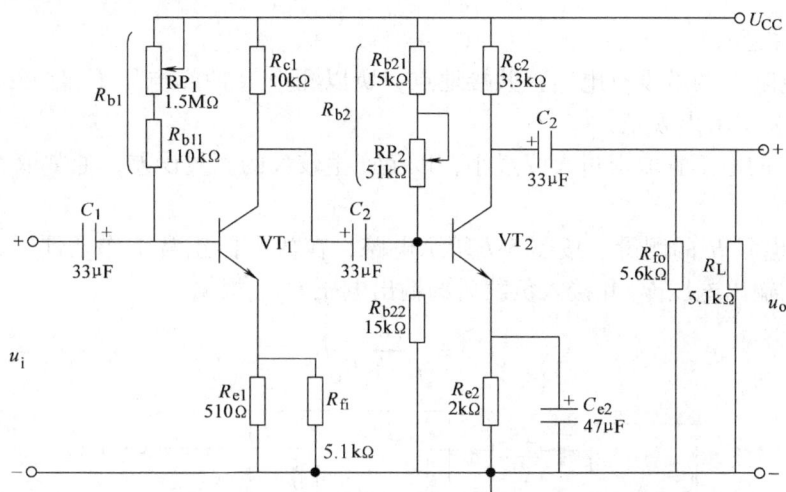

图 5-6 多级放大电路实验电路

### 2. 动态参数计算

阻容耦合多级放大器由于耦合电容的隔直作用，级与级之间的静态工作点是完全独立的，不会相互影响，因此可以一级一级地调整各级的静态工作点至最佳位置。对交流信号而言，前级的输出电压就是后级的输入电压，后级的输入阻抗就是前级的负载。各项参数计算公式如下：

电压放大倍数

$$A_u = A_{u1}A_{u2} = -\beta_1 \frac{R_{c1}//R_{i2}}{r_{be1} + (1 + \beta_1)R_{e1}}\left(-\beta_2 \frac{R_{L2}{}'}{r_{be1}}\right)$$

式中

$$r_{be} = r_{bb'} + (1 + \beta)\frac{U_T}{I_{EQ}}$$

$$R_{i2} = (RP_2 + R_{b21})//R_{b22}//r_{be2}$$

输入电阻

$$R_i = R_{i1} = R_{b1}//[r_{be1} + (1 + \beta_1)R_{e1}]$$

输出电阻

$$R_o = R_{o2} = R_{c2}//R_{fo}$$

**3. 输入、输出电阻的测量**

（1）输入电阻 $R_i$ 的测量　为了测量放大器的输入电阻，按图 5-7 所示输入、输出电阻的测量电路，在被测放大器的输入端与信号源之间串入已知电阻 $R$，在放大器正常工作的情况下，用交流毫伏表测出 $U_s$ 和 $U_i$，则根据输入电阻的定义可得

$$R_i = \frac{U_i}{I_i} = \frac{U_i}{\dfrac{U_R}{R}} = \frac{U_i}{U_s - U_i}R$$

测量时应注意：

1）由于电阻 $R$ 两端没有电路公共接地点，所以测量 $R$ 两端电压 $U_R$ 时必须分别测出 $U_s$ 和 $U_i$，然后按公式求出 $R$ 值。

2）电阻 $R$ 的值不宜取得过大或过小，以免产生较大的测量误差，通常取 $R$ 与 $R_i$ 为同一数量级为好。

（2）输出电阻 $R_o$ 的测量　按图 5-7 所示电路，在放大器正常工作条件下，测出输出端不接负载 $R_L$ 的输出电压 $U_o$ 和接入负载后的输出电压 $U_L$，根据

$$U_L = \frac{R_L}{R_o + R_L}U_o$$

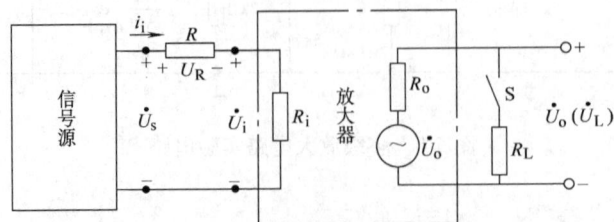

图 5-7　输入、输出电阻的测量电路

即可求出

$$R_{\mathrm{o}} = \left(\frac{U_{\mathrm{o}}}{U_{\mathrm{L}}} - 1\right)R_{\mathrm{L}}$$

### （四）实验内容和步骤

**1. 设置静态工作点**

多级放大电路中，对各级的工作点往往有不同的要求。一般来说，前级的信号小，失真问题不突出，在满足放大倍数要求的情况下，工作点尽可能地低一些。对于末级放大器，信号已经比较大，为使输出幅度大、失真小，静态工作点应选在交流负载线的中点。设置静态工作点测量数据见表5-5。

（1）设置 $Q_2$　满足下列两个式子，即可求出工作点位于交流负载线中点时的 $U_{\mathrm{CEQ2}}$ 和 $I_{\mathrm{CQ2}}$

$$\begin{cases} U_{\mathrm{CEQ2}} = U_{\mathrm{CC}} - I_{\mathrm{CQ2}}(R_{\mathrm{c2}} + R_{\mathrm{e2}}) \\ U_{\mathrm{CEQ2}} = I_{\mathrm{CQ2}}(R_{\mathrm{c2}}//R_{\mathrm{fo}}//R_{\mathrm{L}}) + U_{\mathrm{CES}}(\text{取}\,1\mathrm{V}) \end{cases}$$

试根据图5-6所示的电路参数算出 $U_{\mathrm{CEQ2}}$、$I_{\mathrm{CQ2}}$ 的值，由 $U_{\mathrm{CQ2}} = U_{\mathrm{CC}} - I_{\mathrm{CQ2}}R_{\mathrm{C2}}$ 求出 $U_{\mathrm{CQ2}}$ 的值。

按图5-6连线，调节 $\mathrm{RP_2}$ 使 $U_{\mathrm{CQ2}}$ 符合计算值，并测出静态的 $U_{\mathrm{BQ2}}$ 和 $U_{\mathrm{EQ2}}$，填入表5-5中。

（2）设置 $Q_1$　输入交流信号（$U_{\mathrm{i}} = 5\mathrm{mV}$，$f = 1\mathrm{kHz}$），接上 $R_{\mathrm{L}}' = R_{\mathrm{fo}}//R_{\mathrm{L}}$，观察输出波形及输出交流电压 $U_{\mathrm{o}}$ 数值，要求在本级及两级输出交流波形无非线性失真的条件下，调节 $\mathrm{RP_1}$ 使 $Q_1$ 点尽可能低一些，测出静态 $U_{\mathrm{CQ1}}$、$U_{\mathrm{BQ1}}$ 和 $U_{\mathrm{EQ1}}$，填入表5-5中。

关掉信号源，断开 $R_{\mathrm{b1}}$、$R_{\mathrm{b2}}$ 与其他的连接，测量 $R_{\mathrm{b1}}$、$R_{\mathrm{b2}}$ 并填入表5-5中。

注意：测量静态值时，应关断交流信号源，并将放大器的输入端短路。

**表5-5　设置静态工作点测量数据**

| 测量点 | $U_{\mathrm{BQ1}}/\mathrm{V}$ | $U_{\mathrm{EQ1}}/\mathrm{V}$ | $U_{\mathrm{CQ1}}/\mathrm{V}$ | $U_{\mathrm{BQ2}}/\mathrm{V}$ | $U_{\mathrm{EQ2}}/\mathrm{V}$ | $U_{\mathrm{CQ2}}/\mathrm{V}$ | $R_{\mathrm{b1}}/\mathrm{k\Omega}$ | $R_{\mathrm{b2}}/\mathrm{k\Omega}$ |
|---|---|---|---|---|---|---|---|---|
| 数值 | | | | | | | | |

**2. 测量电压放大倍数**

（1）两级电路串联　输入交流信号（$U_{\mathrm{i}} = 5\mathrm{mV}$，$f = 1\mathrm{kHz}$），测量 $U_{\mathrm{o1}}$ 及 $U_{\mathrm{o}}$，填入表5-6中，并由测量值计算 $A_{\mathrm{u1}}$、$A_{\mathrm{u2}}$ 和 $A_{\mathrm{u}}$。

（2）两级电路断开　在两个单级放大器输入端分别输入 $U_{\mathrm{i1}}$（$5\mathrm{mV}$，$f = 1\mathrm{kHz}$）、$U_{\mathrm{i2}}$，$U_{\mathrm{i2}}$ 电压数值同两级串联时的 $U_{\mathrm{o1}}$，$f = 1\mathrm{kHz}$，注意，$U_{\mathrm{i2}}$ 信号加到 $C_2$ 前，保证阻容耦合。测 $U_{\mathrm{o1}}$ 及 $U_{\mathrm{o}}$，填入表5-6中，并由测量值计算 $A_{\mathrm{u1}}$、$A_{\mathrm{u2}}$。

**3. 测量输出电阻 $R_{\mathrm{o}}$**

在两级串联，$R_{\mathrm{L}}$ 取值如图5-6所示，取 $U_{\mathrm{i}} = 5\mathrm{mV}$，$f = 1\mathrm{kHz}$，测出 $U_{\mathrm{L}}$，再断开 $R_{\mathrm{L}}$（保留 $R_{\mathrm{fo}}$），测出 $U_{\mathrm{o}}$，填入表5-7中，由测量值根据公式

$$R_{\mathrm{o}} = \left(\frac{U_{\mathrm{o}}}{U_{\mathrm{L}}} - 1\right)R_{\mathrm{L}}$$

计算 $R_{\mathrm{o}}$。

表 5-6  电压放大倍数测量数据

| 测量 | $U_i$/mV | $U_{o1}$/mV | $U_{i2}$/mV | $U_o$/mV | $A_{u1}$ | $A_{u2}$ | $A_u$ |
|---|---|---|---|---|---|---|---|
| 两级串联 | 5 | | | | | | |
| 两级断开 | 5 | | 同上 | | | | — |

### 4. 测量输入电阻 $R_i$

方法：在放大电路输入端与信号源间串入 20kΩ 电阻（见图 5-7 中 $R$），加大信号源电压 $U_s$ 使净输入 $U_i$ 仍为 5mV，测出此时的 $U_s$，填入表 5-7 中，利用公式

$$R_i = \frac{U_i}{U_s - U_i}R$$

计算 $R_i$。由 $R_i = R_{b1}//R_i'$，算出不含 $R_{b1}$ 在内的输入电阻 $R_i'$。

表 5-7  输入电阻测量数据

| $R_o$ 的测量 | | | | $R_i$ 的测量 | | | |
|---|---|---|---|---|---|---|---|
| 测量值 | | | 计算值 | 测量值 | | 计算值 | |
| $U_i$/mV | $U_L$/mV | $U_o$/mV | $R_o$/Ω | $U_i$/mV | $U_s$/mV | $R_i$/Ω | $R_i'$/Ω |
| | | | | | | | |

### 5. 测量两级放大电路的幅频特性

接上 $R_L = 5.1$kΩ，取交流信号的频率 $f = 1$kHz，调节信号发生器的幅度使放大器的输出 $U_o = 1$V，测量并记录 $U_i$ 数值。然后增高及降低输入信号频率使 $U_o$ 分别降至表 5-8 中的特殊值，同时记录所对应的信号频率，填入表 5-8 中，并根据测量值计算 $A_u$。

表 5-8  两级放大电路的幅频特性测量数据

| 参数 | 数据 | | | | |
|---|---|---|---|---|---|
| $U_o$/V（$U_i = \quad$） | 0.7 | 0.9 | 1 | 0.9 | 0.7 |
| $f$/Hz | | | $f = 1$kHz | | |
| $A_u$ | | | | | |

### （五）实验报告要求

1）总结设置静态工作点的目的及方法。

2）根据所做的实验内容，整理所测数据，分析总结每个实验内容应该得到的结论。

3）根据静态测量计算 $\beta$ 值，对动态参数估算其理论值，并与上述计算结果相比较。

4）画出本放大电路频率特性曲线，求出通频带。

### （六）预习要求及思考题

1）复习多级放大器有关计算 $A_u$ 的方法，级与级之间的相互影响及频率特性的理论知识。

2）图 5-6 中要求第二级放大电路的静态工作点位于交流负载的中点，计算 $U_{CEQ2}$ 及 $I_{CQ2}$ 值。

3）实验过程中若出现自激振荡应如何消除？

4）测输出电阻时，应如何选用 $R_L$ 的阻值使测量误差最小？

注意：学生应妥善保管实验数据，记住本次实验所用的实验板号，本实验作为无反馈的基本放大器，将要与实验四电压串联负反馈放大电路进行比较。

# 实验四　电压串联负反馈放大电路

## （一）实验目的

1）进一步了解电压串联负反馈的工作原理。

2）掌握负反馈对放大电路性能的影响。

3）掌握负反馈放大电路性能的测试方法。

## （二）仪器及设备

1）双踪示波器（SS7802A 型）。

2）交流毫伏表（HG2170 型）。

3）信号发生器（GAG—809 型）。

4）数字万用表（UT50 型）。

5）模拟实验箱（TPE—A 型）。

6）分立元器件放大电路实验板。

## （三）实验原理

电压串联负反馈实验电路如图 5-8 所示。

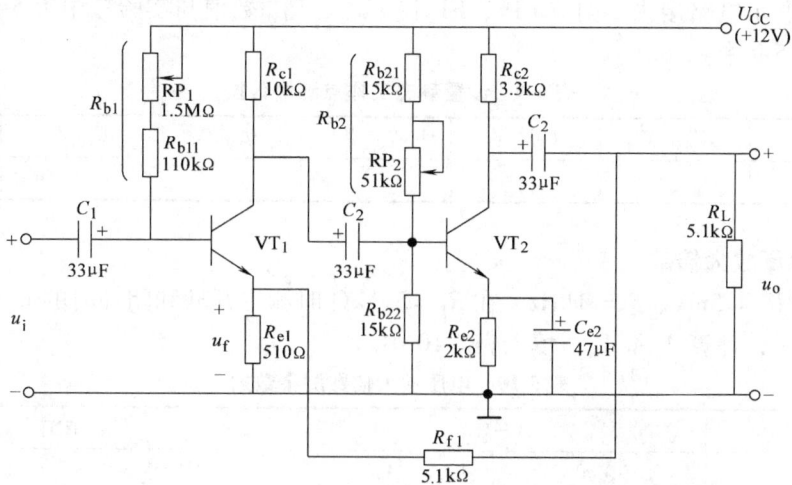

图 5-8　电压串联负反馈实验电路

各项参数计算公式如下：

反馈系数

$$\dot{F}_{uu} = \frac{\dot{U}_f}{\dot{U}_o} = \frac{R_{e1}}{R_{e1} + R_f}$$

反馈深度为 $1 + \dot{A}_u\dot{F}_{uu}$，$\dot{A}_u$ 为基本放大电路的放大倍数。

负反馈电压放大倍数

$$\dot{A}_{uf} = \frac{\dot{A}_u}{1 + \dot{A}_u\dot{F}_{uu}}$$

深度负反馈时电压放大倍数估算：$\dot{A}_{uf} = 1 + \dfrac{R_f}{R_{e1}}$

输入电阻

$$R'_{if} = (1 + \dot{A}_u\dot{F}_{uu})R'_i$$

$R'_i$ 和 $R'_{if}$ 分别为基本放大电路和反馈放大电路中不含 $R_{b1}$ 时的输入电阻。分别由 $R_i = R_{b1}//R'_i$ 和 $R_{if} = R_{b1}//R'_{if}$ 得到。

输出电阻

$$R_{of} = \frac{R_o}{(1 + \dot{A}_{uo}\dot{F}_{uu})}$$

$\dot{A}_{uo}$ 为取走 $R_L$ 后的 $\dot{A}_u$ 值，$\dot{A}_{uo} = \dot{A}_u \cdot \dfrac{R_{c2}//R_{fo}}{R_{c2}//R_{fo}//R_L}$

截止频率

$$f_{Lf} = \frac{f_L}{1 + \dot{A}_u\dot{F}_{uu}}, \quad f_{Hf} = (1 + \dot{A}_u\dot{F}_{uu})f_H$$

### （四）实验内容和步骤

**1. 设置静态工作点**

按图 5-8 所示电路接线。调节 $RP_1$、$RP_2$ 使 $U_{CQ1}$、$U_{CQ2}$ 数值与实验三中表 5-5 所示的值相同，并填入表 5-9 中。

表 5-9　设置静态工作点测量数据

| 测量点 | $U_{BQ1}/V$ | $U_{EQ1}/V$ | $U_{CQ1}/V$ | $U_{BQ2}/V$ | $U_{EQ2}/V$ | $U_{CQ2}/V$ |
|--------|-------------|-------------|-------------|-------------|-------------|-------------|
| 数值 | | | | | | |

**2. 测量电压放大倍数**

输入信号 $U_i = 5mV$、$f = 1kHz$，在 $R_L = 5.1k\Omega$ 时测出开环和闭环时的 $U_o$，开环放大电路如图 5-6 所示，计算 $A_u$ 和 $A_{uf}$，填入表 5-10 中。

表 5-10　电压放大倍数测量数据

| 条件 | 开环 | | 闭环 | |
|------|------|------|------|------|
| $U_i/mV$ | $U_o/mV$ | $A_u$ | $U_o/mV$ | $A_{uf}$ |
| 5 | | | | |

**3. 观察电压负反馈对输出电压的稳定作用**

仍令 $U_i = 5mV$、$f = 1kHz$，改变 $R_L$ 测 $U_o$，将所得结果填入表 5-11 中。

**表 5-11　观察电压负反馈对输出电压的稳定作用测量数据**

| 参数 | 数据 | | |
|---|---|---|---|
| $R_L$ | $\infty$ | $5.1\text{k}\Omega$ | $5.1\text{k}\Omega//5.6\text{k}\Omega$ |
| $U_o/\text{mV}$ | | | |

### 4. 测量放大电路的输出电阻 $R_{of}$ 和输入电阻 $R_{if}$

测量步骤参照多级放大电路，填入表 5-12 中。由 $R_{if} = R_{b1}//R'_{if}$ 计算 $R'_{if}$。

**表 5-12　输出电阻和输入电阻测量数据**

| $R_o$ 的测量 | | | | $R_i$ 的测量 | | | |
|---|---|---|---|---|---|---|---|
| 测量值 | | | 计算值 | 测量值 | | 计算值 | |
| $U_i/\text{mV}$ | $U_L/\text{mV}$ | $U_o/\text{mV}$ | $R_{of}/\Omega$ | $U_i/\text{mV}$ | $U_s/\text{mV}$ | $R_{if}/\Omega$ | $R'_{if}/\Omega$ |
| | | | | | | | |

**思考：**

1）现有 $R_L$ 为 $5.1\text{k}\Omega$ 和 $100\Omega$ 两种负载电阻，在测量输出电阻 $R_o$ 时，选用哪一个合适？

2）现有 $R$ 为 $20\text{k}\Omega$ 及 $100\text{k}\Omega$ 两种输入端串联电阻，在测量输入电阻 $R_i$ 时，选用哪一个合适？净输入信号是否应为 $U_i = 5\text{mV}$、$f = 1\text{kHz}$？

### 5. 测量负反馈放大电路的幅频特性

测量步骤同实验三。将所得数据填入表 5-13 中。

**表 5-13　负反馈放大电路的幅频特性测量数据**

| 参数 | 数据 | | | | |
|---|---|---|---|---|---|
| $U_o/\text{V}$ （$U_i =$　） | 0.7 | 0.9 | 1 | 0.9 | 0.7 |
| $f/\text{Hz}$ | | | $f = 1\text{kHz}$ | | |
| $A_{uf}$ | | | | | |

### 6. 观察负反馈对非线性失真的改善

实验电路改接成基本放大电路形式，在输入端加入 $f = 1\text{kHz}$ 的正弦信号，输出端接示波器，逐渐增大输入信号的幅度，使输出波形开始出现失真，此时将实验电路改接成负反馈放大电路形式，观察输出波形的变化。

### （五）实验报告要求

1）计算反馈深度 $1 + A_u F_{uu}$。$A_u$ 是基本放大电路的放大倍数，实验三的电路即为本反馈电路的基本放大电路。

把实验值 $A_u$ 与计算值 $F_{uu} = R_{e1}/(R_{e1} + R_{f1})$ 代入 $1 + A_u F_{uu}$ 即得到反馈深度。

2）比较本实验中电压放大倍数 $A_{uf}$ 的实验值、计算值 $A_{uf} = \dfrac{A_u}{1 + A_u F_{uu}}$ 以及深度负反馈时的估算值。

3）比较实验三中基本放大电路和本实验中的负反馈放大电路的实验数据，总结电压串联负反馈对放大电路性能的影响。

**（六）预习要求及思考题**

1）预习电压串联负反馈放大电路的原理与特点。

2）复习实验三的基本放大电路，基本放大电路是由负反馈放大电路去掉反馈，但考虑了反馈网络的负载效应后得到的。观察它是怎样从实验四的反馈放大电路中划分出来的。

3）如何将图 5-8 所示电路改接成电压并联、电流串联、电流并联 3 种负反馈形式？

# 实验五　差分放大电路

**（一）实验目的**

1）熟悉差分放大电路工作原理。

2）掌握差分放大电路的基本测试方法。

**（二）仪器及设备**

1）双踪示波器（SS7802A 型）。

2）交流毫伏表（HG2170 型）。

3）信号发生器（GAG—809 型）。

4）数字万用表（UT50 型）。

5）模拟实验箱（TPE—A 型）。

6）差分放大电路实验板。

**（三）实验原理**

差分放大电路是模拟电路基本单元电路之一，具有放大差模信号、抑制共模干扰信号和零点漂移的功能。具有恒流源的差分放大电路，应用十分广泛，特别是在模拟集成电路中，常作为输入级或中间放大级。本实验采用图 5-9 所示带恒流源的差分放大电路，晶体管 $VT_1$

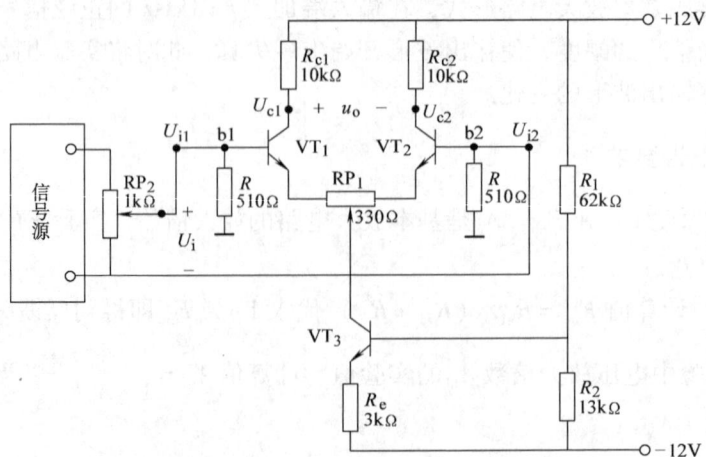

图 5-9　带恒流源的差分放大电路

和 $VT_2$ 为差分对管，以使电路高度对称，从而具有很高的共模抑制比，在要求不高的情况下，也可采用两只特性相近的晶体管，通过调节 $RP_1$ 而使电路尽可能对称。

各项参量计算如下：

双端输出时，差模电压放大倍数

$$A_{ud} = \frac{U_o}{U_{id}} = \frac{-\beta R_{c1}}{r_{be} + (1 + \beta) RP_1/2}$$

对典型差分电路，双端输出时，共模输出电压 $U_{oc} = 0$，故 $A_{uc} = 0$。

共模抑制比

$$K_{CMR} = \frac{A_{ud}}{A_{uc}} \approx \infty$$

单端输出时，差模电压放大倍数

$$A_{ud1} = \frac{U_{o1}}{U_{id}} = \frac{-\beta R_{c1}}{2[r_{be} + (1 + \beta) RP_1/2]}$$

共模电压放大倍数

$$A_{uc1} = \frac{U_{oc1}}{U_{ic}} = \frac{-\beta R_{c1}}{r_{be} + (1 + \beta)[2R_e + RP_1/2]}$$

共模抑制比

$$K_{CMR1} \approx \frac{r_{be} + 2\beta R_e}{2[r_{be} + \beta RP_1/2]}$$

对带有恒流源的差分电路，其共模放大倍数很小，可看作零；共模抑制比很大，可看作无限大。

### （四）实验内容和步骤

实验电路如图 5-9 所示。

**1. 测量静态工作点**

（1）调零 将输入端短路并接地，接通直流电源，调节电位器 $RP_1$ 使双端输出电压 $U_o = 0$。

（2）测量静态工作点 测量 $VT_1$、$VT_2$、$VT_3$ 各极对地电压，填入表 5-14 中。

表 5-14 测量静态工作点数据

| 对地电压 | $U_{c1}$ | $U_{c2}$ | $U_{c3}$ | $U_{b1}$ | $U_{b2}$ | $U_{b3}$ | $U_{e1}$ | $U_{e2}$ | $U_{e3}$ |
|---|---|---|---|---|---|---|---|---|---|
| 测量值 | | | | | | | | | |

**2. 测量差模电压放大倍数**

在输入端加入直流电压信号 $U_{id} = \pm 0.1V$ 按表 5-15 要求测量并记录，由测量数据算出单端和双端输出的电压放大倍数。

注意：先将 DC 信号源 OUT1 和 OUT2 分别接入 $U_{i1}$ 和 $U_{i2}$ 端，然后调节 DC 信号源，使其输出 $+0.1V$ 和 $-0.1V$。

**3. 测量共模电压放大倍数**

将 $b_1$、$b_2$ 短接，接到信号源的输入端，信号源另一端接地。DC 信号分先后接 OUT1 和 OUT2，分别测量并填入表 5-15 中。由测量数据算出单端和双端输出的电压放大倍数。进一

步算出共模抑制比 $K_{CMR} = |A_d/A_c|$。

**表 5-15  差模电压和共模电压放大倍数测量数据**

| 测量及计算值 | 差模输入 | | | | | | 共模输入 | | | | | | 共模抑制比 |
| | 测量值/V | | | 计算值 | | | 测量值/V | | | 计算值 | | | 计算值 |
| 输入信号 $U_i$ | $U_{c1}$ | $U_{c2}$ | $U_{o双}$ | $A_{d1}$ | $A_{d2}$ | $A_{d双}$ | $U_{c1}$ | $U_{c2}$ | $U_{o双}$ | $A_{c1}$ | $A_{c2}$ | $A_{c双}$ | $K_{CMR}$ |
|---|---|---|---|---|---|---|---|---|---|---|---|---|---|
| +0.1V | | | | | | | | | | | | | |
| −0.1V | | | | | | | | | | | | | |

### 4. 在实验板上组成单端输入的差分放大电路进行实验

1）在图 5-9 中将 $b_2$ 接地，组成单端输入差分放大电路，从 $b_1$ 输入直流信号 $U = \pm 0.1V$，测量单端及双端输出的数据，填入表 5-16 中，计算单端输入时单端及双端输出的电压放大倍数，并与双端输入时的单端及双端差模电压放大倍数进行比较。

**表 5-16  单端及双端输出时的测量数据及电压放大倍数**

| 测量及计算值 | 电压/V | | | 电压放大倍数 | | |
| 输入信号 | $U_{c1}$ | $U_{c2}$ | $U_o$ | $A_{d1}$ | $A_{d2}$ | $A_{d双}$ |
|---|---|---|---|---|---|---|
| 直流 +0.1V | | | | | | |
| 直流 −0.1V | | | | | | |
| 正弦信号（50mV、1kHz） | | | | | | |

2）从 $b_1$ 加入正弦交流信号 $U_i = 0.05\,V$，$f = 1000\,Hz$ 分别测量、记录单端及双端输出电压，填入表 5-16 中。

注意：输入交流信号时，用示波器监视 $U_{c1}$、$U_{c2}$ 波形，若有失真现象时，可减小输入电压值，使 $U_{c1}$、$U_{c2}$ 都不失真为止。

### （五）实验报告要求

1）根据实测数据计算图 5-9 所示电路的静态工作点，与预习计算结果相比较。

2）整理实验数据，计算各种接法的 $A_d$，并与理论计算值相比较。

3）计算实验步骤 3 中 $A_c$ 和 $K_{CMR}$ 值。

4）总结差分放大电路的性能和特点。

### （六）预习要求及思考题

1）复习差分放大电路的工作原理，计算图 5-9 所示电路的静态工作点（设 $r_{be} = 3k\Omega$，$\beta = 100$）及电压放大倍数。

2）熟悉本实验内容和测试方法。

3）在图 5-9 基础上画出单端输入和共模输入的电路。

4）加入交流信号时的双端输出为什么不能用交流毫伏表跨接在两个输出端直接测双端输出电压？

5）为什么差分放大电路既可以加交流信号，也可以加直流信号进行测试？

## 实验六　集成运算放大器组成的基本运算电路

### （一）实验目的

1）进一步理解运算放大器的基本原理，熟悉由运算放大器组成的比例、跟随、加法、减法、积分、微分等基本运算电路。

2）掌握基本运算电路的实验方法。

3）了解运算放大器在实际应用中应注意的一些问题。

### （二）仪器及设备

1）双踪示波器（SS7802A 型）。

2）交流毫伏表（HG2170 型）。

3）信号发生器（GAG—809 型）。

4）数字万用表（UT50 型）。

5）模拟实验箱（TPE—A 型）。

6）集成运算放大器实验板。

### （三）实验原理

集成运算放大器（简称运放）是一种高输入阻抗、低输出阻抗、高放大倍数且便于调试的优质放大器。集成运算放大器内部电路通常由偏置电路、差动输入电路、中间放大电路、输出及过载保护电路组成。当它构成闭环负反馈放大电路时，其电压放大倍数只取决于外加电阻值的大小，与运算放大器本身参数无关，安装调试十分简单。

在分析运算放大器时，一般将它看成理想运算放大器。可以认为理想运算放大器的开环放大倍数为无穷大（$A_u = \infty$），输入偏置电流为零，输入电阻为无穷大（$R_i = \infty$），输出电阻为零（$R_o = 0$）。

实验中常用运算放大器为通用型运算放大器 μA741、LM324 和低失调低温漂运算放大器 OP07，其引脚图如图 5-10 所示。μA741 和 OP07 为单运算放大器，LM324 是四运算放大器集成电路，它采用 14 脚双列直插塑料封装，它的内部包含 4 组形式完全相同的运算放大

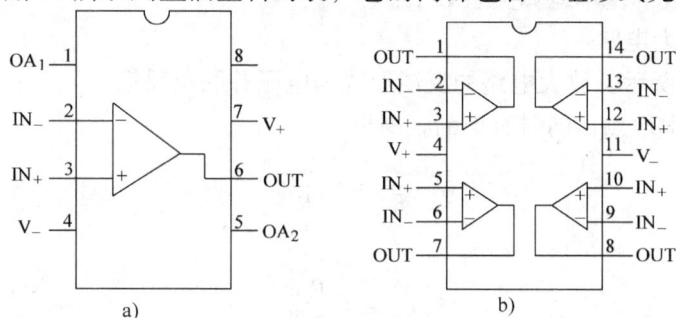

图 5-10　常用运算放大器引脚图

a）μA741、OP07 引脚图　b）LM324 引脚图

器，除电源共用外（也可单电源使用），4 组运算放大器相互独立。

集成运算放大器在需要放大含有直流分量信号的应用场合，必须进行调零，即对运算放大器本身（主要是差分输入级）的失调进行补偿，以保证运算放大器闭环工作后，输入为零时输出也为零。常见的调零电路如图 5-11 所示。μA741 和 OP07 已经引出有补偿端，只需按照器件手册的规定接入调零电路即可，调零电路如图 5-11a 所示。调零必须细心，千万不要使电位器的滑动端与地线或电源线相碰，否则会损坏运算放大器。对于没有设调零端的运算放大器，可参照图 5-11b（反相放大器调零电路）、图 5-11c（同相放大器调零电路）所示的调零电路进行调零，RP 也可采用 10kΩ 多圈电位器。调零时，将电路的输入端接地，用万用表直流电压档或示波器的 DC 耦合档接在电路的输出端，调节电位器，使输出为零。

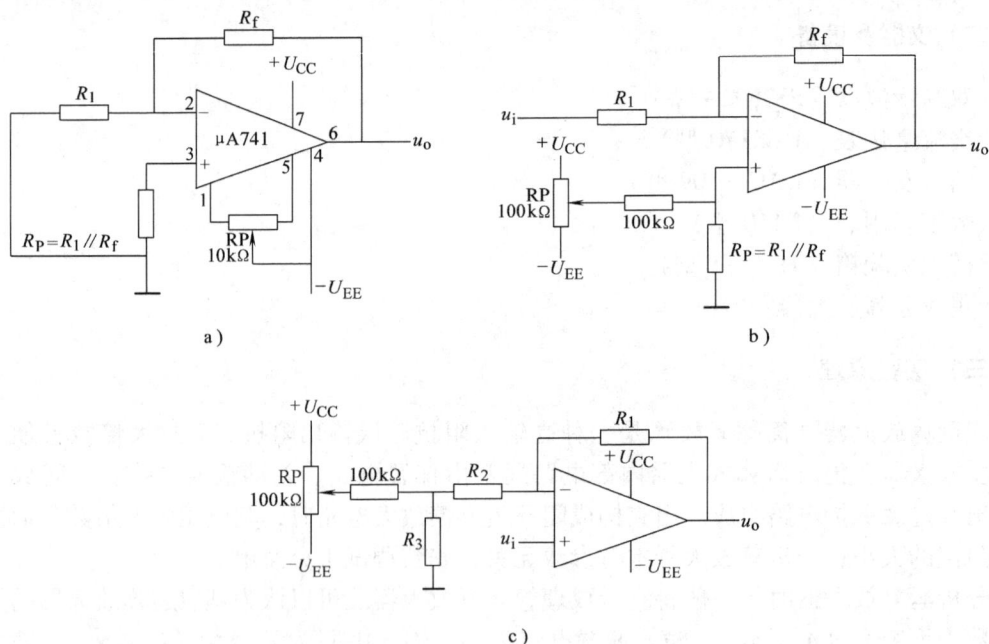

图 5-11　常见的调零电路

a）μA741 或 OP07 调零电路　b）反相放大器调零电路　c）同相放大器调零电路

运算放大器构成的基本运算关系如下：

**1. 反相比例放大电路**

电路如图 5-12 所示，放大电路的反馈形式为电压并联负反馈。

反相输入端为虚地点，同时有虚断，所以

$$\frac{u_i}{R_1} = -\frac{u_o}{R_f}$$

得出

$$u_o = -\frac{R_f}{R_1}u_i$$

**2. 同相比例放大电路**

电路如图 5-13 所示，放大电路的反馈形式为电压串联负反馈。

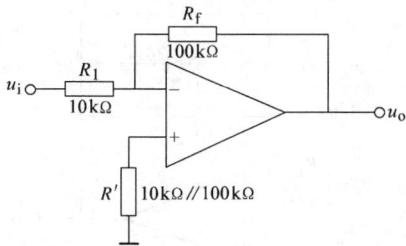

图 5-12　反相比例放大电路

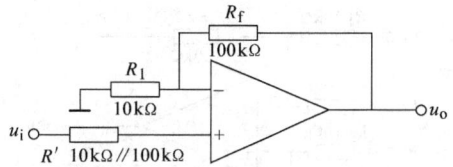

图 5-13　同相比例放大电路

由虚短

$$u_+ = u_- = u_i$$

由虚断

$$\frac{u_o - u_i}{R_f} = \frac{u_i}{R_1}$$

所以

$$u_o = \left(1 + \frac{R_f}{R_1}\right)u_i$$

### 3. 电压跟随电路

电路如图 5-14 所示，由同相比例放大电路，得 $u_o = u_i$。

### 4. 反相求和电路

电路如图 5-15 所示，反相求和电路的函数关系式为

$$u_o = -\left(\frac{R_f}{R_1}u_{i1} + \frac{R_f}{R_2}u_{i2} + \frac{R_f}{R_3}u_{i3}\right)$$

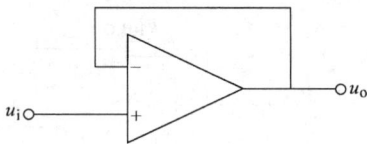

图 5-14　电压跟随电路

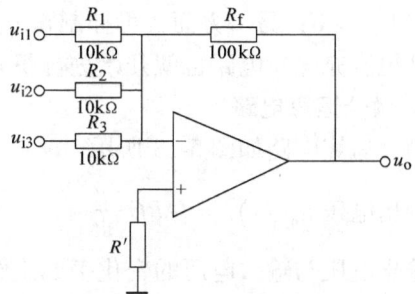

图 5-15　反相求和电路

### 5. 双端输入求和电路

电路如图 5-16 所示，双端输入求和的关系式为

$$u_o = R_f\left(-\frac{u_{i1}}{R_1} - \frac{u_{i2}}{R_2} + \frac{u_{i3}}{R_3} + \frac{u_{i4}}{R_4}\right)$$

### 6. 积分运算电路

积分运算电路如图 5-17 所示。

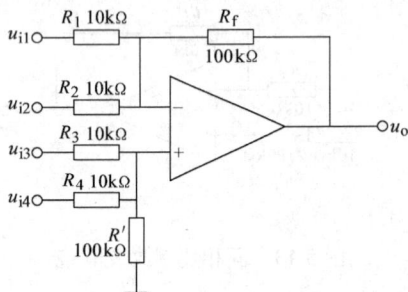

图 5-16　双端输入求和电路

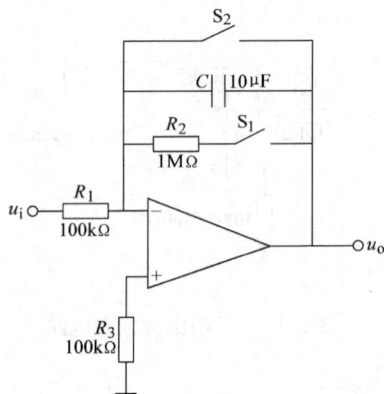

图 5-17　积分运算电路

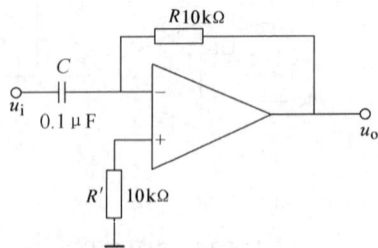

在理想化条件下，输出电压 $u_o$ 等于

$$u_o(t) = -\frac{1}{RC}\int_0^t u_i(t)\,\mathrm{d}t + u_C(0)$$

式中，$u_C(0)$ 是 $t=0$ 时刻电容 $C$ 两端的电压值，即初始值。

如果 $u_i(t)$ 是幅值为 $U_i$ 的阶跃电压，并设 $u_C(0)=0$，则

$$u_o(t) = -\frac{1}{R_1 C}\int_0^t U_i(t)\,\mathrm{d}t = -\frac{U_i}{R_1 C}t$$

即输出电压 $u_o(t)$ 随时间增长而线性下降。显然 $R_1 C$ 的数值越大，达到给定的 $U_o$ 值所需的时间就越长。积分输出电压所能达到的最大值受集成运算放大器最大输出范围的限制。

在进行积分运算之前，首先应对运算放大器调零。为了便于调节，将图中 $S_1$ 闭合，即通过电阻 $R_2$ 的负反馈作用帮助实现调零。但在完成调零后，应将 $S_1$ 打开，以免因 $R_2$ 的接入造成积分误差。$S_2$ 的设置一方面为积分电容放电提供通路，同时可实现积分电容初始电压 $u_C(0)=0$；另一方面，可控制积分起始点，即在加入信号 $U_i$ 后，只要 $S_2$ 一打开，电容就将被恒流充电，电路也就开始进行积分运算。

**7. 微分运算电路**

微分运算电路如图 5-18 所示。

输出电压 $u_o(t) = -RC\dfrac{du_i}{dt}$

输出电压与输入电压的变化率成比例。

在图 5-18 中也可与电容 $C$ 串联一个电阻 $R=100\Omega$，限制高频噪声和输入突变电压，以免运放堵塞而自锁，此时电路为近似微分电路。

图 5-18　微分电路

**（四）实验内容和步骤**

每个实验，必须先进行以下两项步骤：

1）按电路图接线，检查并确保无误。

2）调零：各输入端接地，调节调零电位器使输出电压为零（用数字万用表 200mV 档测

量，若不能使输出电压为零，则要求输出电压的绝对值尽可能的小）。

**1. 反相比例放大电路**

1）、2）步按上述两项先行步骤进行。

3）按图 5-12 接线。

4）将反相输入端接直流信号源的输出端，调节直流信号源的输出电压，使 $u_i$ 分别为表 5-17 中所列各值，测出相应的 $u_o$ 值，填入表 5-17 中，并与理论计算值比较。

表 5-17　反相比例放大电路测量数据

| 直流输入电压 $u_i/V$ | | -0.7 | -0.2 | 0.2 | 0.7 |
|---|---|---|---|---|---|
| 输出电压 $u_o/V$ | 理论估计值 | | | | |
| | 实测值 | | | | |
| | 误差 | | | | |

**2. 同相比例放大电路**

1）、2）步按上述两项先行步骤进行。

3）按图 5-13 接线。

4）使 $u_i$ 分别为表 5-18 中所列各值，测出相应的 $u_o$ 值，填入表 5-18 中，并与理论计算值比较。

表 5-18　同相比例放大电路测量数据

| 直流输入电压 $u_i/V$ | | -0.7 | -0.2 | 0.2 | 0.7 |
|---|---|---|---|---|---|
| 输出电压 $u_o/V$ | 理论估计值 | | | | |
| | 实测值 | | | | |
| | 误差 | | | | |

**3. 电压跟随电路**

1）、2）步按上述两项先行步骤进行。

3）按图 5-14 接线。

4）使 $u_i$ 分别为表 5-19 中所列各值，测出相应的 $u_o$ 值，填入表 5-19 中，并与理论计算值比较。

表 5-19　电压跟随电路测量数据

| 直流输入电压 $u_i/V$ | | -10 | -5 | 5 | 10 |
|---|---|---|---|---|---|
| 输出电压 $u_o/V$ | 理论估计值 | | | | |
| | 实测值 | | | | |
| | 误差 | | | | |

**4. 反相求和电路**

1）、2）步按上述两项先行步骤进行。

3）按图 5-15 接线。

4）输入分别为表 5-20 中所列各值，测出相应的 $u_o$ 值，填入表 5-20 中，并与理论计算值比较。

表 5-20　反相求和电路测量数据

| 输入 | | | 输出 $u_o$/V | | |
|---|---|---|---|---|---|
| $u_{i1}$/V | $u_{i2}$/V | $u_{i3}$/V | 理论值 | 实测值 | 误差 |
| 1.0 | 0.5 | −2.0 | | | |
| 1.0 | 1.5 | −2.0 | | | |

**5. 双端输入求和电路**

1）、2）步按上述两项先行步骤进行。

3）按图 5-16 接线。

4）输入分别为表 5-21 中所列各值，测出相应的 $u_o$ 值，填入表 5-21 中，并与理论计算值比较。

表 5-21　双端输入求和电路测量数据

| 输入 | | | | 输出 $u_o$/V | | |
|---|---|---|---|---|---|---|
| $u_{i1}$/V | $u_{i2}$/V | $u_{i3}$/V | $u_{i4}$/V | 理论值 | 实测值 | 误差 |
| 2.0 | −1.5 | 0.7 | −1.0 | | | |
| 1.5 | −1.5 | 1.5 | −2.0 | | | |

**6. 积分运算电路**

1）按图 5-17 接线。

①打开 $S_2$，闭合 $S_1$，对运算放大器输出进行调零。

②调零完成后，再打开 $S_1$，闭合 $S_2$，使 $u_C$（0）$=0$。

2）对阶跃电压积分。预先调好直流输入电压 $U_i=0.5$V，接入实验电路，再打开 $S_2$，然后用直流电压表测量输出电压 $U_o$，每隔 5s 读一次 $U_o$，记入表 5-22 中，直到 $U_o$ 不继续明显增大为止。

表 5-22　对阶跃电压积分测量数据

| 参数 | 数据 | | | | | | | |
|---|---|---|---|---|---|---|---|---|
| $t$/s | 0 | 5 | 10 | 15 | 20 | 25 | 30 | … |
| $U_o$/V | | | | | | | | |

3）对方波、正弦波积分。将 $R_1$ 和 $R_3$ 改为 10kΩ，$C$ 改为 0.1μF。

①重新调零后松开按钮，将输入端接频率为 160Hz，$U_{ip\text{-}p}$（峰—峰）为 2V 方波 $u_i$，用双踪示波器观察 $u_o$ 和 $u_i$ 的波形并记录于表 5-23 中。

②将输入端接频率为 160Hz，有效值为 1V 的正弦波，用双踪示波器观察 $u_i$ 和 $u_o$ 的波形与相位差，记录波形，用交流毫伏表测量输出电压的有效值，填入表 5-23 中。

③改变正弦信号的频率（50~300Hz），观察 $u_o$ 和 $u_i$ 的相位关系是否变化，$u_o$ 和 $u_i$ 的幅值比是否变化。

**7. 微分运算电路**

1）按图 5-18 接线。

2）输入端接频率为 160Hz，有效值为 1V 的正弦信号 $u_i$，用双踪示波器观察 $u_o$ 与 $u_i$ 的相位差，记录波形于表 5-23 中，并用毫伏表测量输出电压 $u_o$ 的有效值。

　　3）改变正弦波的频率（50 ~ 300Hz），观察 $u_o$ 与 $u_i$ 的相位关系及幅度变化。

**表 5-23　方波、正弦波的测量数据**

| 电路 | 输入 | 波　　形 | |
|---|---|---|---|
| 积分电路 | 方波<br>$U_i = 2V$（幅值）<br>$f = 160Hz$ | 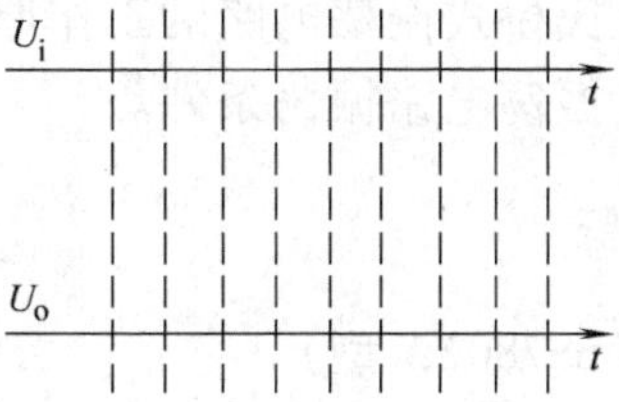 $U_i$ ... $t$<br>$U_o$ ... $t$ | |
| | 正弦波<br>$U_i = 1V$（有效值）<br>$f = 160Hz$ |  $U_i$ ... $t$<br>$U_o$ ... $t$ | $U_o$/V（有效值）= |
| 微分电路 | 正弦波<br>$U_i = 1V$（有效值）<br>$f = 160Hz$ | 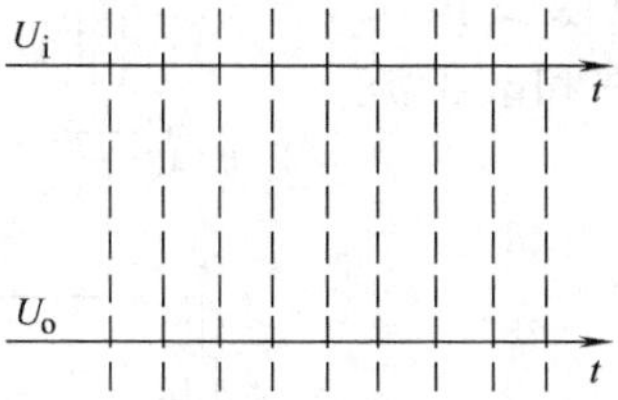 $U_i$ ... $t$<br>$U_o$ ... $t$ | $U_o$/V（有效值）= |

**（五）实验报告要求**

　　整理各实验所测数据，将各部分所测结果与理论分析相比较。根据实验结果讨论思考题。

**（六）预习要求与思考题**

　　1）分析图 5-12 ~ 图 5-18 放大器的主要特点，求出各图中的理论计算值。

　　2）试说明比例、求和等运算电路中运放两输入端的外接电阻为什么要对称？

　　3）做比例、求和等运算电路实验时，如不先调零行吗？为什么？

　　4）比较反相求和电路与双端输入求和电路中集成运放的共模输入电压，试说明哪个电路的运算精度更高。

　　5）对于微分电路，若输入信号 $u_i$ 为方波时，输出信号 $u_o$ 是什么波形？若输入信号 $u_i$ 为三角波时，输出信号 $u_o$ 又是什么波形？

# 实验七　*RC* 正弦波振荡电路

## （一）实验目的

1）进一步学习文氏桥式振荡电路的工作原理及选频网络的选频作用。

2）验证文氏桥式振荡电路振荡条件。

## （二）仪器及设备

1）双踪示波器（SS7802A 型）。

2）交流毫伏表（HG2170 型）。

3）信号发生器（GAG—809 型）。

4）数字万用表（UT50 型）。

5）模拟实验箱（TPE—A 型）。

6）集成运算放大器实验板。

## （三）实验原理

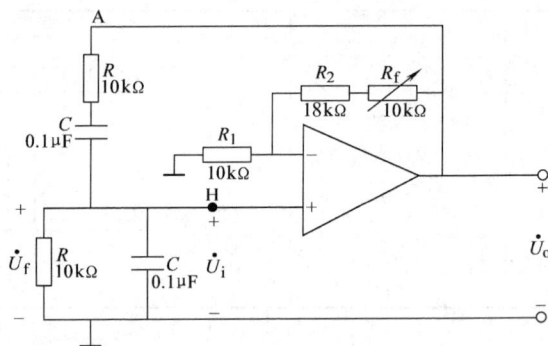

图 5-19 所示为 *RC* 桥式正弦波振荡电路。其中 *RC* 串、并联电路构成正反馈支路，同时兼作选频网络，$R_1$、$R_2$、$R_f$ 元件构成负反馈。调节可调电阻 $R_f$，可以改变负反馈深度，以满足振荡的振幅条件和改善波形。各参量计算公式如下：

电路的振荡频率

$$f_0 = \frac{1}{2\pi RC}$$

起振的幅值条件

$$\frac{R_2 + R_f}{R_1} \geqslant 2$$

图 5-19　*RC* 桥式正弦波振荡电路

调整反馈电阻 $R_f$，使电路起振，且波形失真最小。如不能起振，则说明负反馈太强，应适当加大 $R_f$。如波形失真严重，则应适当减小 $R_f$。

改变选频网络的参数 *C* 或 *R*，即可调节振荡频率。一般采用改变电容 *C* 做频率量程切换，而调节 *R* 做量程内的频率细调。

对 *RC* 串并联选频网络

$$\dot{F}_u = \frac{\dot{U}_f}{\dot{U}_o} = \frac{1}{3 + j\left(\frac{\omega}{\omega_0} - \frac{\omega_0}{\omega}\right)},\ \omega_0 = \frac{1}{RC}$$

幅频特性

$$|\dot{F}_u| = \cfrac{1}{\sqrt{3^2 + \left(\cfrac{\omega}{\omega_0} - \cfrac{\omega_0}{\omega}\right)^2}}$$

相频特性

$$\varphi_f = -\arctan\cfrac{\cfrac{\omega}{\omega_0} - \cfrac{\omega_0}{\omega}}{3}$$

当 $\omega = \omega_0$ 时，幅频特性的幅值最大

$$|\dot{F}_u| = 1/3, \varphi_f = 0°$$

$RC$ 串并联选频网络的频率特性如图 5-20 所示。

**（四）实验内容和步骤**

1）按图 5-19 所示电路接线，检查无误后通电
实验。

2）用示波器观察输出波形，调节 $R_f$ 阻值，使
不失真的正弦波输出幅度达到最大值，测量以下各项，填入表 5-24 中。

图 5-20 $RC$ 串并联选频网络的频率特性
a）幅频特性 b）相频特性

**表 5-24 不失真的正弦波输出幅度达到最大值时的测量数据**

| | 测量 | | | 计算 | |
|---|---|---|---|---|---|
| $f$ | $\dot{U}_i$ | $\dot{U}_o$ | $R_f$ | $A_{uf} = \cfrac{\dot{U}_o}{\dot{U}_i}$ | $A_{uf} = 1 + \cfrac{R_2 + R_f}{R_1}$ |
| | | | | | |

①测量振荡频率，并与计算值相比较，$f_0$ 可用示波器直接读出。

②测量 $\dot{U}_i$、$\dot{U}_o$ 并计算负反馈放大器的放大倍数 $A_{uf}$。

③关断电源并使 $R_f$ 与振荡电路脱离后测量 $R_f$ 的数值，计算放大器的放大倍数

$$A_{uf} = \cfrac{1}{F} = 1 + \cfrac{R_2 + R_f}{R_1}$$

将此值与上述 $A_{uf}$ 比较，并验证是否满足 $A_{uf} \geqslant 3$ 的条件。

④测量 $RC$ 网络的幅频、相频特性。将文氏桥网络与放大器的输入端断开（即从 $H$ 点断开），$RC$ 网络成为放大器的负载，从放大器的输入端输入信号，$\dot{U}_i$ 的幅度以输出不失真为准，改变不同频率，测量 $U_o$ 和 $U_f$ 值，填入表 5-25 中，同时用示波器观察不同频率下 $\dot{U}_o$ 和 $\dot{U}_f$ 的相位。

**表 5-25 $RC$ 网络的幅频、相频特性测量数据**

| 参数 | 数 据 | | | | | | |
|---|---|---|---|---|---|---|---|
| $f/f_0$ | 0.35 | 0.5 | 0.7 | 1 | 1.43 | 2 | 2.85 |
| $f/\text{Hz}$ | | | | | | | |
| $20\lg f/f_0$ | | | | | | | |
| $U_o/\text{V}$ | | | | | | | |
| $U_f/\text{V}$ | | | | | | | |

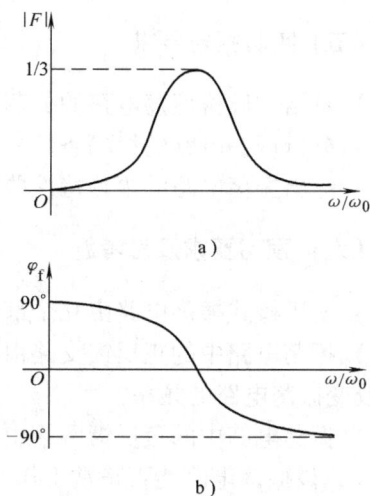

### （五）实验报告要求

1）总结文氏桥振荡电路的振荡条件。
2）分析振荡电路的稳幅条件。
3）绘出振荡电路的幅频特性曲线，$U_f$ 为纵轴，横轴采用 $20\lg f/f_0$ 坐标。

### （六）预习要求及思考题

1）文氏桥式振荡电路由几个部分组成？
2）振荡电路中的正反馈支路由哪些元件组成？这个网络具有什么特性？改变哪个参数即可改变振荡电路的频率？
3）振荡电路中的负反馈网络由什么元件组成？怎样调节负反馈放大器的放大倍数？若 $R_f$ 断开，该振荡电路能否正常工作？会输出什么？
4）测量 $\dot{U}_i$ 时若发生停振现象，你认为是何原因引起的？应如何解决？

# 实验八　功率放大电路

### （一）实验目的

1）加深对功率放大电路的理解。
2）熟悉集成功率放大电路的特点。
3）掌握输出功率、效率的测试方法。

### （二）仪器及设备

1）SS7802A 型双踪示波器。
2）HG2170 型晶体管交流毫伏表。
3）GAG—809 型信号发生器。
4）数字万用表。
5）TPE—A5 II 型模拟实验箱。
6）功率放大电路实验板。

### （三）实验原理

#### 1. OTL 低频功率放大电路

图 5-21 所示为 OTL 低频功率放大电路。

该电路是一个甲乙类单电源互补对称电路，其中由晶体管 $VT_1$（9013）组成推动级（也称前置放大级），$VT_2$（9013）、$VT_3$（9012）是一对参数对称的 NPN 型和 PNP 型晶体管，它们组成互补推挽 OTL 功率放大电路。由于每一个管子都接成射极输出器形式，因此具有输出电阻低、负载能力强等优点，适用于功率输出级。$VT_1$ 工作于甲类状态，其集电极电流 $I_{c1}$ 由电位器 RP 进行调节。$I_{c1}$ 的一部分流经二极管，给 $VT_1$、$VT_2$ 提供偏压。调节 RP 可以使 $VT_2$、$VT_3$ 得到合适的静态电流而工作于甲乙类状态，以克服交越失真，静态时要求输出端中点 M 的电位 $U_M = U_{CC}/2$ ，这可以通过调节 RP 来实现。又由于 RP 的一端接在 M 点，因此在电路中引入交、直流电压并联反馈，一方面能够稳定放大器的静态工作点，另一方面也改善了非线性失真。

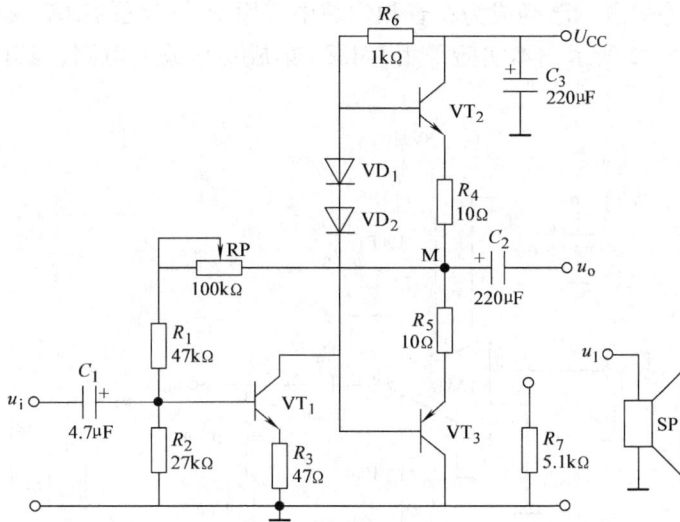

图 5-21　OTL 低频功率放大电路

当输入正弦交流信号 $u_i$ 时，经 VT$_1$ 放大、倒相后同时作用于 VT$_2$、VT$_3$ 的基极，$u_i$ 的负半周使 VT$_2$ 导通（VT$_3$ 截止），有电流通过负载 $R_L$，同时向电容 C 充电，在 $u_i$ 的正半周，VT$_3$ 导通（VT$_2$ 截止），则已充好电的电容 C 起着电源的作用，通过负载 $R_L$ 放电，这样在 $R_L$ 上就得到完整的正弦波。

OTL 电路的主要参数如下：

（1）最大不失真输出功率 $P_{om}$　忽略饱和压降，理想情况下（$U_{om} = U_{CC}/2$），OTL 互补对称功率放大电路最大输出功率

$$P_{om} = \frac{I_{om}}{\sqrt{2}}\frac{U_{om}}{\sqrt{2}} = \frac{1}{2}\frac{U_{CC}}{2R_L}\frac{U_{CC}}{2} = \frac{U_{CC}^2}{8R_L}$$

实验中可通过测量 $R_L$ 两端的电压有效值，来求得实际的

$$P_{om} = \frac{U_o^2}{R_L}$$

（2）直流电源供给的平均功率 $P_V$　理想情况下，电源一周内通过电流的平均值为

$$I_{av} = \frac{1}{2\pi}\int_0^\pi \frac{U_{CC}}{2R_L}\sin\omega t\,d(\omega t) = \frac{U_{CC}}{2\pi R_L}$$

直流电源供给的平均功率

$$P_V = U_{CC}I_{av} = \frac{U_{CC}^2}{2\pi R_L}$$

（3）效率 $\eta = (P_{om}/P_V) \times 100\%$　理想情况下，$\eta = 78.5\%$。在实际应用中，可测量电源供给的平均电流 I，从而求得 $P_V = U_{CC}I$，负载的交流功率已用上述方法求出，因而就可以计算实际效率了。

晶体管管耗为 $P_T = P_V - P_{om}$。

**2. 集成功率放大电路**

集成功率放大电路由集成块和一些外部阻容元件构成。它具有电路简单，性能优越，工作可靠，调试方便等优点，已经成为在音频领域中应用十分广泛的功率放大器。

实验电路如图 5-22 所示，本实验采用 LM386 集成功率放大电路，其内部电路和引脚排列如图 5-23 所示。

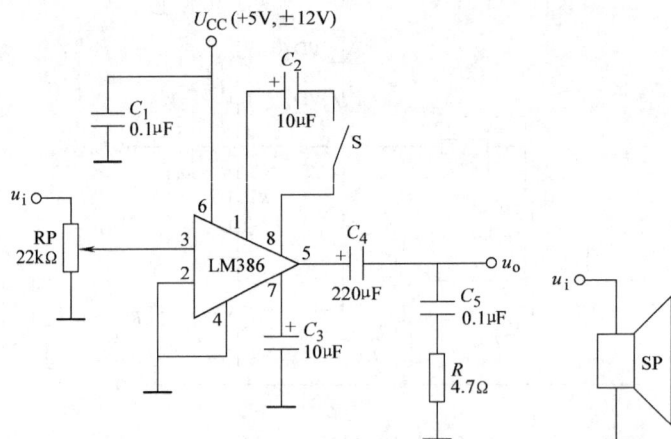

图 5-22　实验电路

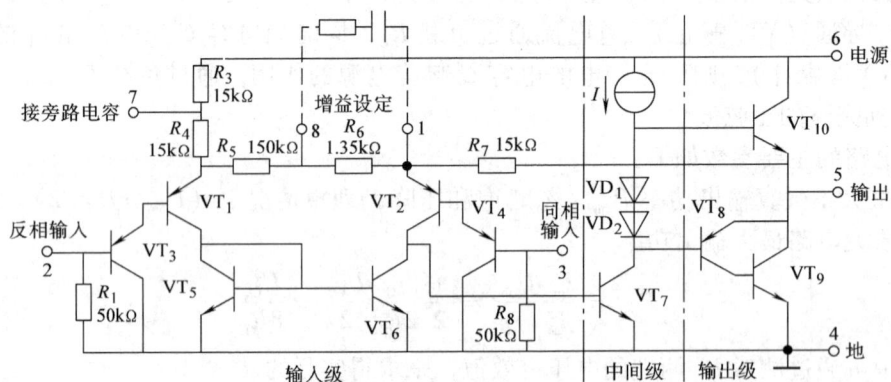

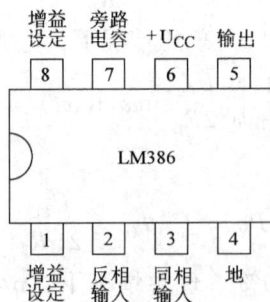

图 5-23　LM386 集成功率放大电路内部电路和引脚排列

LM386 集成功率放大电路的第一级为差分放大电路，$VT_1$ 和 $VT_3$、$VT_2$ 和 $VT_4$ 分别构成复合管，作为差分放大电路的放大管；$VT_5$ 和 $VT_6$ 组成镜像电流源作为 $VT_1$ 和 $VT_2$ 的有源负载；信号从 $VT_3$ 和 $VT_4$ 的基极输入，从 $VT_2$ 的集电极输出，为双端输入单端输出差分电路。根据关于镜像电流源作为差分放大电路有源负载的分析可知，它可使单端输出电路的增益近似等于双端输出电路的增益。

第二级为共射放大电路，$VT_7$ 为放大管，恒流源做有源负载，以增大放大倍数。

第三级中的 $VT_8$ 和 $VT_9$ 管复合成 PNP 型管，与 NPN 型管 $VT_{10}$ 构成准互补输出级。二极管 $VD_1$ 和 $VD_2$ 为输出级提供合适的偏置电压，可以消除交越失真。

利用瞬时极性法可以判断出，引脚 2 为反相输入端，引脚 3 为同相输入端。电路由单电源供电，故为 OTL 电路。输出端（引脚 5）应外接输出电容后再接负载。

电阻 $R_7$ 从输出端连接到 $VT_2$ 的发射极，形成反馈通路，并与 $R_5$ 和 $R_6$ 构成反馈网络，从而引入了深度电压串联负反馈，使整个电路具有稳定的电压增益。

应当指出，在引脚 1 和 8（或者 1 和 5）外接电阻时，应只改变交流通路，所以必须在外接电阻回路中串联一个大容量电容。外接不同阻值的电阻时，电压放大倍数的调节范围为 20～200，即电压增益的调节范围为 26～46 dB，引脚 1 和 8 为电压增益设定端。使用时在引脚 7 和地之间接旁路电容，通常取 10μF。

### （四）实验内容和步骤

**1. OTL 功率放大电路的测量**

1）调整图 5-21 所示电路的直流工作点，使 M 点电压为 $U_{CC}/2$。

2）测量最大不失真输出功率与效率。

接通信号源，使其输出 $f = 1\mathrm{kHz}$ 的正弦波信号，接在电路的输入端。

输出端接 5.1kΩ 电阻，将示波器接在电路的输出端，调节信号源的幅度旋钮，当输出电压为最大不失真输出时，用交流毫伏表测量输入输出电压 $U_i$、$U_o$ 电压。用直流毫安表（也可用数字万用表）测出电源电流 $I$，此电流即为直流电源供给的平均电流（有一定误差）。

测量放大电路在带 8Ω 负载（扬声器）时的功率和效率。

3）改变电源电压（例如由 +12V 变为 +6V），测量并比较输出功率和效率。

以上测量数据填入表 5-26 中。

表 5-26　OTL 功率放大电路测量数据

| 条件 | | 测量 | | | 计算 | | |
|---|---|---|---|---|---|---|---|
| | | $U_i/\mathrm{mV}$ | $U_o/\mathrm{mV}$ | $I/\mathrm{mA}$ | $P_{om}/\mathrm{mW}$ | $P_V/\mathrm{mW}$ | $\eta$ |
| $U_{CC} = 12\mathrm{V}$ | $R_L = 5.1\mathrm{k}\Omega$ | | | | | | |
| | $R_L = 8\mathrm{k}\Omega$ | | | | | | |
| $U_{CC} = 6\mathrm{V}$ | $R_L = 5.1\mathrm{k}\Omega$ | | | | | | |
| | $R_L = 8\mathrm{k}\Omega$ | | | | | | |

4）观察交越失真。调节信号源幅度，直至输出波形欲出现失真，将串联二极管两端短路，观察并绘制波形。

**2. 集成功率放大电路的测量**

1）按图 5-22 所示电路在实验板上插装电路。不加信号时（$U_i = 0$），用万用表测静态工作电流。

2）在输入端接 1kHz 信号，幅度有效值为几十毫伏的正弦波信号，用示波器观察输出波形，逐渐增加输入电压幅度，直至出现失真为止。

用交流毫伏表测量输入电压、输出电压有效值，用数字万用表测量电源电压 $U_{CC}$ 值和电源输入到集成功率放大电路的总电流的平均值 $I$，填入表 5-27 中，并按表格内容计算。

3）去掉 10μF 电容，重复上述实验，实验数据填入表 5-27 中。

4）改变电源电压（选 5V、9V 两挡）重复上述实验，实验数据填入表 5-27 中。

**表 5-27　集成功率放大电路测量数据**

| 条件 | 测量 | | | 计算 | | |
|---|---|---|---|---|---|---|
| | $U_i$/mV | $U_o$/V | $I$/A | $P_{om}$/W | $P_V$/W | $\eta$ |
| $U_{CC} = 12V$<br>S 闭合 | | | | | | |
| $U_{CC} = 12V$<br>S 断开 | | | | | | |
| $U_{CC} = 5V$<br>S 闭合 | | | | | | |
| $U_{CC} = 9V$<br>S 闭合 | | | | | | |

**（五）实验报告要求**

1）分析实验结果，计算实验内容要求的参数并与理论值比较。

2）总结功率放大电路的特点及测量方法。

3）讨论实验中发生的问题及解决办法。

**（六）预习要求及思考题**

1）分析图 5-21 所示电路中各晶体管工作状态及交越失真情况。

2）电路中若不加输入信号，$VT_2$、$VT_3$ 的功耗是多少？

3）电阻 $R_4$、$R_5$ 的作用是什么？

4）复习集成功率放大电路工作原理，对照图 5-23 分析电路工作原理。

5）在图 5-22 所示电路中，若 $U_{CC} = 12V$，$R_L = 8\Omega$，估算该电路的 $P_{om}$、$P_V$ 值。

6）若在无输入信号时，从接在输出端的示波器上观察到频率较高的波形，正常否？如何消除？

**（七）实验注意事项**

1）电源电压不能太高，需调整并测试为规定值后，才能接入电路，否则容易使 $VT_1$、$VT_2$ 管子击穿。

2）电源电压不允许超过极限值，不允许极性接反，否则集成块将遭损坏。

3）电路工作时绝对避免负载短路，否则将烧毁集成块。

4）接通电源后，时刻注意集成块的温度，有时未加输入信号集成块就发热过甚，同时直流毫安表指示出较大电流及示波器显示出幅度较大、频率较高的波形，说明电路有自激现象，应立即关机，然后进行故障分析、处理。待自激振荡消除后，才能重新进行实验。

5）输入信号不要过大。

# 设计应用性实验

## 实验九　有源滤波器

### （一）实验目的

1）进一步理解有源滤波器的工作原理，学习几种有源滤波器的设计方法。

2）学习有源滤波器的调测方法和步骤。

### （二）仪器及设备

1）双踪示波器（SS7802A 型）。

2）交流毫伏表（HG2170 型）。

3）信号发生器（GAG—809 型）。

4）数字万用表（UT50 型）。

5）模拟实验箱（TPE—A 型）。

6）集成运算放大器实验板。

### （三）实验原理

滤波器是一种只传输指定频段信号，抑制其他频段信号的电路。有源滤波器一般由集成运算放大器与 $RC$ 网络构成，它具有体积小、性能稳定等优点，同时，由于集成运算放大器的增益和输入阻抗很高，输出阻抗很低，故有源滤波器还兼有放大与缓冲作用。利用有源滤波器可以突出有用频率的信号，衰减无用频率的信号，抑制干扰和噪声，以达到提高信噪比或选频的目的，因而有源滤波器被广泛应用于通信、测量及控制技术中的小信号处理。

从功能上有源滤波器分为低通滤波器（LPF）、高通滤波器（HPF）、带通滤波器（BPF）、带阻滤波器（BEF）和全通滤波器（APF）。前 4 种滤波器间互有联系，LPF 与 HPF 间互为对偶关系。当 LPF 的通带截止频率高于 HPF 的通带截止频率时，将 LPF 与 HPF 相串联，就构成了 BPF，而 LPF 与 HPF 并联，就构成 BEF。在实用电子电路中，还可能同时采用几种不同形式的滤波器。滤波器的主要性能指标有通带电压放大倍数 $A_{up}$、通带截止频率 $f_0$ 及品质因数 $Q$（或阻尼系数 $\alpha$）等。

本实验对二阶有源低通滤波器和二阶有源高通滤波器做一般设计。

**1. 二阶有源低通滤波器**（二阶压控电压源 LPF）

典型的二阶有源低通滤波器如图 5-24a 所示，其幅频特性如图 5-24b 所示。电路特点是

在组件前加了二阶 $RC$ 低通网络，在阻带区能提供 $-40\,\mathrm{dB}/10$ 倍频程的衰减。电路的选频特性基本上取决于 $RC$ 网络，电路还兼有同相放大功能，调节 $R_f$、$R$ 即可调节电路增益。由于运算放大器在同相工作时输入端有较高的共模电压，故应选用共模输入电压较高的运算放大器。该滤波器有如下的关系式：

电压放大倍数

$$\dot{A}_{u} = \frac{\dot{A}_{up}}{1 - \left(\frac{f}{f_0}\right)^2 + \mathrm{j}\,\frac{1}{Q}\,\frac{f}{f_0}}$$

式中，$Q$ 是品质因数，取 $\alpha = 1/Q$，称为阻尼系数

$$\alpha = \frac{1}{Q} = \sqrt{\frac{R_2 C_2}{R_1 C_1}} + \sqrt{\frac{R_1 C_2}{R_2 C_1}} + \sqrt{\frac{R_1 C_1}{R_2 C_2}}(1 - A_{up})$$

当 $f = f_0$，$|\dot{A}_u| = Q|\dot{A}_{up}|$，则 $Q$ 是 $f=f_0$ 时的电压放大倍数与通带放大倍数之比。通带电压放大倍数为

$$A_{up} = 1 + \frac{R_F}{R}$$

特征频率

$$f_0 = \frac{1}{2\pi\,\sqrt{R_1 R_2 C_1 C_2}}$$

比例常数

$$K = \frac{C_2}{C_1}$$

由阻尼系数、特征频率和比例常数公式，得

$$R_2 = \frac{\alpha}{2K\omega_0 C_1}\left[1 + \sqrt{1 + \frac{4(A_{up} - 1 - K)}{\alpha^2}}\right]$$

$$R_1 = \frac{1}{KR_2 \omega_0^2 C_1^2}$$

比例常数 $K$ 的取值应满足条件

$$K \leqslant A_{up} - 1 + \frac{\alpha^2}{4}$$

若

$$C_1 = C_2 = C,\ R_1 = R_2 = R'$$

则

$$f_0 = \frac{1}{2\pi R' C},\ \frac{1}{Q} = 3 - A_{up}$$

由以上关系式可知，二阶有源低通滤波器的性能主要由 $Q$（$\alpha$）和 $f_0$ 决定。在 $f_0$ 处，改变 $Q$ 值，将影响滤波器在 $f_0$ 处附近的形状，当 $Q = 1/\sqrt{2}$ 时，$|\dot{A}_u| = 0.707|\dot{A}_{up}|$，此时 $f_0$ 也为截止频率；当 $Q > 1$ 时，在 $f_0$ 处产生凸峰，截止频率大于特征频率，曲线按 $-40\mathrm{dB}/10$ 倍频下降，如图 5-24b 所示。当 $Q = 1/\sqrt{2}$ 时的滤波器称为巴特沃思滤波器，其特点是通带幅频特性平坦；当 $Q = 0.56$ 时的滤波器称为贝塞尔滤波器，过渡特性最好；当 $Q = 1$ 时的滤波器称为切比雪夫滤波器，其在 $f_0$ 截止特性最好，曲线的衰减斜率最陡。在设计滤波电路时，应根据主要技术指标选择相应的电路形式，然后计算电路元件参数，并反复进行校核和试验。

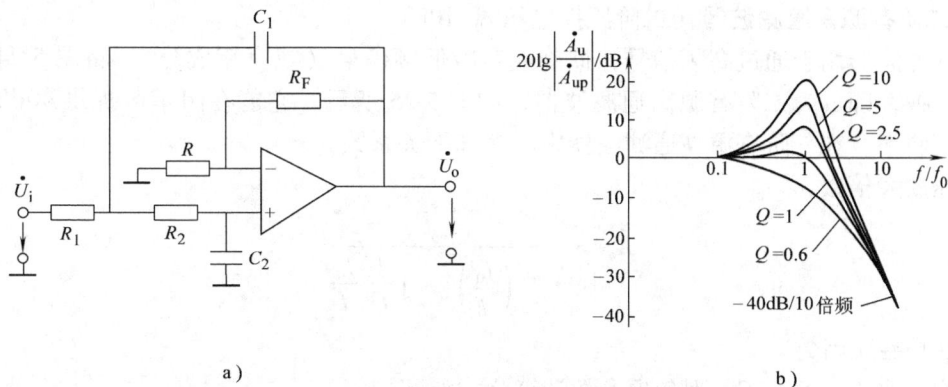

图 5-24　典型的二阶有源低通滤波器和幅频特性

a）二阶有源低通滤波器　b）幅频特性

**例 5-1**　已知 $A_{up}$、$\omega_0$ 和 $Q$（$\alpha$），设计二阶有源低通滤波器步骤如下：

1）选定电容比例常数 $K$，$K$ 一般取整数，如 1、2、3 等，且满足条件 $K \leqslant A_{up} - 1 + \alpha^2/4$。

2）选择电容 $C_1$。在滤波器设计中，常有各类图表及元件参数的参考值可供查阅，如当 $A_{up} < 10$ 时，即可根据特征频率与 $C_1$ 的对应关系从表 5-28 初选 $C_1$ 值。频率 $f_0$ 与电容 $C$ 的对应范围如表 5-28 所示。

表 5-28　频率 $f_0$ 与电容 $C$ 的对应范围

| 参数 | $f_0/\text{Hz}$ | $C/\mu\text{F}$ | $f_0/\text{Hz}$ | $C/\text{pF}$ |
|---|---|---|---|---|
| 范围 | $1 \sim 10$ | $20 \sim 1$ | $10^3 \sim 10^4$ | $10^4 \sim 10^3$ |
| | $10 \sim 10^2$ | $1 \sim 0.1$ | $10^4 \sim 10^5$ | $10^3 \sim 10^2$ |
| | $10^2 \sim 10^3$ | $0.1 \sim 0.01$ | $10^5 \sim 10^6$ | $10^2 \sim 10$ |

3）按关系式计算 $RC$ 网络各元件值

$$C_2 = KC_1$$

$$R_2 = \frac{\alpha}{2K\omega_0 C_1}\left[1 + \sqrt{\frac{4(A_{up} - 1 - K)}{\alpha^2}}\right]$$

$$R_1 = \frac{1}{KR_2\omega_0^2 C_1^2}$$

4）计算反馈网络 $R$、$R_F$ 值。因为

$$R_1 + R_2 = R /\!/ R_F$$

$$A_{up} = 1 + \frac{R_F}{R}$$

所以

$$R_F = A_{up}(R_1 + R_2)$$

$$R = \frac{R_F}{A_{up} - 1}$$

5）根据计算出的元件参数值选择元件。应按标称值选用，同时校核是否满足 $\omega_0$ 的指标要求，若不满足，须重新设计一组参数。

6）校核选用的运算放大器，检查放大器的开环直流增益 $A_o$ 及增益带宽积 $A_o\omega_0$ 是否满足要求（在运算放大器中，增益带宽积基本为一常数）。

**2. 二阶有源高通滤波器**（二阶压控电压源 HPF）

高通滤波器用于通过高频信号，抑制或衰减低频信号（或直流成分）。将图 5-24a 中的 $R$ 与 $C$ 互换，即成为二阶有源高通滤波器，如图 5-25 所示。它能在阻带区提供 40dB/10 倍频程的正斜率。在二阶有源高通滤波器中，有如下关系式：

电压放大倍数

$$\dot{A}_u = \frac{\dot{A}_{up}}{1 - \left(\dfrac{f_0}{f}\right)^2 - j\,\dfrac{1}{Q}\,\dfrac{f_0}{f}}$$

式中，$Q$ 是品质因数。

通常，取 $C_1 = C_2 = C$，则各项参数计算公式如下：

通带放大倍数

$$A_{up} = 1 + \frac{R_F}{R}$$

特征频率

$$f_0 = \frac{1}{2\pi C\,\sqrt{R_1 R_2}}$$

阻尼系数

$$\alpha = \frac{1}{Q} = 2\sqrt{\frac{R_1}{R_2}} + (1 - A_{up})\sqrt{\frac{R_2}{R_1}}$$

由阻尼系数和特征频率公式，得

$$R_1 = \frac{\alpha + \sqrt{\alpha^2 + 8\,(A_{up} - 1)}}{4C\omega_0}$$

$$R_2 = \frac{1}{\omega_0^2 C^2 R_1}$$

若 $C_1 = C_2 = C$，同时取 $R_1 = R_2 = R'$，

则 $\quad\dfrac{1}{Q} = 3 - A_{up},\ f_0 = \dfrac{1}{2\pi R'C}$。

同理，二阶有源高通滤波器的性能主要由 $Q$（$\alpha$）和 $f_0$ 决定。

**例 5-2** 已知 $A_{up}$、$\omega_0$ 和 $Q$（$\alpha$）值，其设计步骤如下：

1）已知 $\omega_0$，从相应表格中初选电容 $C_1 = C_2 = C$ 的值。

2）按关系式计算 $R_1$、$R_2$ 值

$$R_1 = \frac{\alpha + \sqrt{\alpha^2 + 8(A_{up} - 1)}}{4C\omega_0}$$

$$R_2 = \frac{1}{\omega_0^2 C^2 R_1}$$

3）计算反馈网络 $R$、$R_F$ 值。由

$$A_{up} = 1 + \frac{R_F}{R},\ R_2 = R\,/\!/\,R_F$$

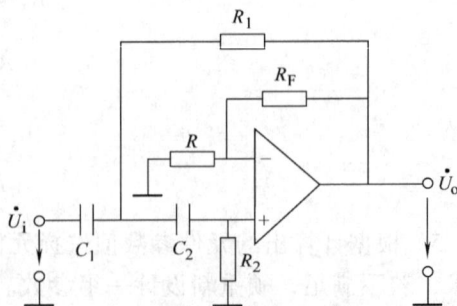

图 5-25　二阶有源高通滤波器

得
$$R_F = A_{up}R_2, \quad R = \frac{R_F}{A_{up} - 1}$$

以下校核步骤与二阶有源低通滤波器相同。

### （四）实验内容和步骤

1）设计滤波器参数。

①设计一个二阶有源低通滤波器。已知 $A_{up} = 10$，$f_0 = 1000\,Hz$，$\alpha = 1/\sqrt{2}$，计算并选择滤波元件 $R_1$、$R_2$、$C_1$、$C_2$ 及反馈元件 $R$、$R_F$ 的值。

②设计一个二阶有源高通滤波器。$A_{up} = 2$，$f_0 = 100\,Hz$，$\alpha = 1/\sqrt{2}$，$C_1 = C_2 = 0.1\,\mu F$，计算并选择滤波元件 $R_1$、$R_2$ 及反馈元件 $R$、$R_F$ 的值。

2）按照所设计的实验电路图在实验箱上进行接插元件。按要求连接正、负电源，并用数字万用表核对集成运算放大器电源，使 $U_{CC} = \pm 12\,V$。

3）接通电源，使输入端 $U_i$（对地短路），对运算放大器进行调零。

4）送入 $U_i = 1\,V$ 的交流正弦信号，在 20 Hz ~ 200 kHz 范围内改变信号源频率。用示波器监视输出波形，用交流毫伏表测量输出电压 $U_o$（在 $f_0$ 附近多测一些点，改变信号源频率时要保持 $U_i$ 不变）。观察电路是否具有高通特性或低通特性，并记录相应的频率及输出电压幅值；并绘制出电路的幅频特性曲线；并在幅频特性曲线中找出 $f_0$ 的准确值。

5）参照上述实验原理和步骤，查资料自行设计一个用带阻滤波器抑制 50Hz 信号的陷波器，要求：通带增益 $A_u = 1$，品质因数 $Q = 10$。画出实验电路图，自拟实验步骤和表格，实际测出电路中心频率，同时以实测中心频率为中心，测量并画出电路的幅频特性曲线。

### （五）实验报告要求

1）整理实验数据和波形，列表填写。

2）用坐标纸绘出实验电路的幅频特性曲线，找出 $f_0$ 的值。

3）将实验数据与计算值对比，若有差异，分析其原因。

### （六）预习要求及思考题

1）复习教材中有源低通滤波器及有源高通滤波器的工作原理和主要性能。

2）阅读本实验全部内容。

3）在二阶高通滤波器中，要使滤波器增益保持到较高频率，应怎样选择所用运算放大器的带宽？

4）有源滤波电路与无源滤波电路各有哪些优缺点？

# 实验十　电压比较器

### （一）实验目的

1）进一步理解由集成运算放大器组成的电压比较器的工作原理。

2）掌握电压比较器的电路构成及特点。

3）学习自行设计和调试电压比较器的方法。

4）掌握比较器的应用。

## （二）仪器及设备

1）双踪示波器（SS7802A 型）。

2）交流毫伏表（HG2170 型）。

3）信号发生器（GAG—809 型）。

4）数字万用表（UT50 型）。

5）模拟实验箱（TPE—A 型）。

6）集成运算放大器实验板。

## （三）实验原理

电压比较器是运算放大器非线性应用电路，它将一个模拟量电压信号和一个参考电压相比较，在两者幅度相等的附近，输出电压将产生跃变，相应输出高电平或低电平。比较器可以组成非正弦波形变换电路及应用于模拟与数字信号转换等领域。

常用的电压比较器有过零比较器、具有滞回特性的过零比较器、双限比较器（又称窗口比较器）等。

### 1. 过零比较器

过零比较器及电压传输特性如图 5-26 所示，为加限幅电路的过零比较器，VS 为限幅稳压管。信号从运算放大器的反相输入端输入；参考电压为零，从同相端输入。当 $u_i > 0$ 时，输出 $u_o = -U_z$，当 $u_i < 0$ 时，$u_o = +U_z$。其电压传输特性如图 5-26b 所示。

过零比较器结构简单，灵敏度高，但抗干扰能力差。

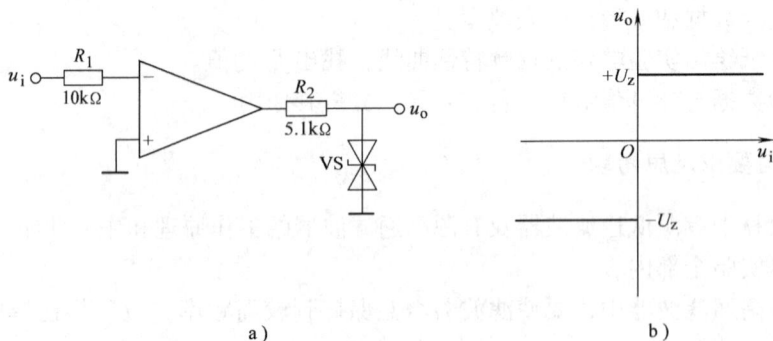

图 5-26 过零比较器及电压传输特性

a）过零比较器 b）电压传输特性

### 2. 滞回过零比较器

过零比较器在实际工作时，如果 $u_i$ 恰好在过零值附近，则由于零点漂移的存在，$u_o$ 将不断由一个极限值转换到另一个极限值，这在控制系统中，对执行机构将是很不利的。为此，就需要输出特性具有滞回现象。滞回过零比较器及电压传输特性如图 5-27 所示。从输出端引一个电阻分压正反馈支路到同相输入端，若 $u_o$ 改变状态，同相输入端也随着改变电位，使过零点离开原来位置，阈值电压为 $\pm U_\mathrm{T} = [\pm R_1/(R_1 + R_2)]U_z$，则当 $u_i > + U_\mathrm{T}$ 后，$u_o$ 由 $+ U_z$ 变为 $- U_z$，故只有当 $u_i$ 下降到 $- U_\mathrm{T}$ 以下，才能使 $u_o$ 再度回升到 $U_z$，于是出现图 5-27b 中所示的滞回特性。$- U_\mathrm{T}$ 与 $+ U_\mathrm{T}$ 的差别称为回差，改变 $R_2$ 的数值可以改变回差的大小。

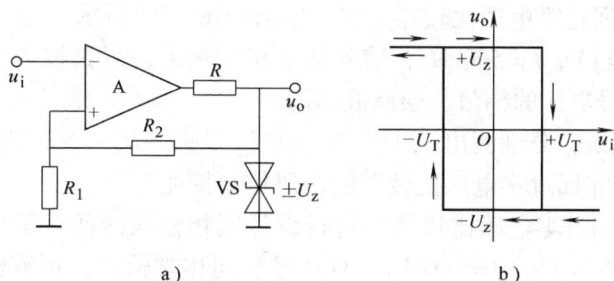

图 5-27　滞回过零比较器及电压传输特性

a）滞回过零比较器　b）电压传输特性

### 3. 双限（窗口）比较器

双限（窗口）比较器是由两个简单比较器组成，双限比较器及电压传输特性如图 5-28 所示。

当 $u_i > U_\mathrm{RH}$：$u_{o1} = U_{oH}$，$u_{o2} = U_{oL}$，$VD_1$ 导通，$VD_2$ 截止，$u_o = U_{oH}$；

当 $u_i < U_\mathrm{RL}$：$u_{o1} = U_{oL}$，$u_{o2} = U_{oH}$，$VD_1$ 导通，$VD_2$ 截止，$u_o = U_{oH}$；

当 $U_\mathrm{RL} < u_i < U_\mathrm{RH}$：$u_{o1} = U_{oL}$，$u_{o2} = U_{oH}$，$VD_1$ 及 $VD_2$ 截止，$u_o = 0$。

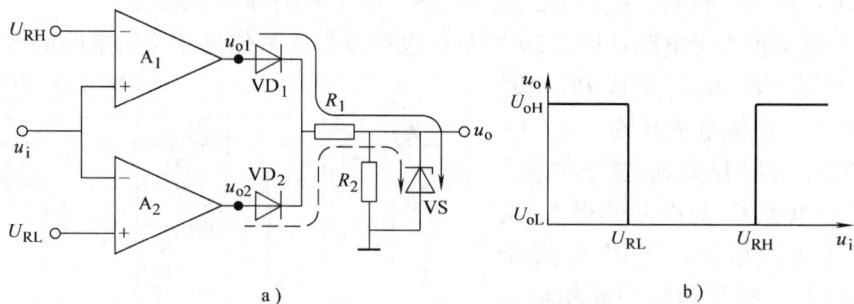

图 5-28　双限比较器及电压传输特性

a）双限比较器　b）电压传输特性

### （四）实验内容和步骤

### 1. 过零电压比较器

（1）反相输入过零电压比较器　实验电路如图 5-26 所示。

1）输入端悬空，用数字万用表测量 $u_o$ 的值。

2）正弦信号 $U_i = 1\mathrm{V}$，$f = 500\ \mathrm{Hz}$，信号从反相端输入，观察输入与输出电压波形的相位关系，测量输出信号电压的幅值，绘制波形图。

3）改变正弦信号电压的幅值，观察输出信号电压的变化。

（2）同相输入过零电压比较器　　自行设计同相输入过零电压比较器（带限幅的），正弦信号 $U_i = 1V$，$f = 500Hz$，且信号从同相端输入，观察输入与输出电压波形的相位关系，测量输出信号电压的幅值，绘制波形图。

**2. 滞回过零电压比较器**

（1）反相输入滞回过零电压比较器　　实验电路如图 5-27 所示，自己设计 $R_1$、$R_2$ 的值。

1）正弦信号 $U_i = 1V$，$f = 500$ Hz，信号从反相端输入，观察输入与输出电压波形的相位关系，测量输出信号电压的幅值，绘制波形图。

2）$u_i$ 接直流电压源，分别测出 $u_o$ 由 $+U_z \sim -U_z$ 及由 $-U_z \sim +U_z$ 时，$u_i$ 的临界值。

3）画出反相输入滞回过零电压比较器的电压传输特性。

（2）同相输入滞回过零电压比较器　　自行设计同相输入滞回过零电压比较器的电路及实验步骤，正弦信号 $U_i = 1V$，$f = 500$ Hz，且信号从同相端输入，观察输入与输出电压波形的相位关系，且用示波器测量输出信号电压 $u_o$ 的幅值，分别绘制输入与输出电压的波形图。并绘制该电路的电压传输特性曲线。

**3. 双限电压比较器**

自己设计一双限比较器。自行拟定实验步骤，要求画出电路图，测出门限电压，并绘制其电压传输特性曲线（参考电路如图 5-28 所示）。

**4. 设计万用表自动关机电路**

设计任务：

为节约用电，在万用表长时间不用或忘记关电源的时候，可以自动断电。请设计一个自动关机的电路，关机时间自定。

设计提示：可由比较器、配以 $RC$ 延时电路、电子开关等环节组成。

万用表自动关机参考电路如图 5-29 所示，也可以作为其他自动关机电路的参考。

$A_1$ 为比较器，$R_1$ 和 $C_1$ 组成 $RC$ 定时网络，$VT_1$ 和 $VT_2$ 组成电子开关。

工作过程：当把开关 $S_1$ 置于"关"时，9V 电池对电容 $C_1$ 充电，使得 $C_1$ 两端的电压等于电池电压，当把 $S_1$ 置于"开"时，电容 $C_1$ 接至运放的同相输入端（A），同时也通过 $R_1$ 放电，$R_2$ 和 $R_5$ 分压，反相输入端（B）得到约 1.5V 的电压。刚开机时电压 A > B，运放 $A_1$ 输出高电平，$VT_1$ 和 $VT_2$ 都导通，通过 $VT_2$ 的集电极输出 9V 电压，万用表工作。随

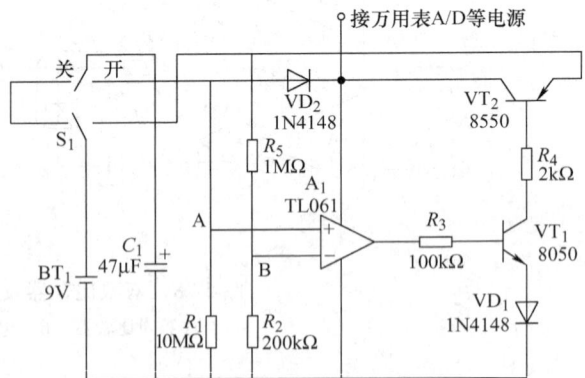

图 5-29　万用表自动关机参考电路

着 $C_1$ 的不断放电，A 的电压不断下降，当 A < B 时，运放 $A_1$ 输出低电平，$VT_1$ 和 $VT_2$ 都截止，万用表自动断电。

万用表开机到自动关机的持续时间 $T$ 由 $R_1$ 和 $C_1$ 决定，因为电容电压 $u_C = 9e^{-\frac{t}{R_1 C_1}}$，当电容电压由 9V 下降到 1.5V 时，所需要的时间即为持续时间 $T = 14\text{min}$。

### （五）实验报告要求

1）整理实验数据，列表填入。
2）说明自行设计的电压比较器的原理，画出其实验电路及传输特性曲线。
3）将实验数据与计算值比较，若有误差，分析其原因。

### （六）预习要求及思考题

1）预习比较器的原理。
2）设计实验内容要求设计的电路。
3）比较器是否需要调零和消振？为什么？
4）能否用交流毫伏表直接测量非正弦波形的电压幅值？
5）如何提高简单电压比较器的灵敏度和抗干扰性能？

# 实验十一　电压/频率及电流/电压转换电路

### （一）实验目的

1）学习电压/频率、电流/电压转换电路的工作原理及设计方法；
2）学习电路参数的调整方法。

### （二）仪器及设备

1）双踪示波器（SS7802A 型）。
2）交流毫伏表（HG2170 型）。
3）信号发生器（GAG—809 型）。
4）数字万用表（UT50 型）2 块（或毫安表 1 块，电压表 1 块）。
5）模拟实验箱（TPE—A 型）。
6）集成运算放大器实验板。

### （三）实验原理

#### 1. 电压/频率转换电路

电压/频率转换电路　（VFC，Voltage Frequency Converter）其功能是将输入直流电压转换成频率与其数值成正比的输出电压，故称为电压控制振荡电路（VCO，Voltage Controlled Oscillator），简称压控振荡电路。可以认为电压/频率转换电路是一种模拟量到数字量的转换电路。压控振荡电路的用途较广。为了使用方便，一些厂商将压控振荡电路做成模块，有的压控振荡电路模块输出信号的频率与输入电压幅值的非线性误差小于 0.02%，但振荡频率较低，一般在 100kHz 以下。

电压/频率转换电路如图 5-30 所示，运算放大器接 ±12V 电源：该电路实际上为典型的电压/频率（$V - F$）转换电路。

当输入信号 $u_i$ 为直流电压时，输出 $u_o$ 将出现与其有一定函数关系的频率振荡波形（锯齿波）。$u_{o1}$产生矩形波。通过改变输入电压 $u_i$ 的大小来改变波形频率，从而将电压参量转换成频率参量。

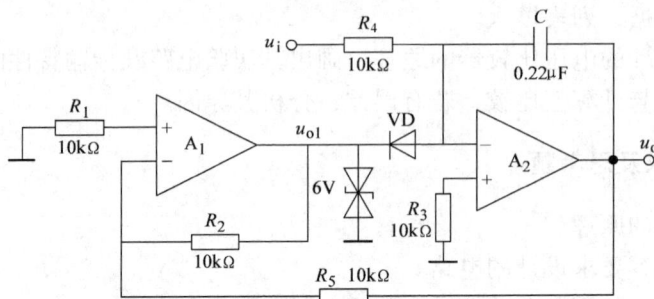

图 5-30　电压/频率转换电路

## 2. 电流/电压转换电路

电流/电压转换电路如图 5-31 所示。该电路输入几毫安至几十毫安的电流，可输出 ±10V 的电压信号。

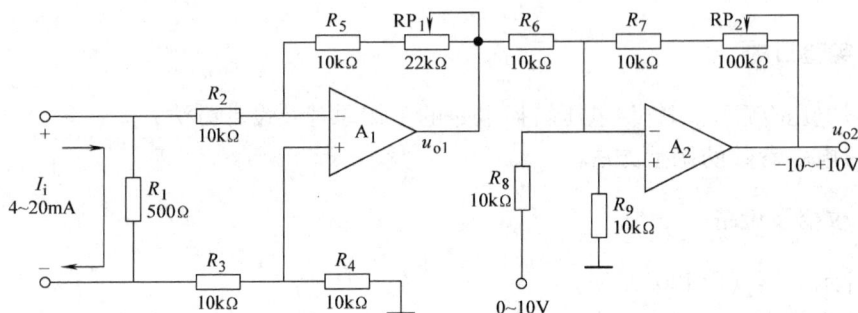

图 5-31　电流—电压转换电路

### （四）实验内容和步骤

#### 1. 电压/频率转换电路

1）分析图 5-30 所示电路的工作原理。

2）按图 5-30 接线，用示波器监视 $u_o$ 波形。测量电压/频率转换关系。可先用示波器测量频率。

3）电阻 $R_4$ 和 $R_5$ 的阻值如何确定？当要求输出信号幅值（峰-峰）为 12V，输入电压值为 3V，输出频率为 3000Hz 时，计算电阻 $R_4$ 和 $R_5$ 的值。

#### 2. 电流/电压转换电路

1）分析图 5-31 所示电路的工作原理。

2）按实验箱面板图，设计一个能产生 4～20mA 电流的电流源（提示：利用可调电源 317L 电路单元串接适当电阻）。画出电路实际接法。

3）在工业控制中需要将 4～20mA 的电流信号转换成 ±10V 的电压信号，以便送到计算机进行处理。这种转换电路以 4mA 为满量程的 0% 对应 -10V；12mA 为 50% 对应 0V；20mA 为 100% 对应 +10V。调整输入电流，测量输出电压，满足这一要求。

### （五）实验报告要求

1）分析实验原理，完成设计。

2）做出电压（输入）-频率（输出）关系曲线。

3）做出电流（输入）-电压（输出）关系曲线。

### （六）预习要求及思考题

1）分析电路图 5-30、图 5-31 所示电路的工作原理。

2）根据工作原理选择图中元器件参数。

3）设计调试方法和步骤。

4）指出图 5-30 所示电路中电容 $C$ 的充电和放电回路。

5）按本实验思路设计一个电压—电流转换电路，将 ±10V 电压转换成 4~20mA 电流信号。试分析并画出电路图。

# 实验十二　直流稳压电源

### （一）实验目的

1）掌握和比较单相半波、全波、桥式整流电路。

2）观察电容滤波作用。

3）掌握分立元器件稳压电路、集成稳压电路原理及测试方法。

4）掌握串联型稳压电源、集成稳压器的设计。

### （二）仪器及设备

1）双踪示波器（SS7802A 型）。

2）交流毫伏表（HG2170 型）。

3）信号发生器（GAG—809 型）。

4）数字万用表（UT50 型）。

5）模拟实验箱（TPE—A 型）。

6）稳压电源实验版。

### （三）实验原理

**1. 半波整流**

半波整流电路如图 5-32 所示。

整流输出电压的大小以其平均值表示，设输出的半波电压 $u_o$，在一周期内的平均值为 $U_o$，等于输入的交流电压（即变压器二次电压）有效值的 0.45 倍

$$U_o = 0.45U_2$$

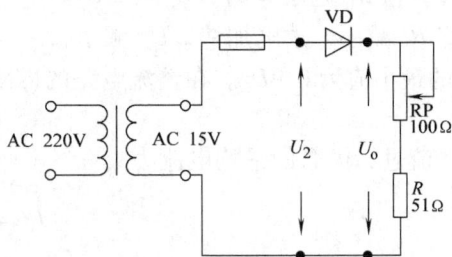

图 5-32　半波整流电路

通过负载的直流电流为

$$I_o = \frac{U_o}{R_L} = 0.45\frac{U_2}{R_L}$$

通过二极管的正向电流等于通过负载的电流，即

$$I_D = I_o$$

二极管截止时所承受的最大反向电压等于变压器二次电压的幅值，即

$$U_{DRM} = \sqrt{2}U_o = 1.41U_o$$

**2. 桥式全波整流电路**

桥式全波整流电路如图 5-33 所示。

全波整流输出的直流电压为半波整流的两倍，即

$$U_o = 0.9U_2$$

通过负载的直流电流平均值为

$$I_o = 0.9\frac{U_2}{R_L}$$

图 5-33　桥式全波整流电路

由于每个周期内，$VD_1$、$VD_4$ 串联与 $VD_2$、$VD_3$ 串联各轮流导通半周，所以每个二极管中流过的平均电流只有负载电流的一半，即

$$I_D = \frac{1}{2}I_o$$

二极管截止时，每个二极管承受的最高反向电压就是变压器二次电压 $u_2$ 的最大值 $U_{2m}$，即

$$U_{DRM} = U_{2m} = \sqrt{2}U_2$$

式中，$I_D$ 和 $U_{DRM}$ 是选择整流二极管的主要依据。

**3. 电容滤波电路**

电容滤波电路如图 5-34 所示。

整流电路并联滤波电容 $C$ 后输出电压的脉动程度大大减小，而且输出电压平均值 $U_o$ 提高了。在同样电容情况下，$R_L$ 越大，电容放电越慢，当 $R_L$ 趋于 ∞ 时，$U_o = \sqrt{2}U_2$。随着 $R_L$ 减小，放电加快，$U_o$ 减小，

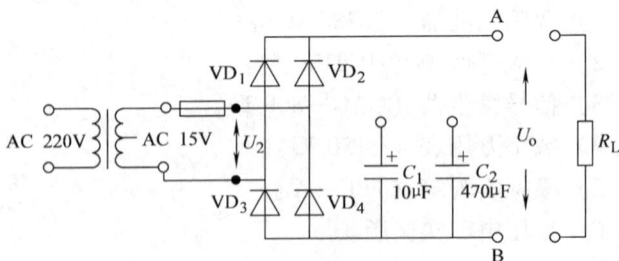

图 5-34　电容滤波电路

$U_o$ 的最小值为 $0.9U_2$。在整流电路的内阻不太大和时间常数比较大的情况下，工程上常取

$$U_o = 1.2U_2$$

流过二极管的平均电流为

$$I_D = \frac{1}{2}I_o \approx \frac{1.2U_2}{2R_L}$$

每只二极管承受的最大反向电压为

$$U_{DRM} = \sqrt{2}U_2$$

#### 4. 稳压管稳压电路

稳压管稳压电路如图 5-35 所示。

稳压电路由稳压管 VS 和限流电阻 R 组成，限流电阻用以保护稳压管，同时两者配合起稳压作用。稳压电路接在滤波电路之后，稳压电路的输入电压 U 是整流滤波电路输出的直流电压，而稳压电路的输出电压 $U_o$ 即稳压管的稳定电压 $U_z$。

稳压电路的工作原理：当交流电网电压升高引起输入电压 U 升高时，输出电压 $U_o$ 也将升高。由稳压管特性曲线可知，当 $U_o$ 稍有增加时，稳压管的工作电流就显著增大。这时，电路电流增大，在电阻 R 上的压降也增大，以抑制输出电压的升高，从而使输出电压 $U_o$ 基本上保持不变。反之，当电网电压波动引起 U 降低时，通过稳压管与电阻 R 的

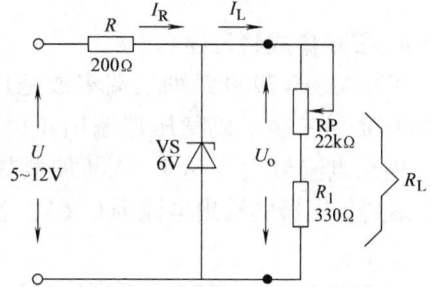

图 5-35 稳压管稳压电路

调节作用，电阻 R 上的压降将减小，同样使 $U_o$ 基本上保持不变。同理，如果电网电压不变而负载发生变化时，该电路也能起稳压作用。

#### 5. 分立元器件串联稳压电路

串联稳压电路如图 5-36 所示，在图中 $VT_1$ 和 $VT_2$ 为复合管，$VT_3$ 为比较管，$R_L$ 为负载电阻，稳压管 VS 为基准电压标准。$R_3$ 为稳压管提供电流，$R_4$、RP、$R_5$ 为取样电阻，$R_2$ 为分流电阻，可提供温度稳定性，电容 C 有防止自激及一定的滤波作用。

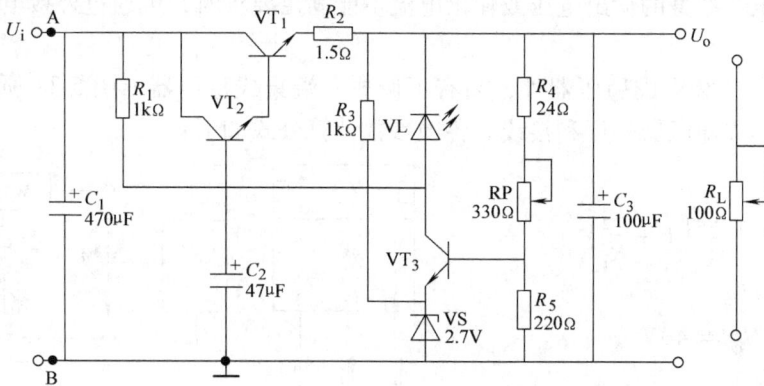

图 5-36 串联稳压电路

当电源或负载变动而使 $U_o$ 降低时，由于取样电阻分压作用使 $VT_3$ 基极电压降低，则 $VT_3$ 集电极电位升高，而 $VT_3$ 集电极同 $VT_2$ 基极相接，从而导致 $VT_1$ 管压降减小，使输出电压有所回升，使 $U_o$ 得到补偿。反之 $U_o$ 升高时，$VT_1$ 管压降增大，使 $U_o$ 减少，从而保证输出电压基本稳定。各项参数公式如下：

输出电压

$$U_o = \frac{R_4 + RP + R_5}{R_5}(U_z + U_{BE})$$

最大值

$$U_{\text{omax}} = \frac{R_4 + RP_{\max} + R_5}{R_5}(U_z + U_{BE})$$

最小值

$$U_{\text{omin}} = \frac{R_4 + R_5}{R_5}(U_z + U_{BE})$$

**6. 三端集成稳压器**

W7800、W7900 系列三端集成稳压器的输出电压是固定的，在使用中不能进行调整。W7800 系列三端集成稳压器输出正极性电压，一般有 5、6、9、12、15、18、24V 七个档位，输出电流最大可达 1.5A（加散热片）。同类型 78M 系列稳压器的输出电流为 0.5A，78L 系列稳压器的输出电流为 0.1A。若要求负极性输出电压，则可选用 W7900 系列三端集成稳压器。

图 5-37 所示为 W7800 系列三端集成稳压器的外形和接线。

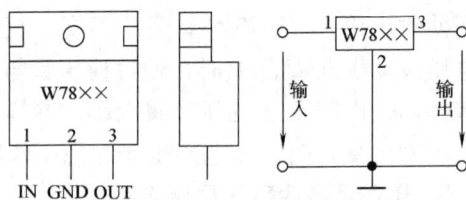

图 5-37　W7800 系列三端集成
稳压器的外形和接线

它有 3 个引出端如下：

输入端 IN（不稳定电压输入端），标以"1"；

输出端 OUT（稳定电压输出端），标以"3"；

公共端 GND，标以"2"。

当集成稳压器本身的输出电压或输出电流不能满足要求时，可通过外接电路来进行性能扩展。

除固定输出三端集成稳压器外，尚有可调式三端集成稳压器。图 5-38 所示为 W317 可调输出正三端集成稳压器外形和接线。各项参数计算公式如下：

输出电压

$$U_o \approx 1.25\left(1 + \frac{R_2}{R_1}\right)$$

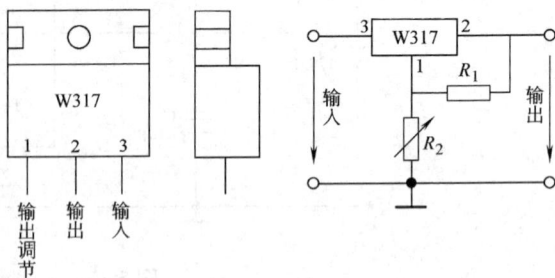

图 5-38　W317 可调输出正三端集成
稳压器外形和接线

最大输入电压

$$U_{\text{in}} = 40V$$

输出电压范围

$$U_o = 1.25 \sim 37V$$

有时用电压调整率和电流调整率来描述稳压性能。在额定负载且输入电压产生最大变化的条件下，输出电压产生的变化量 $\Delta U_o$ 称为电压调整率；在输入电压一定且负载电流产生最大变化的条件下，输出电压产生的变化量 $\Delta I_o$ 称为电流调整率。

**（四）实验内容和步骤**

**1. 整流滤波与并联稳压**

（1）半波整流、桥式整流电路　实验电路分别如图 5-32、图 5-33 所示。

分别接两种电路，用示波器观察 $U_2$ 及 $U_o$ 的波形。并测量 $U_2$、$U_D$、$U_o$，填入表 5-29 中。

**表 5-29 半波、桥式整流电路测量数据**

| 类型 | $U_2$/V | $U_D$/V | $U_o$/V | 波形 |
|------|---------|---------|---------|------|
| 半波 | | | | |
| 桥式 | | | | |

（2）电容滤波电路 实验电路如图 5-34 所示。

1）分别用不同电容接入电路，$R_L$ 先不接，用示波器观察波形，用电压表测 $U_o$ 并记录。

2）接上 $R_L$，先用 $R_L = 1k\Omega$，重复上述实验并记录。

3）将 $R_L$ 改为 $150\Omega$，重复上述实验。以上测量数据填入表 5-30 中。

**表 5-30 电容滤波电路测量数据**

| 条件 | $C_1$ $R_L = \infty$ | $C_2$ $R_L = \infty$ | $C_1$ $R_L = 1k\Omega$ | $C_2$ $R_L = 1k\Omega$ | $C_1$ $R_L = 150\Omega$ | $C_2$ $R_L = 150\Omega$ |
|------|------|------|------|------|------|------|
| $U_o$ | | | | | | |
| 波形 | | | | | | |

（3）并联稳压电路 实验电路如图 5-35 所示。

1）电源输入电压不变，负载变化时电路的稳压性能。

改变负载电阻 $R_L$ 使负载电流 $I_L = 1mA$、$5mA$、$10mA$ 分别测量 $U_o$、$U_R$、$I_L$、$I_R$，并计算电源输出电阻 $r_o = \Delta U_o / \Delta I_L$，数据填入表 5-31 中。

**表 5-31 并联稳压电路测量数据**

| 序号 | 条件 | $U_o$/V | $U_R$/V | $I_R$/mA | $r_o/\Omega$（计算） |
|------|------|---------|---------|----------|---------------------|
| 1 | $I_L = 1mA$ | | | | |
| 2 | $I_L = 5mA$ | | | | $r_{o12}$ |
| 3 | $I_L = 10mA$ | | | | $r_{o23}$ |

2）负载不变，电源电压变化时电路的稳压性能。

用可调的直流电压变化模拟 220V 电源电压变化，电路接入前将可调电源调到 10V，然后调到 8V、12V，按表 5-32 内容测量填表，并根据

$$S = \frac{\Delta U_o / U_o}{\Delta U_i / U_i}$$

计算稳压系数。

**表 5-32 计算稳压系数测量数据**

| 序号 | $U_i$/V | $U_o$/V | $I_R$/mA | $I_L$/mA | $S$ |
|------|---------|---------|----------|----------|-----|
| 1 | 10 | | | | |
| 2 | 8 | | | | $S_{12} =$ |
| 3 | 12 | | | | $S_{13} =$ |

## 2. 串联稳压电路

实验电路如图 5-36 所示。

（1）静态调试。

1）看清楚实验电路板的接线，查清引线端子。

2）按图 5-36 按线，负载 $R_L$ 开路，即稳压电源空载。

3）将 +5～+27 V 电源调到 9 V，接到 $U_i$ 端。再调电位器 RP，使 $U_o$ =6V。测量各晶体管的 $Q$ 点，数据填入表 5-33 中。

**表 5-33　串联稳压电路测量数据**

| 参数 | $U_{B2}/V$ | $U_{B3}/V$ | $U_{E3}/V$ |
|---|---|---|---|
| 数据 | | | |

4）调试输出电压的调节范围。调节 RP，观察输出电压 $U_o$ 的变化情况。$U_o$ 的最大和最小值填入表 5-34 中。

**表 5-34　输出电压的调节范围测量数据**

| 参数 | $U_{omax}/V$ | $U_{omin}/V$ |
|---|---|---|
| 数据 | | |

（2）动态测量

1）测量电源稳压特性。使稳压电源处于空载状态，调节电位器，模拟电网电压波动为 $\pm 10\%$，即 $U_i$ 由 8V 变到 10V。测量相应的 $\Delta U_o$，填入表 5-35 中。计算稳压系数。

**表 5-35　电源稳压特性测量数据**

| 参数 | $U_i/V$ | $U_o/V$ | $S$ |
|---|---|---|---|
| 数据 | 8 | | |
| | 10 | | |

2）测量稳压电源内阻。稳压电源的负载电流 $I_L$ 由空载变化到额定值 $I_L$ = 100mA 时，测量输出电压 $U_o$ 的变化量，填入表 5-36 中，求出电源内阻。测量过程中使 $U_i$ = 9V 保持不变。

**表 5-36　稳压电源内阻测量数据**

| 参数 | $I_L$ | $U_o/V$ | $r_o/\Omega$ |
|---|---|---|---|
| 数据 | 0 | | |
| | 100mA | | |

3）测试输出的纹波电压。纹波电压是指在额定负载下，输出电压中所含的交流分量的有效值（或峰值）将图 5-36 所示电路的电压输入端 $U_i$ 接到图 5-34（$C$ = 470μF）的整流滤波电路输出端（即接通 A—a，B—b），在负载 $I_L$ = 100mA 条件下，用示波器观察稳压电源输入/输出中的交流分量 $u_o$，描绘其波形，用交流毫伏表，测量交流分量的大小。

（3）输出保护

1）在电源输出端接上负载 $R_L$ 同时串接电流表。并用电压表监视输出电压，逐渐减小 $R_L$ 值，直到短路，注意发光二极管 VL 逐渐变亮，记录此时的电压、电流值。

2）逐渐加大 $R_L$ 值，观察并记录输出电压、电流值。注意：此实验内容短路时间应尽量短（不超过 5s），以防元器件过热。

**3. 集成稳压电路**

（1）稳压器的测试 三端集成稳压器参数测量电路如图 5-39 所示。

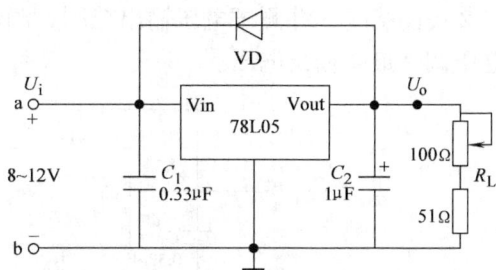
图 5-39 三端集成稳压器参数测量电路

测试内容：

1）电压调整率。测试条件及数据见表 5-37。

2）电流调整率。测试条件及数据见表 5-38。

**表 5-37 电压调整率测试条件及数据**

| 参数 | $U_i/V$ | $R_L/\Omega$ | $I_o/mA$ | $U_o/V$ | 电压调整率 $\Delta U_o/mV$ |
|---|---|---|---|---|---|
| 数据 | 8 | | | | |
| | 12 | | | | |

**表 5-38 电流调整率测试条件及数据**

| 参数 | $U_i/V$ | $R_L/\Omega$ | $I_o/mA$ | $U_o/V$ | 电流调整率 $\Delta I_o/mV$ |
|---|---|---|---|---|---|
| 数据 | 12 | 151 | | | |
| | 12 | 51 | | | |

3）纹波电压（有效值或峰值）。

（2）稳压电路性能测试 仍用图 5-38 的电路，测试直流稳压电源性能。

1）保持稳定输出电压的最小输入电压。

2）输出电流最大值及过电流保护性能。

（3）三端集成稳压器灵活应用（选做）

1）改变输出电压。输出电压可调电路如图 5-40 所示。按图接线，测量上述电路输出电压或变化范围。

2）组成恒流源 组成恒流源电路如图 5-41 所示，按图接线，并测试电路恒流作用。

3）可调稳压电路。

①可调稳压电路如图 5-42 所示，LM317L 最大输入电压为 40V，输出为 1.25～37V，可调最大输出电流为 100mA

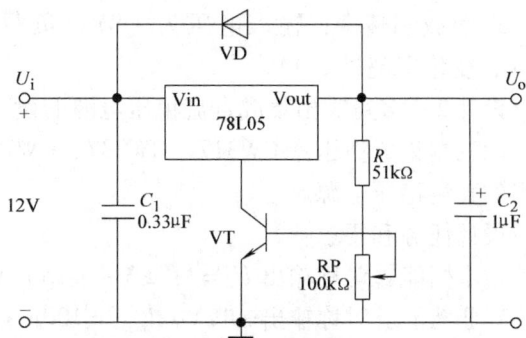
图 5-40 输出电压可调电路

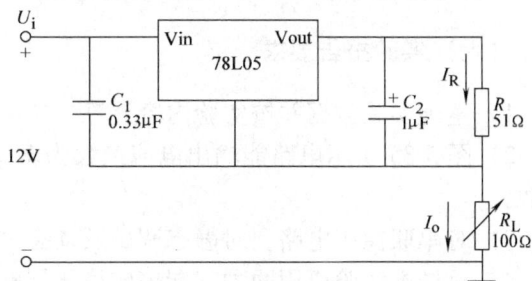
图 5-41 组成恒流源电路

（本实验只加 12V 输入电压）。

②按图接线，并测试电压输出范围；测试电压调整率、电流调整率等指标。测试时将输出电压调到最高输出电压。

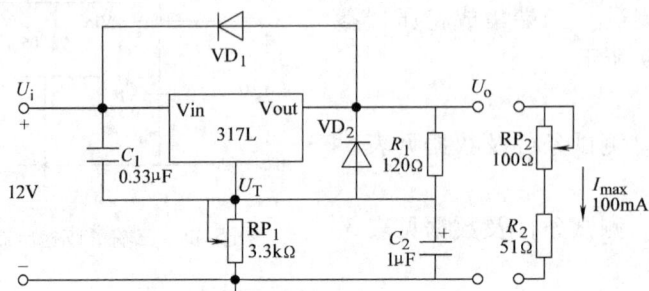

图 5-42　可调稳压电路

### （五）设计实现

设计 1：串联型稳压电源设计

用运放做比较放大，低频功放管 2SC2073 做调整管，制作串联型直流稳压电源。

要求：

1. 输入电压为直流电压 +8V，负载电阻为 1kΩ；输出电压 +1 ~ +5V，可调。

2. 电压调整率：在输入电压在 +7 ~ +9V 变化时，负载电阻 1kΩ，输出电压为 +5V 上，变化不超过 0.1V。

3. 负载调整率：输入电压为 +8V，负载电阻由 1kΩ 改为 10Ω 变化时，输出电压为 +5V，变化不超过 0.1V。

设计 2：多路输出集成直流稳压电源的设计

用三端集成稳压器 CW317、CW337、CW7812、CW7912、CW7805、CW7905，设计多档输出的直流稳压电源。

设计任务和要求：

1. Ⅰ档能够对称输出 $U_o$ = （ ±3 ~ ±15）V 连续可调，$I_{omax}$ = 200mA；

2. Ⅱ档能够对称输出 ±12V，$I_{omax}$ = 100mA；

3. Ⅲ能够对称输出 ±5V，$I_{omax}$ = 300mA；

纹波电压 $\Delta U_{op\text{-}p} \leqslant 5mV$，稳压系数 $S_u \leqslant 5 \times 10^{-3}$。

### （六）实验报告要求

1）整理实验数据并按实验内容计算。

2）图 5-35 所示电路能输出电流最大为多少？为获得更大电流应如何选用电路元器件及参数？

3）对串联稳压电路，对静态调试及动态测试进行总结计算。

4）总结本实验所用两种三端集成稳压器的应用方法。

5）对部分思考题进行讨论。

**（七）预习要求及思考题**

1）复习教材直流稳压电源部分关于电源主要参数及测试方法。

2）估算图 5-36 所示电路中各晶体管的 $Q$ 点（设：各管的 $\beta = 100$，电位器 RP 滑动端处于中间位置）。

3）分析图 5-36 所示电路，电阻 $R_2$ 和发光二极管 VL 的作用是什么？

4）图 5-36 中，调节 $R_L$ 时，$VT_3$ 的发射极电位如何变化？电阻 $R_2$ 两端电压如何变化？

5）如果把图 5-36 所示电路中电位器的滑动端往上（或是往下）调，各晶体管的 $Q$ 点将如何变化？

6）估算图 5-40 所示电路输出电压范围。

# 实验十三　方波—三角波产生电路

**（一）实验目的**

1. 熟悉施密特触发器和积分电路的工作原理，掌握方波和三角波的基本实现方法。

2. 了解 ICL8038 的基本原理和使用方法，掌握用集成函数发生器 ICL8038 实现方波和三角波的基本方法。

**（二）仪器与设备**

双踪示波器（SS7802A 型）

晶体管毫伏表（HG2170 型）

数字万用表（UT50 型）

模拟实验箱（TPE—A 型）

集成运放实验板

**（三）实验原理**

**1. 施密特触发器与积分电路构成的方波—三角波产生电路**

由施密特触发器与积分电路构成的方波—三角波产生电路，参考电路如图 5-43 所示，由图分析得到该电路的振荡周期为

$$T = \frac{4R_1 RC}{R_2}$$

式中，$R$ 为 RP 接入电路中的阻值。则频率为

$$f = \frac{R_2}{4R_1 RC}$$

输出方波的幅值为

$$U_{o1} = U_Z$$

输出三角波的幅值为

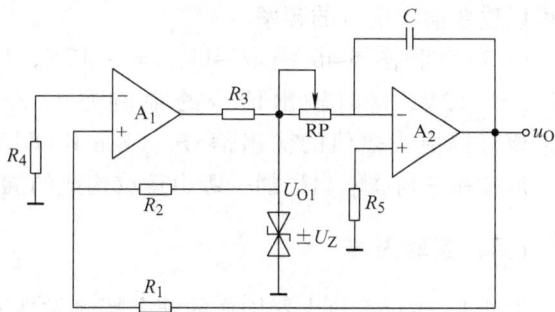

图 5-43　方波—三角波产生电路

$$U_o = \frac{R_1}{R_2} U_Z$$

### 2. 用单片函数发生器 ICL8038 构成方波—三角波产生电路

ICL8038 的引脚图如图 5-44 所示,如图 5-45 所示为由 ICL8038 构成的方波—三角波的基本电路图,图中输出端有 3 个,$u_2$ 为正弦波输出端,$u_3$ 为三角波输出端,$u_9$ 为矩形波输出端,三种输出信号的频率相同。图中 $R_L$ 为负载电阻,由于 9 脚为 OC 门输出端,所以 $R_L$ 不能少。

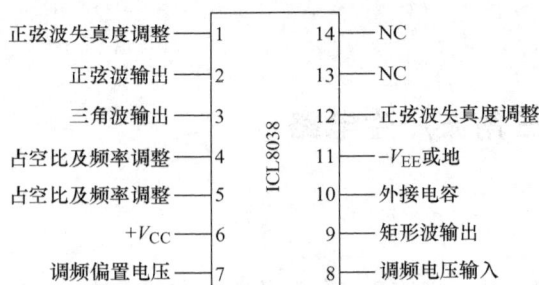

图 5-44    ICL8038 的引脚图

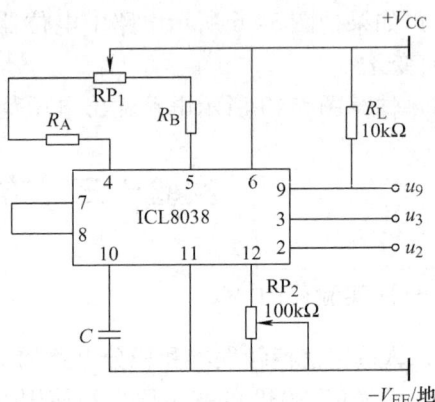

图 5-45    由 ICL8038 构成的方波—三角波发生器的基本电路图

ICL8038 提供两种确定输出信号频率的办法,第一种方法是通过外接电阻和电容的值确定输出信号频率,如图 5-45 所示,图中 $RP_1$ 用于微调 4 脚和 5 脚的外接电阻阻值,如果设 $RP_1$ 左部分的电阻值为 $RP_A$,$RP_1$ 右部分的电阻值为 $RP_B$,则在 $RP_{1A} + R_A = RP_{1B} + R_B = R$ 时,输出的矩形波占空比为 50%,频率为 $f = 0.33/(RC)$,因此可以通过合理选择 $R$ 和 $C$ 的值确定输出信号的频率,其中 $RP_2$ 为失真度调节电位器。第二种方法是在 8 脚外接直流电压,通过改变该电压调节输出信号频率,如图 5-46 所示,图中在保证 $RP_{1A} + R_A = RP_{1B} + R_B$ 的情况下,调节 $RP_3$ 就可以改变输出信号的频率。

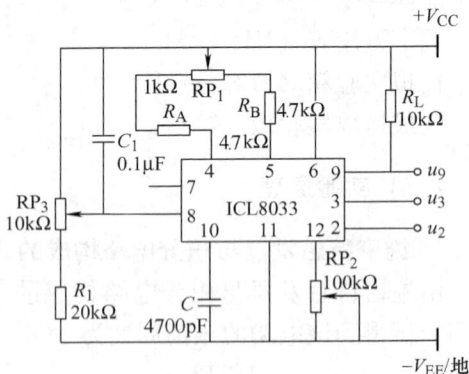

图 5-46    由 ICL8038 构成的频率可调方波—三角波发生器

图 5-45 和图 5-46 中取 $+V_{CC} = +12V$,取 $-V_{EE} = -12V$,这时输出信号的幅值为 $V_{CC}/3$,如果要获得更大幅值的输出信号,可在 ICL8038 的矩形波和三角波输出端加一级由运放构成的同相比例放大器即可。

### (四) 实验内容

设计 1. 由运算放大器构成的施密特触发器和积分电路构成方波—三角波产生电路,主要技术指标:方波的频率为 1kHz,脉冲幅度为 ±6V,三角波的频率为 1kHz,信号幅值为

xxx

±6V。

设计 2. 由单片函数发生器 ICL8038 构成方波—三角波产生电路，主要技术指标：方波的频率为 100Hz ~ 10kHz，脉冲幅度为 ±4V，三角波的频率为 100Hz ~ 10kHz，信号幅值为 ±4V ~ ±8V可调。

要求：

分析实验任务的技术要求，设计满足要求的电路图；确定图中元件的参数；按照设计的电路图搭建电路；调试电路使之符合实验要求；画出输出信号的波形，得出实验结论。

**（五）实验报告要求**

分析实验任务，选择技术方案；确定原理框图、画出电路原理图；对所设计的电路进行细致的综合分析；写出调试步骤和调试结果，列出实验数据，画出关键信号的波形；对实验数据和电路的工作情况进行分析；最后写出收获和体会。

# 第六章　数字电子技术实验

## 基础性实验

### 实验一　门电路的测试

#### （一）实验目的

1）掌握门电路的逻辑功能的测试方法。

2）掌握门电路外特性的测试方法，进一步理解各参数的含义及作用。

3）掌握正确使用门电路的要点。

#### （二）仪器及器件

1）双4输入与非门（74LS20）×2、（C4012）×2。

2）数字万用表。

3）双踪示波器。

4）数字实验箱。

5）直流稳压电源。

#### （三）实验原理

根据实验内容，对被测门电路提供相应的输入信号（高/低电位、连续脉冲信号和可变直流电压），采取相应的测试方式完成待测内容，记录测试结果（电压值、逻辑值和波形图）。通过外部的简单测试，了解被测门电路的逻辑功能、外特性及简单应用。

实验中使用的74LS20和C4012芯片引脚排列图参见第七章第四节。

#### （四）实验内容和步骤

**1. 测试 TTL、CMOS 与非门的逻辑功能**

（1）测试与非门的逻辑功能及鉴别器件的好坏

1）按74LS20的引脚排列图及电路图6-1的要求连线，实现如图6-2所示的连线图。将4个输入端A、B、C、D分别连到实验箱中的高/低电平输出插孔，拨动开关即可得到高、低电平输入。将输出端$V_0$连到实验箱上的发光二极管输入插孔，以随时观察与非门的输出逻辑。将集成电路74LS20的工作电源端和地线端分别连接到实验箱中的+5V插孔和GND插孔。

2）按表6-1中输入逻辑值的要求，在相应端施加高、低电平（$V_{IH} = 5V$，$V_{IL} = 0V$），记录下用万用表测量的输出电压值和所观察到的发光二极管显示的输出逻辑值。

3）按C4012的引脚排列图及图6-1所示电路图的要求连线。重复上述的操作及要求。

（2）观察与非门的控制作用

1）按 74LS20 的引脚排列图及图 6-3 所示电路图的要求连线。

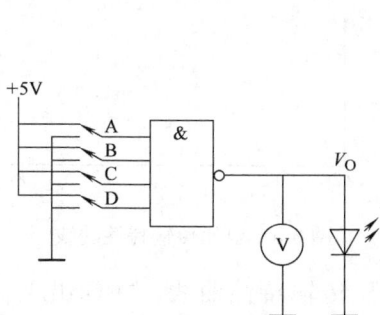

图 6-1　电路图

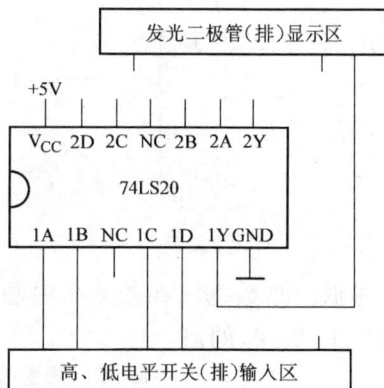

图 6-2　连线图

表 6-1　输入逻辑值和输出逻辑值

| 输入端 | | | | 74LS20 输出端 | | C4012 输出端 | |
|---|---|---|---|---|---|---|---|
| A | B | C | D | 电压值 | 逻辑值 | 电压值 | 逻辑值 |
| 0 | 0 | 0 | 0 | | | | |
| 0 | 0 | 0 | 1 | | | | |
| 0 | 0 | 1 | 1 | | | | |
| 0 | 1 | 1 | 1 | | | | |
| 1 | 1 | 1 | 1 | | | | |

2）将 3 个输入端连到实验箱上的一个高、低电平输出插孔中，拨动开关以提供起控制作用的高、低电平。将另一个输入端连到实验箱上的一个连续脉冲输出插孔中，选择 5kHz 左右的频率。

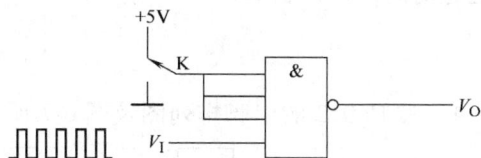

图 6-3　电路图

3）用双踪示波器观察输入 $V_I$ 和输出 $V_0$ 的波形，并在图 6-4 中记录下控制端 K 分别为高、低电平时的输入 $V_I$ 和输出 $V_0$ 的波形。

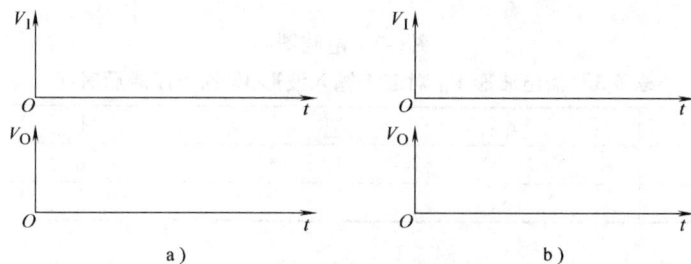

a）　　　　　　　　　　b）

图 6-4　波形图

a）K = 1　b）K = 0

**2. 测试与非门的电压传输特性**

1）按 74LS20 的引脚排列图及图 6-5 所示电路图的要求连线。

2）由直流稳压电源提供可变直流电压。在 0 ~ 3.6V 之间选择 10 个 $V_I$ 值依次输入，用万用表依次测量输入的 $V_I$ 值和对应的输出 $V_O$ 值，并记录于表 6-2 中。

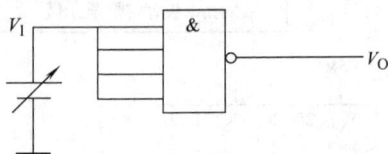

图 6-5　电路图

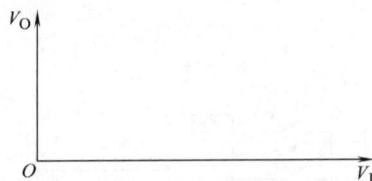

图 6-6　电压传输特性曲线

3）根据所测数据，在图 6-6 中画出与非门的电压传输特性曲线，并标出 $V_{OH}$、$V_{OL}$、$V_{NL}$、$V_{NH}$、$V_N$ 和 $V_T$ 的值。

表 6-2　测量输入的 $V_I$ 值和对应的输出 $V_O$ 值

| 参数 | 数　　据 | | | | | | | | |
|---|---|---|---|---|---|---|---|---|---|
| $V_I/V$ | | | | | | | | | |
| $V_O/V$ | | | | | | | | | |

### 3. 测试与非门的平均传输延迟时间

1）按 74LS20 的引脚排列图及图 6-7 所示电路图的要求连线。

2）将输入端连到实验箱上的一个连续脉冲输出插孔中，选择 5kHz 左右的频率。

3）用双踪示波器观察输入 $V_I$ 和输出 $V_O$ 的波形，并将 X 扫描扩展 10 倍，分别记录下输出波形 $V_O$ 对应于输入波形 $V_I$ 的两段滞后时间。利用下列公式间接地计算出与非门的平均传输延迟时间，填入表 6-3 中。

$$t_{pd} = \frac{t_{pd1} + t_{pd2}}{4 \times 10}$$

4）按 C4012 的引脚排列图及图 6-7 所示电路图的要求连线。重复上述的操作及要求。

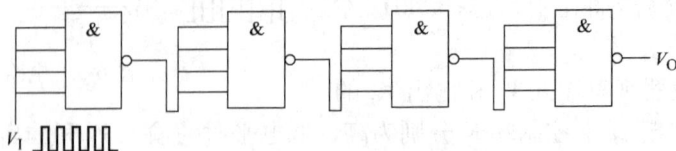

图 6-7　电路图

表 6-3　输出波形 $V_O$ 对应于输入波形 $V_I$ 的两段滞后时间

| 器件型号 | $t_{pd1}$ | $t_{pd2}$ | $t_{pd}$ |
|---|---|---|---|
| 74LS20 | | | |
| C4012 | | | |

### 4. 测试简单电路

1）按 74LS20 的引脚排列图及图 6-8 所示电路图的要求连线。

2）按表 6-4 中的要求提供 $V_{I1}$，用万用表（20V 量程）测量 $V_{I2}$ 端的电压值，并记录于表 6-4 中。

3）分析当使用万用表（5V 量程，内阻为 20kΩ/V）测量

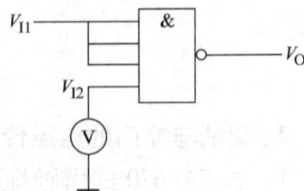

图 6-8　电路图

$V_{I2}$端得到的电压值应为多少。

表 6-4   $V_{I1}$ 和 $V_{I2}$ 端的电压

| $V_{I1}$ | $V_{I2}$ |
|---|---|
| 悬空 | |
| 接低电压（0V） | |
| 接高电平（5V） | |
| 经 50Ω 电阻接地 | |
| 经 10kΩ 电阻接地 | |

### （五）实验报告及思考题

1）整理数据，按各题表格的要求填写测试数据、画出曲线。

2）分析测试结果（偏差的原因及解决措施）。

3）如何快速判断门电路的功能是否正常？

4）如何利用或门、异或门实现对输入信号的控制作用？

5）TTL 与非门和 CMOS 与非门的输入端悬空，相当于输入了什么逻辑电平？使用中能否悬空？多余端的最佳处理方法是什么？

# 实验二　组合电路（一）

### （一）实验目的

1）掌握利用给定小规模集成电路（SSI）实现组合电路的设计方法。

2）掌握组合电路逻辑功能的测试方法。

3）掌握数字电路的合理布线方法。

### （二）仪器及器件

1）四 2 输入异或门（74LS86）×1。

2）四 2 输入与非门（74LS00）×2。

3）3-2-2-3 输入与或非门（74LS54）×1。

4）六非门（74LS04）×1。

5）数字实验箱。

6）数字万用表。

7）双踪示波器。

实验中使用的 74LS86、74LS00、74LS54 和 74LS04 芯片引脚排列图参见第七章第四节。

### （三）实验原理

实验原理如图 6-9 所示。通过实验测试的方法，分析未知电路的逻辑功能和存在的问题，验证所设计的新电路是否满足要求。

待测试组合电路是基于给定的门电路来实现的，在分析与设计过程中，应考虑化简方法。

### 1. 8421 码对 9 的变补器

8421 码对 9 的变补器的输入为 8421BCD 码：$X_8 X_4 X_2 X_1$，电路的输出为 $Z_8 Z_4 Z_2 Z_1$，其功能满足函数关系为

$$Z_8 Z_4 Z_2 Z_1 = 1001 - X_8 X_4 X_2 X_1$$

按照解决具有约束的逻辑函数的设计方法，求出 $Z_8$、$Z_4$、$Z_2$、$Z_1$ 的简化与或式，再根据本实验给定的门电路的功能、规格和数量转换出相应的函数式，画出电路图。

通过实验的方式，对此设计加以验证。

### 2. 多功能逻辑运算电路

对应于不同的控制，电路的输出 F 与输入 A、B 之间的逻辑关系，可分别是 AB、A+B、$\overline{A \oplus B}$、1、$\overline{AB}$、$\overline{A+B}$、A⊕B、0，即电路可以分别实现 8 种逻辑功能。

按照相关的设计方法和本实验给定的门电路的功能、规格和数量，完成设计，求出 F 的简化函数式；并通过实验加以验证。

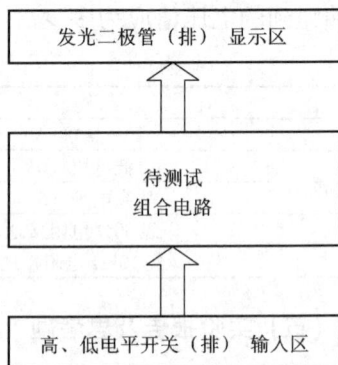

图 6-9　实验原理

### （四）实验内容和步骤

### 1. 测试组合电路的逻辑功能

1）按 74LS54、74LS86 和 74LS04 的引脚排列图及图 6-10 所示电路图的要求连线。

2）按表 6-5 中输入逻辑值的要求，在相应端施加高、低电平（$V_{IH} = 5V$，$V_{IL} = 0V$），记录下用发光二极管显示的输出逻辑值。

3）根据表格内的数据，判断电路是否完成了一位全加器的功能。

4）能否用全加器进行半加运算，输入端如何处理？

表 6-5　输入逻辑值与输出逻辑值

| $A_i$ | $B_i$ | $C_{i-1}$ | $C_i$ | $S_i$ |
|---|---|---|---|---|
| 0 | 0 | 0 | | |
| 0 | 0 | 1 | | |
| 0 | 1 | 0 | | |
| 0 | 1 | 1 | | |
| 1 | 0 | 0 | | |
| 1 | 0 | 1 | | |
| 1 | 1 | 0 | | |
| 1 | 1 | 1 | | |

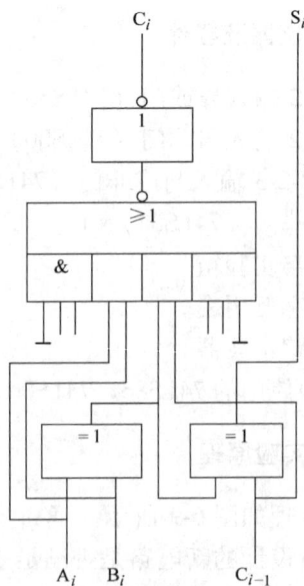

图 6-10　电路图

**2. 设计并测试组合电路的功能**

（1）一位 8421 码对 9 的变补器

要求：$Z_8Z_4Z_2Z_1 = 9 - X_8X_4X_2X_1$

1）根据题目要求和本实验给定的器件 74LS54、74LS86、74LS04 设计变补器。

2）按设计结果连线，检查无误后通电测试。

3）将测试结果记录于表 6-6 中，判断是否符合题目的设计要求。

表 6-6　测试结果

| $X_8$ | $X_4$ | $X_2$ | $X_1$ | $Z_8$ | $Z_4$ | $Z_2$ | $Z_1$ | $X_8$ | $X_4$ | $X_2$ | $X_1$ | $Z_8$ | $Z_4$ | $Z_2$ | $Z_1$ |
|---|---|---|---|---|---|---|---|---|---|---|---|---|---|---|---|
| 0 | 0 | 0 | 0 | | | | | 0 | 1 | 0 | 1 | | | | |
| 0 | 0 | 0 | 1 | | | | | 0 | 1 | 1 | 0 | | | | |
| 0 | 0 | 1 | 0 | | | | | 0 | 1 | 1 | 1 | | | | |
| 0 | 0 | 1 | 1 | | | | | 1 | 0 | 0 | 0 | | | | |
| 0 | 1 | 0 | 0 | | | | | 1 | 0 | 0 | 1 | | | | |

（2）多功能逻辑运算电路

要求：分别实现 $AB$、$A+B$、$\overline{A\oplus B}$、1、$\overline{AB}$、$\overline{A+B}$、$A\oplus B$、0。

学生自拟实验步骤，完成电路的设计与测试。

**3. 观察并消除组合电路的险象**

1）按 74LS00 的引脚排列图及图 6-11 所示电路图的要求连线。

2）将输入端 A 连到实验箱上的一个连续脉冲输出插孔中，选择 200kHz 左右的频率。其余输入端施加高、低电平（$V_{IH}=5V$，$V_{IL}=0V$）。

3）提供不同的 B、C、D 逻辑值，用双踪示波器观察输入 A 和输出 Y 的波形。

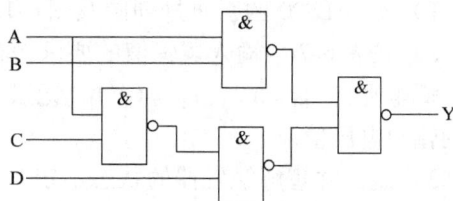

图 6-11　电路图

4）设法消除险象，仍用双踪示波器观察输入 A 和输出 Y 的波形。

**（五）实验报告及思考题**

1）写出设计过程，画出实验电路图。

2）整理测试数据，按各题表格的要求填写测试数据。

3）分析测试结果（错误的原因及解决措施）。

4）如何快速判断电路的故障？

5）如何快速测出组合电路的险象？

# 实验三　触发器的测试

**（一）实验目的**

1）掌握由门电路构成的基本 RS 触发器功能的测试方法。

2）掌握集成 D 触发器、集成 JK 触发器功能的测试及使用方法。

## （二）仪器及器件

1）四 2 输入与非门（74LS00）×1。

2）双 D 触发器（74LS74）×2。

3）双 JK 触发器（74LS76）×1。

4）数字万用表。

5）双踪示波器。

6）数字实验箱。

实验中使用的 74LS00、74LS74 和 74LS76 芯片引脚排列图参见第七章第四节。

## （三）实验原理

根据实验内容，对被测触发器提供相应的输入信号（高/低电位、连续脉冲信号），采取相应的测试方式完成待测内容，记录测试结果（电压值、逻辑值和波形图）。通过外部的简单测试，了解被测各触发器的逻辑功能、动作特点、正确的使用方法及简单的应用。

## （四）实验内容和步骤

### 1. 基本 RS 触发器功能的测试

1）按 74LS00 的引脚排列图及图 6-12 所示电路图的要求连线。

2）按表 6-7 中输入逻辑值的要求，在相应端施加高、低电平（$V_{IH}=5V$，$V_{IL}=0V$），记录下用万用表测量的输出电压值。

3）观察并理解触发器的状态不定。

### 2. 集成 D 触发器功能的测试

（1）复位和置位功能的测试

1）按图 6-13 所示参照图及测试要求进行连线。

2）按表 6-8 中输入端的内容要求，在相应端施加高、低电平（$V_{IH}=5V$，$V_{IL}=0V$）和点动脉冲。

3）记录下用发光二极管显示的输出逻辑值。

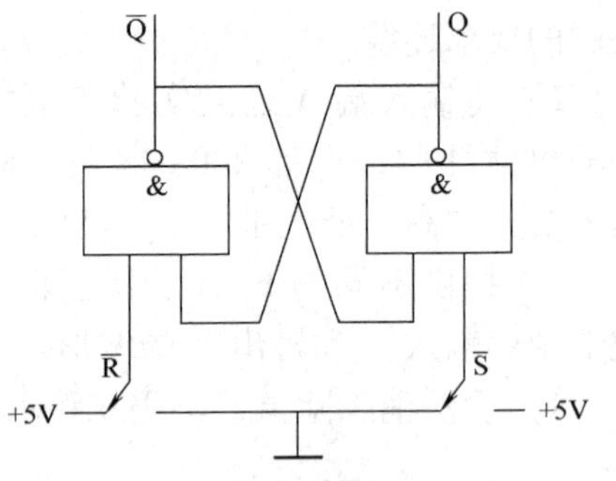

图 6-12　电路图

表 6-7　输入逻辑值与输出电压值

| $\overline{R}$ | $\overline{S}$ | $\overline{R}\,\overline{S}$ 作用中 | | $\overline{R}\,\overline{S}$ 作用后 | | 触发器 |
|---|---|---|---|---|---|---|
| | | Q/V | $\overline{Q}$/V | Q/V | $\overline{Q}$/V | 状态 |
| 0 | 1 | | | | | |
| 1 | 0 | | | | | |
| 1 | 1 | | | | | |
| 0 | 0 | | | | | |

表 6-8　输入端施加的电平、脉冲与输出状态的关系

| $\overline{Rd}$ | 0 | 0 | 1 | 1 | 1 | 0 | 1 | 1 | 1 |
|---|---|---|---|---|---|---|---|---|---|
| $\overline{Sd}$ | 1 | 1 | 1 | 0 | 0 | 1 | 1 | 0 | 1 |

（续）

| CP | 0 | ⊓ | 0 | 0 | ⊓ | 1 | 1 | 1 | 1 |
|---|---|---|---|---|---|---|---|---|---|
| D | 1 | 1 | 0 | 0 | 0 | 1 | 1 | 0 | 0 |
| $Q^{n+1}$ | | | | | | | | | |
| $\overline{Q}^{n+1}$ | | | | | | | | | |

注："⊓" 为点动脉冲。

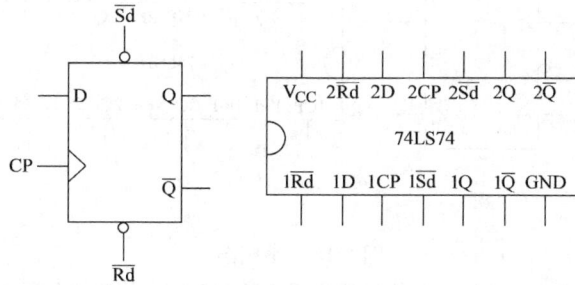

图 6-13　参照图

（2）逻辑功能的测试

1）利用强迫置位端和强迫复位端将 D 触发器置初态。

2）将强迫置位端和强迫复位端均恢复至高电平（ +5V）。

3）按表 6-9 中提供的内容施加 D、CP，观察时钟脉冲 CP 作用前后，触发器的状态 Q 和触发信号 D 之间的关系，将结果填入表 6-9 中。

4）观察时钟脉冲 CP 的哪个边沿起触发作用。

表 6-9　CP 作用前后触发器的状态 Q 与触发信号 D 的关系

| 状态　＼D＼CP | 0 | | | 1 | | |
|---|---|---|---|---|---|---|
| | 0 | ⊓ | ⊓ | 0 | ⊓ | ⊓ |
| $Q^n$ | 1 | | | 0 | | |
| $Q^{n+1}$ | | | | | | |

（3）触发器的功能转换

1）将 D 触发器转换为 T′触发器。

2）按设计的转换结果和 74LS74 的引脚排列图进行电路图的连线，并将 Q 端接至发光二极管。

3）输入点动脉冲 CP，观察发光二极管显示的 Q 状态及变化次数，将结果填入表 6-10 中。

表 6-10　发光二极管显示的 Q 状态及变化次数

| CP | 0 | ⊓ | ⊓ | ⊓ | ⊓ |
|---|---|---|---|---|---|
| Q | | | | | |
| 翻转次序号 | | | | | |

### 3. 集成 JK 触发器功能的测试

（1）复位和置位功能的测试

1）按图 6-14 所示参照图及测试要求进行连线。

2）按表 6-11 中输入端的内容要求，在相应端施加高、低电平（$V_{IH} = 5V$，$V_{IL} = 0V$）和点动脉冲。

3）记录下用发光二极管显示的输出逻辑值。

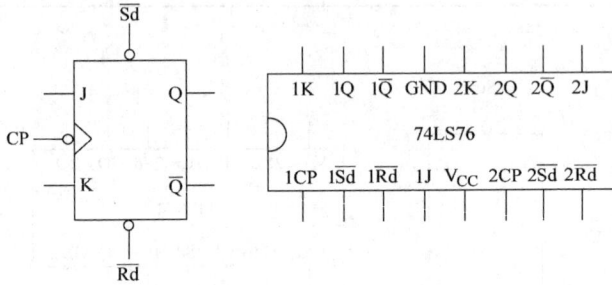

图 6-14　参照图

表 6-11　输入端施加的电平、脉冲与输出状态的关系

| CP | J | K | $\overline{Rd}$ | $\overline{Sd}$ | Q |
|---|---|---|---|---|---|
| 0 | 1 | φ | 0 | 1 | |
| 0 | φ | 1 | 1 | 0 | |
| ⊓ | 1 | φ | 0 | 1 | |

注："φ"为 0 或 1 均可。

（2）逻辑功能的测试

1）利用强迫置位端和强迫复位端，将 JK 触发器置初态。

2）将强迫置位端和强迫复位端均恢复至高电平（+5V）。

3）按表 6-12 中提供的内容施加 J、K、CP，观察时钟脉冲 CP 作用前后，触发器的状态 Q 和触发信号 JK 之间的关系，将结果填入表 6-12 中。

4）观察时钟脉冲 CP 的哪个边沿起触发作用。

表 6-12　触发器的状态 Q 和触发信号 JK 之间的关系

| CP | 0 | ⌐ | ⌐ | 0 | ⌐ | ⌐ | 0 | ⌐ | ⌐ | 0 | ⌐ | ⌐ |
|---|---|---|---|---|---|---|---|---|---|---|---|---|
| J | 0 | 0 | 0 | 0 | 0 | 0 | 1 | 1 | 1 | 1 | 1 | 1 |
| K | 0 | 0 | 0 | 1 | 1 | 1 | 0 | 0 | 0 | 1 | 1 | 1 |
| $Q_0 = 1$ $Q^{n+1}$ | | | | | | | | | | | | |
| $Q_0 = 0$ $Q^{n+1}$ | | | | | | | | | | | | |

注：⌐ 表示上升沿；⌐ 表示下降沿。

**4. 触发器波形的测试**

1）用示波器观察图 6-15 所示电路图的 $Q_0$、$Q_1$ 的波形及相位关系，并在图 6-16 中记录下来。

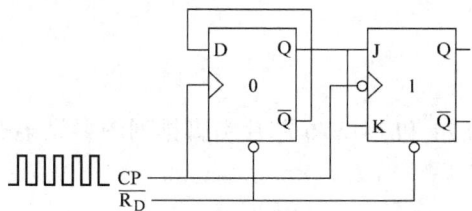

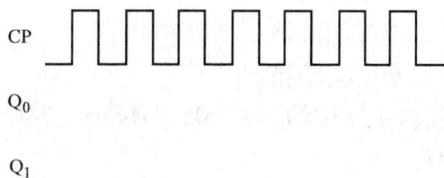

图 6-15　电路图

图 6-16　波形图

2）用发光二极管观察图 6-17 所示电路图的 $Q_0 \sim Q_3$ 的变化，并在图 6-18 中记录下来。

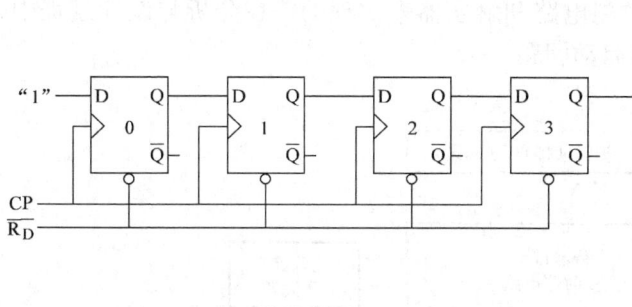

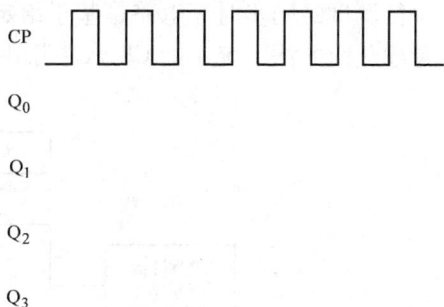

图 6-17　电路图

图 6-18　波形图

**（五）实验报告及思考题**

1）整理数据，按各题表格的要求填写测试数据、记录测试波形。

2）分析测试结果（触发方式、动作特点，错误的原因及解决措施）。

3）CP 和 Q 之间频率有何关系？

4）如何理解基本 RS 触发器的状态不定？

# 实验四　时序电路（一）

**（一）实验目的**

1）掌握由触发器构成同步时序电路的功能测试方法。

2）掌握时序电路的波形测试方法。

**（二）仪器及器件**

1）四 2 输入与非门（74LS00）×1。

2）四 2 输入与门（74LS08）×1。

3）六非门（74LS04）×1。

4）双 D 触发器（74LS74）×1。

5）双 JK 触发器（74LS76）×2。

6）数字万用表。

7）双踪示波器。

8）数字实验箱。

实验中使用的 74LS00、74LS08、74LS04、74LS74 和 74LS76 芯片引脚排列图参见第七章第四节。

### （三）实验原理

实验原理如图 6-19 所示。通过实验测试的方法，验证所设计的新电路是否满足要求，分析未知电路的逻辑功能和存在的问题。

待测试的同步时序电路是基于给定的门电路和触发器来实现的。在分析与设计过程中，应考虑化简方法、统一的 CP 脉冲源和自启动问题。

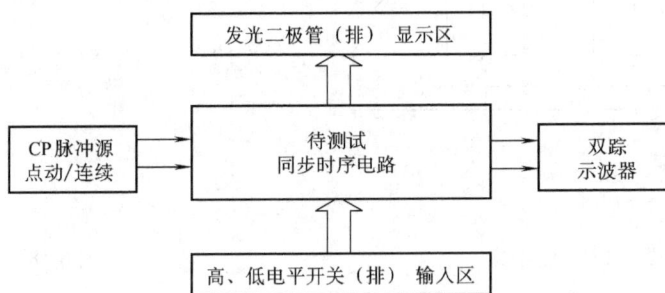

图 6-19 实验原理

### （四）实验内容和步骤

**1. 设计并测试同步六进制计数器**

1）利用 74LS76 JK 触发器和给定的门电路设计同步六进制计数器，并具有总清零控制。

2）根据设计结果，在实验箱上进行连线，将计数器的状态、进位输出连接至发光二极管。输入点动脉冲 CP，逐个观察计数状态，并将结果填入表 6-13 中。

3）利用计数器各位的强迫置位端 $\overline{Sd}$，人为置入无效状态，输入点动脉冲 CP，观察计数器能否自启动。

4）输入 100Hz 连续脉冲 CP，利用双踪示波器观察各触发器 Q 端的波形及各波形间的相位关系，判断时序过程是否满足设计要求，并在图 6-20 中记录下来示波器所显示的波形。

**2. 设计并测试同步"101"（不可重叠）序列检测器**

1）利用 74LS74 D 触发器和给定的门电路设计同步"101"（不可重叠）序列检测器，并具有总清零控制。

2）学生自拟实验步骤，完成设计电路的测试。

表 6-13 输入点动脉冲后的计数状态

| $Q_2^n$ | $Q_1^n$ | $Q_0^n$ | $Q_2^{n+1}$ $Q_1^{n+1}$ $Q_0^{n+1}$ |
|---|---|---|---|
| 0 | 0 | 0 | |
| 0 | 0 | 1 | |
| 0 | 1 | 0 | |
| 0 | 1 | 1 | |
| 1 | 0 | 0 | |
| 1 | 0 | 1 | |
| 1 | 1 | 0 | |
| 1 | 1 | 1 | |

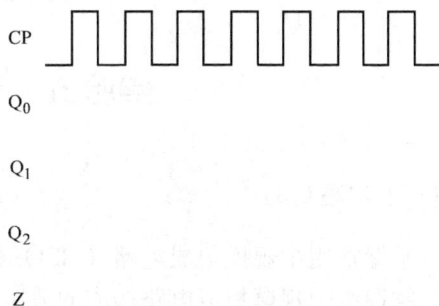

图 6-20 波形图

### 3. 测试并判断电路的逻辑功能

已知电路的设计结果如下：

$J_0 = K_0 = 1$

$J_1 = K_1 = Q_0$

$J_2 = K_2 = Q_1 Q_0$

$J_3 = K_3 = Q_2 Q_1 Q_0$

$Z = Q_3 Q_2 Q_1 Q_0$

1）根据给定的设计结果及器件进行连线。

2）输入点动脉冲 CP，逐个观察各触发器的状态及输出 Z，并将结果填入表 6-14 中。

3）根据测试结果，判断电路的逻辑功能。

4）输入连续脉冲 CP，利用双踪示波器观察各触发器 Q 端及 Z 端的输出波形。

表 6-14 各触发器的次态及输出 Z

| $Q_3^n$ | $Q_2^n$ | $Q_1^n$ | $Q_0^n$ | $Q_3^{n+1}$ | $Q_2^{n+1}$ | $Q_1^{n+1}$ | $Q_0^{n+1}$ | Z | $Q_3^n$ | $Q_2^n$ | $Q_1^n$ | $Q_0^n$ | $Q_3^{n+1}$ | $Q_2^{n+1}$ | $Q_1^{n+1}$ | $Q_0^{n+1}$ | Z |
|---|---|---|---|---|---|---|---|---|---|---|---|---|---|---|---|---|---|
| 0 | 0 | 0 | 0 | | | | | | 1 | 0 | 0 | 0 | | | | | |
| 0 | 0 | 0 | 1 | | | | | | 1 | 0 | 0 | 1 | | | | | |
| 0 | 0 | 1 | 0 | | | | | | 1 | 0 | 1 | 0 | | | | | |
| 0 | 0 | 1 | 1 | | | | | | 1 | 0 | 1 | 1 | | | | | |
| 0 | 1 | 0 | 0 | | | | | | 1 | 1 | 0 | 0 | | | | | |
| 0 | 1 | 0 | 1 | | | | | | 1 | 1 | 0 | 1 | | | | | |
| 0 | 1 | 1 | 0 | | | | | | 1 | 1 | 1 | 0 | | | | | |
| 0 | 1 | 1 | 1 | | | | | | 1 | 1 | 1 | 1 | | | | | |

### （五）实验报告及思考题

1）写出设计过程，画出实验电路图。

2）整理测试数据，按各题表格的要求填写数据、记录测试波形。

3）分析测试结果（动作特点、时序关系、错误的原因及解决措施）。

4）CP 和 Q 之间的关系？

5）如何理解序列的检测输出与 CP 的对应关系？

# 设计应用性实验

## 实验五　组合电路（二）

### （一）实验目的

1）掌握常用中规模集成电路（MSI）的应用与正确使用方法。

2）掌握由中规模集成电路构成的数字电路的测试方法。

3）掌握数字电路的合理布线方法。

### （二）仪器及器件

1）4 位全加器（74LS283）×1。

2）1/8 数据选择器（74LS151）×1。

3）4-16 线译码器（低电平输出）（74LS154）×1。

4）三 3 输入与非门（74LS10）×1。

5）数字万用表。

6）数字实验箱。

实验中使用的 74LS283、74LS151、74LS154 和 74LS10 芯片引脚排列图参见第七章第四节。

### （三）实验原理

通过实验测试的方法，验证所设计的新电路是否满足要求、分析未知电路的逻辑功能和存在的问题。

待测试的组合电路是基于给定的中规模功能器件来实现的。在分析与设计过程中，应考虑端口对应的方法（利用功能器件进行二次设计）。

**1. 用译码器和与非门实现非法码的报警电路**

任何组合电路都具有最小项之和的表达形式，利用 4-16 线译码器（低电平输出有效）和与非门可完全描述任何组合电路的函数式，因而可方便地实现组合电路。

非法码的报警电路是对 8421BCD 编码方案中的 6 个非法码输入时的报警电路。电路有 4 个输入 A、B、C、D，一个输出 F。根据电路的功能，求出其最小项之和表达式，对应出用 4-16 线译码器（低电平输出有效）和与非门描述的形式，则完成设计。

**2. 利用全加器实现 8421 码转换为余 3 码的代码转换器**

因为 8421 码为有权码，其权值与余权码相差固定常数，因此利用全加器可方便地实现代码的转换。代码转换器实验原理如图 6-21 所示。

**3. 利用数据选择器实现 4 人表决器**

任何组合电路都具有最小项之和的表达形式，与数据选择器的函数式的形式一致，因而可方便地实现组合电路。

表决器有 4 个输入 A、B、C、D，根据表决器功能，求得其最小项之和表达式，再通过变量分离，确定通道选择端的输入量和数据端的输入量，则完成设计。表决器原理如图6-22所示。

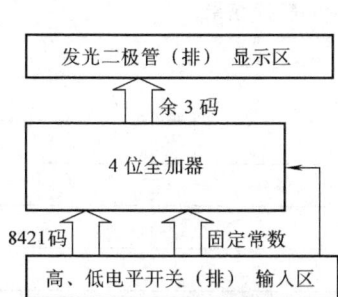

图 6-21　代码转换器实验原理

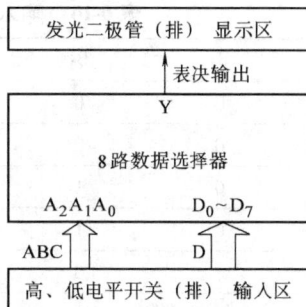

图 6-22　表决器原理

### （四）实验内容和步骤

**1. 设计并测试 8421BCD 的非法码报警电路**

1）根据设计要求及给定的 4-16 线译码器（低电平输出有效）和与非门，设计出 8421BCD 的非法码报警电路的逻辑图，并转化为对应于给定器件 74LS154 和 74LS10 的连线图。

2）按照连线图进行连线。将电路的输入接至高、低电平输出插孔，将电路的输出接至发光二极管。

3）输入 8421BCD 码和 6 个非法码，观察发光二极管显示的结果，并记录表 6-15 中要求的测试结果。

表 6-15　输入 BCD 码后发光二极管显示的结果

| $B_8$ | $B_4$ | $B_2$ | $B_1$ | F |
|-------|-------|-------|-------|---|
| 0 | 0 | 0 | 0 | |
| 0 | 0 | 1 | 1 | |
| 0 | 1 | 1 | 0 | |
| 1 | 0 | 0 | 1 | |
| 1 | 0 | 1 | 0 | |
| 1 | 0 | 1 | 1 | |
| 1 | 1 | 0 | 0 | |
| 1 | 1 | 0 | 1 | |
| 1 | 1 | 1 | 0 | |
| 1 | 1 | 1 | 1 | |

**2. 设计并测试 8421 码转换为余 3 码的代码转换电路**

1）根据设计要求及给定的 4 位全加器，设计代码转换器的逻辑图，并转化为对应于 74LS283 的连线图。

2）按照连线图进行连线，将电路的输入接至高、低电平输出插孔，将电路的输出接至发光二极管。

3）输入 8421 代码，观察发光二极管显示的转换结果（余 3 码），并记录到表 6-16 中。

表 6-16　输入 8421 代码发光二极管显示的转换结果

| $B_8$ | $B_4$ | $B_2$ | $B_1$ | $Y_3$ | $Y_2$ | $Y_1$ | $Y_0$ |
|---|---|---|---|---|---|---|---|
| 0 | 0 | 0 | 0 | | | | |
| 0 | 0 | 0 | 1 | | | | |
| 0 | 0 | 1 | 0 | | | | |
| 0 | 0 | 1 | 1 | | | | |
| 0 | 1 | 0 | 0 | | | | |
| 0 | 1 | 0 | 1 | | | | |
| 0 | 1 | 1 | 0 | | | | |
| 0 | 1 | 1 | 1 | | | | |
| 1 | 0 | 0 | 0 | | | | |
| 1 | 0 | 0 | 1 | | | | |

### 3. 设计并测试 4 人表决电路

1）根据设计要求及给定的 1/8 数据选择器，设计 4 人表决器输出函数的最小项之和式及逻辑图，并转化为对应于 74LS151 的连线图。

2）按照连线图进行连线，将电路的输入接至高、低电平输出插孔，将电路的输出接至发光二极管。

3）输入 4 人的表决代码，观察发光二极管显示的表决结果，并记录到表 6-17 中。

表 6-17　输入 4 人的表决代码后发光二极管显示的表决结果

| A | B | C | D | Z |
|---|---|---|---|---|
| 0 | 0 | 0 | 0 | |
| 0 | 0 | 0 | 1 | |
| 0 | 0 | 1 | 0 | |
| 0 | 0 | 1 | 1 | |
| 0 | 1 | 0 | 0 | |
| 0 | 1 | 0 | 1 | |
| 0 | 1 | 1 | 0 | |
| 0 | 1 | 1 | 1 | |
| 1 | 0 | 0 | 0 | |
| 1 | 0 | 0 | 1 | |
| 1 | 0 | 1 | 0 | |
| 1 | 0 | 1 | 1 | |
| 1 | 1 | 0 | 0 | |
| 1 | 1 | 0 | 1 | |
| 1 | 1 | 1 | 0 | |
| 1 | 1 | 1 | 1 | |

## （五）实验报告及思考题

1）写出设计过程，画出实验电路图。

2）整理测试数据，按各题表格的要求填写测试数据。

3）分析测试结果（错误的原因及解决措施）。

4）如何利用中规模集成电路进行二次开发？

5）如何实现余 3 码转换为 8421 码的代码转换器？

# 实验六　时序电路（二）

## （一）实验目的

1）掌握常用中规模集成电路（MSI）的应用及正确的使用方法。

2）掌握由中规模集成电路构成的数字电路的测试方法。

3）掌握数字电路的合理布线方法。

## （二）仪器及器件

1）四 2 输入与门（C4081）×1、（74LS08）×2。

2）四 2 输入或门（74LS32）×1。

3）双十进制计数器（C4518）×1。

4）4 位数值比较器（C4585）×2。

5）4 位通用移位寄存器（74LS194）×2。

6）4-16 线译码器（74LS154）×1。

7）BCD-7 段译码器（74LS48）×2。

8）数字万用表。

9）双踪示波器。

10）数字实验箱。

实验中使用的 C4081、74LS08、74LS32、C4518、C4585、74LS194、74LS154 和 74LS48 芯片引脚排列图参见第七章第四节。

## （三）实验原理

通过实验测试的方法，验证所设计的新电路是否满足要求，分析未知电路的逻辑功能和存在的问题。

待测试的时序电路是基于给定的中规模功能器件来实现的。在分析与设计过程中，应考虑端口对应的方法（利用功能器件进行二次设计）。

计数器可用来计数、分频、定时和运算。

寄存器可用来存数、计数、辅助运算、串/并变换和产生序列。

**1.** 同步二十四进制计数/译码/显示电路的原理框图

利用常用集成十进制计数器构建任意进制计数器，参考原理框图（见图 6-23）和本实验给定的器件，分步进行设计。

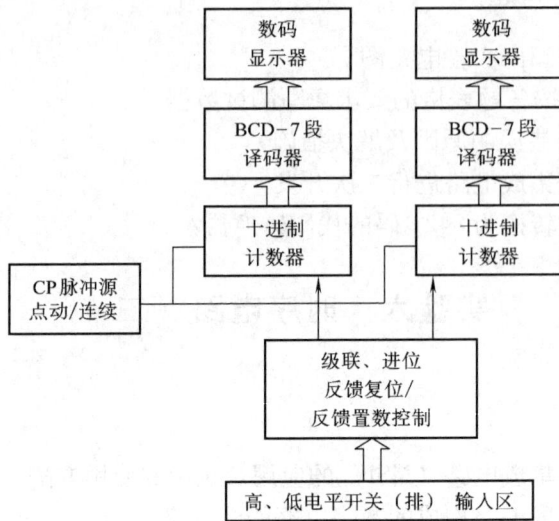

图 6-23　利用常用集成十进制计数器构建任意进制计数器原理框图

**2. 同步二十四进制计数/译码/显示/闹时电路的原理框图**

利用计时器和数值比较器实现计数/闹时功能，参考原理框图（见图 6-24）和本实验给定的器件，分步进行设计。

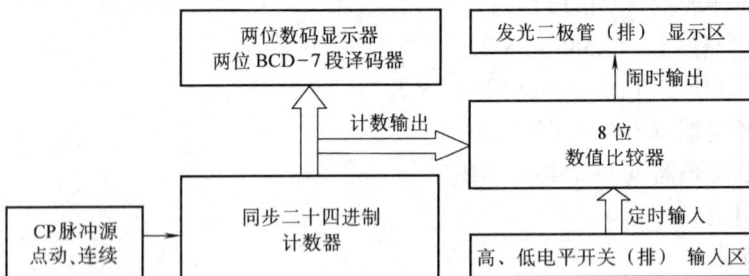

图 6-24　计数/闹时原理图

**3. 彩灯控制显示电路的原理框图**

利用通用移位寄存器功能实现彩灯控制显示功能，参考原理框图（见图 6-25）和本实验给定的器件，分步进行设计。

**（四）实验内容和步骤**

**1. 设计并测试同步二十四进制计数/译码/显示电路**

1）利用反馈复位法，设计同步二十四进制计数器，结合 C4518 的功能表，确定级联、复位和进位表达式；并转化为对应于给定器件 C4518 双十进制计数器和译码/显示器的连线图（译码/显示部分由实验箱直接提供）。

2）按照连线图进行连线。

3）输入点动脉冲 CP，逐个观察数码显示器显示的计数数值、循环内容及进位周期。

4）输入 1Hz 连续脉冲 CP，观察数码显示器连续显示的循环内容。

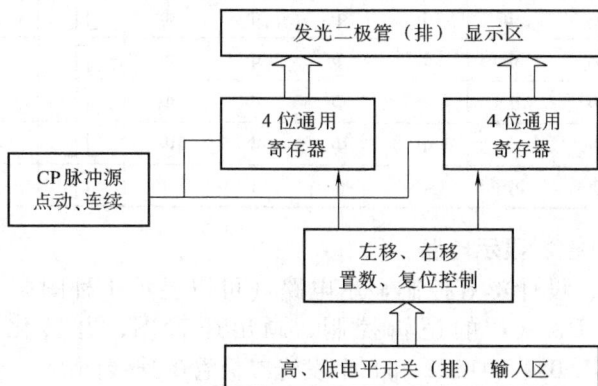

图 6-25 彩灯控制显示原理框图

## 2. 设计并测试同步二十四进制计数/译码/显示/闹时电路

1）在实验内容 1. 设计电路的基础上，增加定时比较的功能，可定时值为 8 ~ 20。根据设计要求，设计出同步二十四进制计数/译码/显示/闹时电路的逻辑图，并转化为对应于给定器件 C4518 双十进制计数器、C4585 4 位数值比较器和译码/显示器的连线图（译码/显示部分由实验箱直接提供）。

2）按照连线图进行连线。

3）设置定时值为 8、10、12、20，输入点动脉冲 CP，观察数码显示器的显示值及闹时输出。

4）输入 1Hz 连续脉冲 CP，观察数码显示器连续的显示内容及闹时输出。

## 3. 74LS194 通用移位寄存器的功能测试

$\overline{Cr}$、$S_1$、$S_0$、$S_R$、$S_L$、$D_0$、$D_1$、$D_2$、$D_3$、CP 端按表 6-18 中的要求输入，记录下发光二极管显示的 $Q_0$、$Q_1$、$Q_2$、$Q_3$ 的状态。

表 6-18 发光二极管显示的 $Q_0$、$Q_1$、$Q_2$、$Q_3$ 的状态

| 74LS194 输入端 | | | | | | | | | | 输出端 | | | |
|---|---|---|---|---|---|---|---|---|---|---|---|---|---|
| $\overline{Cr}$ | $S_1$ | $S_0$ | $S_R$ | $S_L$ | $D_0$ | $D_1$ | $D_2$ | $D_3$ | CP | $Q_0$ | $Q_1$ | $Q_2$ | $Q_3$ |
| 0 | Φ | Φ | Φ | Φ | Φ | Φ | Φ | Φ | Φ | | | | |
| 1 | Φ | Φ | Φ | Φ | Φ | Φ | Φ | Φ | 0 | | | | |
| 1 | 0 | 0 | Φ | Φ | Φ | Φ | Φ | Φ | ⊓ | | | | |
| 1 | 1 | 1 | Φ | Φ | 1 | 0 | 0 | 0 | ⊓ | | | | |
| 1 | 0 | 1 | 1 | Φ | Φ | Φ | Φ | Φ | ⊓ | | | | |
| 1 | 0 | 1 | 0 | Φ | Φ | Φ | Φ | Φ | ⊓ | | | | |
| 1 | 0 | 1 | 0 | Φ | Φ | Φ | Φ | Φ | ⊓ | | | | |
| 1 | 0 | 1 | $Q_3$ | Φ | Φ | Φ | Φ | Φ | ⊓ | | | | |
| 1 | 0 | 1 | $Q_3$ | Φ | Φ | Φ | Φ | Φ | ⊓ | | | | |

（续）

| 74LS194 输入端 | | | | | | | | | | 输出端 |
|---|---|---|---|---|---|---|---|---|---|---|
| 1 | 0 | 1 | $Q_3$ | Φ | Φ | Φ | Φ | Φ | ⎍ | |
| 1 | 0 | 1 | $Q_3$ | Φ | Φ | Φ | Φ | Φ | ⎍ | |
| 1 | 1 | 0 | Φ | 1 | Φ | Φ | Φ | Φ | ⎍ | |
| 1 | 1 | 0 | Φ | 1 | Φ | Φ | Φ | Φ | ⎍ | |
| 1 | 1 | 1 | Φ | Φ | 1 | 0 | 1 | 0 | ⎍ | |

**4. 设计并测试彩灯控制显示电路**

1）根据设计要求，设计彩灯控制显示电路（可以显示 4 种图案），确定 Cr、$S_1$、$S_0$、$S_R$、$S_L$、$D_0$、$D_1$、$D_2$、$D_3$、CP 的逻辑控制，画出逻辑图，并转化为对应于给定器件 74LS194、74LS154、74LS08、74LS32 和 8 个发光二极管的连线图。

4 种显示图案的数码如下：

| | | | | | | | |
|---|---|---|---|---|---|---|---|
| 1100 | 1100 | 1100 | 0011 | 1000 | 0001 | 1010 | 1010 |
| 0110 | 0110 | 1001 | 1001 | 1100 | 0011 | 0101 | 0101 |
| 0011 | 0011 | 0011 | 1100 | 1110 | 0111 | 1010 | 1010 |
| 1001 | 1001 | 0110 | 0110 | 1111 | 1111 | 0101 | 0101 |

2）按照连线图进行连线。

3）输入点动脉冲 CP，逐个观察发光二极管的显示规律内容。

4）输入 1Hz 连续脉冲 CP，观察发光二极管连续显示的内容。

**（五）实验报告及思考题**

1）写出设计过程，画出实验电路图。

2）整理测试数据，按各题表格的要求填写测试数据、记录测试波形。

3）分析测试结果（动作特点、时序关系、错误的原因及解决措施）。

4）异步二十四进制计数电路又该如何实现？

5）TTL 器件和 CMOS 器件在混合使用中应如何处理？

# 实验七 脉 冲 电 路

**（一）实验目的**

1）掌握脉冲电路的参数选择及正确的使用方法。

2）掌握脉冲波形的测试方法。

3）了解各典型脉冲电路的组成和用途。

4）掌握 555 定时器的应用、设计和调试方法。

**（二）仪器及器件**

1）四 2 输入与非门（74LS00）×1。

2）六非门（74LS04）×1。

3）集成555定时器（NE555）×1。

4）数字万用表。

5）双踪示波器。

6）数字实验箱。

集成 NE555 定时器引脚如图 6-26 所示。

实验中使用的 74LS00 和 74LS04 芯片引脚排列图参见第七章第四节。

### （三）实验原理

1）由非门构成的 $RC$ 环形多谐振荡器，接通电源后，电路将在两个暂态之间往复转换，从而生成多谐振荡波形。实验中通过改变参数 $R$，可方便地达到控制振荡频率的目的。

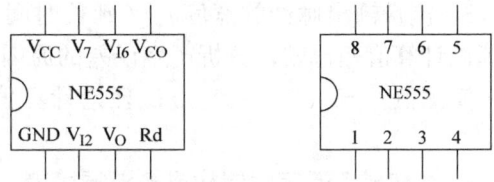

图 6-26 集成 NE555 定时器引脚

2）由门电路构成的微分型单稳态电路，接通电源后，当未输入负触发脉冲时，电路处在稳态。负触发脉冲加入后，电路进入暂态。暂态持续的时间，由参数 $RC$ 决定，可达到改变脉冲宽度的目的。

3）集成555定时电路可构成单稳态电路、多谐振荡器和施密特电路，被广泛用于脉冲的产生、整形、定时和延时。由集成555定时电路构成多谐振荡器，当接通电源后，电路将在两个暂态之间往复转换，从而生成多谐振荡波形。实验中通过改变参数 $R_1$、$R_2$ 和 $C$（见图 6-31），可方便地达到控制振荡频率的目的。

### （四）实验内容和步骤

**1. 由门电路构成脉冲电路**

（1）$RC$ 环形多谐振荡器

1）按 74LS04 的引脚排列图及图 6-27 所示 $RC$ 环形振荡器的要求连线。

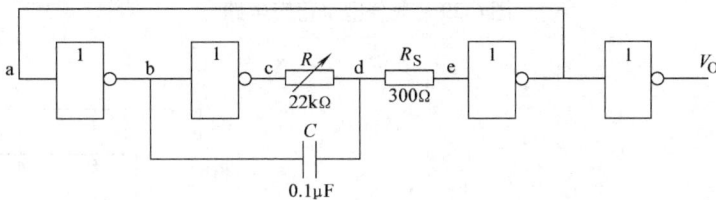

图 6-27 $RC$ 环形振荡器

2）调节可调电阻 $R$，使 $RC$ 环形多谐振荡器产生振荡，并用示波器监测输出结果。

3）用双踪示波器依次观察 a、b、c、d、e 点和输出 $V_0$ 的波形，并在图 6-28 中记录下来。

4）改变可调电阻 $R$ 的阻值，测量 $RC$ 环形振荡器的频率变化范围，并将结果记录下来，并与理论估算值相比较，分析其产生偏差的主要原因。

当 $R = $（　　　　）时，$f_{max} = $（　　　　）；

当 $R$ = （　　　　）时，$f_{\min}$ = （　　　　）。

（2）微分型单稳态电路

1）按 74LS04 和 74LS00 的引脚排列图及图 6-29 所示微分型单稳态电路的要求连线。

2）在 $V_I$ 端输入 10kHz 左右的连续脉冲，用双踪示波器依次观察 $V_I$、$V_R$ 和 $V_O$ 的波形，并在图 6-30 中记录下来。

3）测量输出脉冲的宽度 $t_w$（延长时间），并与理论计算值相比较，分析产生误差的原因。

实测值 $t_w$ = （　　　　）；理论计算值 $t_w$ = （　　　　）。

**2. 由集成 555 定时器构成多谐振荡器**

1）按集成 555 定时器的引脚排列图及图 6-31 所示多谐振荡器的要求连线。

2）用示波器观察多谐振荡器的 $V_O$ 输出波形。

3）按表 6-19 中的参数调节电阻 $R_1$，用示波器测出相应的振荡频率，并记录下来。

4）将实测值与理论计算值相比较，分析产生误差的原因。

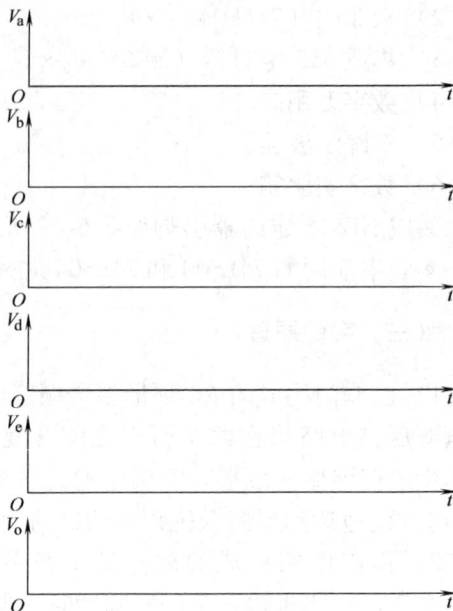

图 6-28 波形图

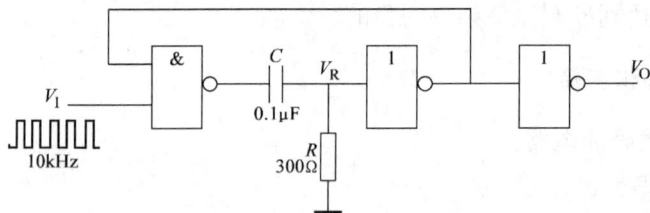

图 6-29 微分型单稳态电路

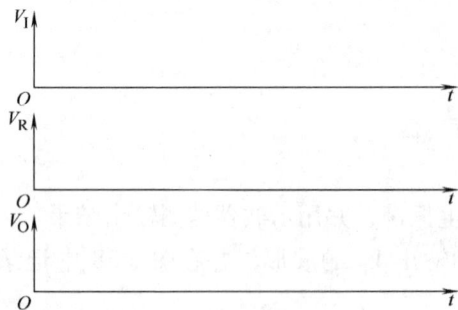

图 6-30 波形图

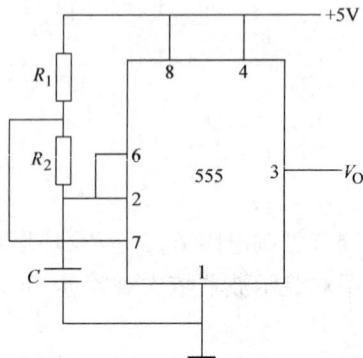

图 6-31 多谐振荡器

表 6-19 调节电阻 $R_1$ 测出的相应振荡频率

| $R_1$ | $R_2$ | $C$ | $f$ 理论计算值 | $f$ 实测值 |
|---|---|---|---|---|
| 1kΩ | 1kΩ | 0.1μF | | |
| 3kΩ | 1kΩ | 0.1μF | | |
| 5kΩ | 1kΩ | 0.1μF | | |

### （五）设计实现

设计 1：用 555 定时器设计一个十分频器，输入频率为 10kHz，幅度为 3V 的脉冲信号，输出为 1kHz。

要求：①设计电路，选取元器件，按设计电路接成实验电路。

②用示渡器观察输入输出频率，记录所测数据，画出波形图。

设计 2：用 555 定时器设计一个楼梯灯的开关控制电路，要求上下楼梯口均有一个灯开关，无论上楼或下楼只要按一下灯开关即可点亮 2min。

要求：①设计电路，选取元器件，并接成实验电路。

②路灯用发光二极管代替，调试参数达到设计要求。

设计 3：设计一个过电压、欠电压声光报警电路，电路正常工作电压为 5V，要求当电压超过 5.5V（过电压）和低于 4.5V（欠电压）时都要报警。

要求：①设计电路，选取元器件，并接成实验电路。

②用发光二极管和压电陶瓷蜂鸣片进行过电压、欠电压时的声光报警，调试参数达设计要求。

### （六）实验报告及思考题

1）整理测试数据，按各题表格的要求填写数据、记录测试波形。

2）分析测试结果（偏差、稳定性、错误的原因及解决措施）。

3）比较两种多谐振荡器频率的实测值与理论计算值，分析差异的主要原因。

4）如何利用示波器合理地测绘多个测试点的波形？

5）对于设计题目，按设计要求，分析设计结果。

## 实验八 A/D 与 D/A 转换电路

### （一）实验目的

1）掌握 A/D、D/A 转换电路的转换原理与测试方法。

2）掌握集成电路 ADC0809 和 DAC0832 的正确使用方法。

3）掌握由 A/D 和 D/A 转换器构成应用电路的设计方法。

## （二）仪器及器件

1）8 位 8 通道模数转换器（ADC0809）×1。

2）8 位数模转换器（DAC0832）×1。

3）运算放大器（μA741）×1。

4）十六进制计数器（74LS161）×2。

5）双 D 触发器（74LS74）×1。

6）数字万用表。

7）数字实验箱。

8）直流稳压电源。

DAC0832、ADC0809 和 μA741 器件引脚排列图及说明如图 6-32 所示。

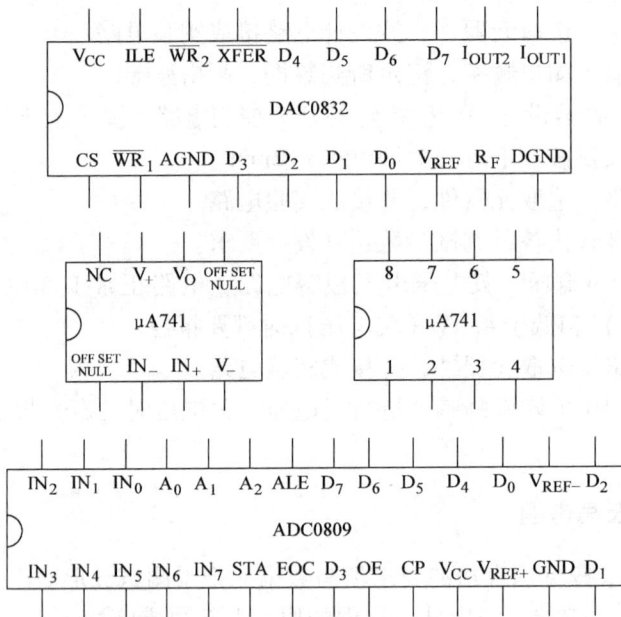

图 6-32　DAC0832、ADC0809 和 μA741 器件管脚排列

DAC0832 引脚功能如下：

$D_0 \sim D_7$：数字信号输入端。

$I_{OUT1}$、$I_{OUT2}$：求和电流输出端。

$V_{REF}$：基准电压输入端。

ILE：输入寄存器的锁存信号端。

$R_F$：外接运算放大器的反馈电阻引出端。

$\overline{CS}$：片选端。

$V_{CC}$：电源输入端。

AGND：模拟接地端。

DGND：数字接地端。

$\overline{WR_1}$、$\overline{WR_2}$：输入控制端。

XFER：传送控制信号端。

ADC0809 引脚功能如下：

$IN_0 \sim IN_7$：8 路模拟信号输入端。

$A_2$、$A_1$、$A_0$：地址输入端。

ALE：地址锁存允许信号，正脉冲上升沿时，锁存地址码，选通相应的模拟信号通道，进行 A/D 转换。

STA：启动信号输入端，正脉冲上升沿时，内部寄存器清零，下降沿到达时开始进行 A/D 转换。

CP：时钟脉冲输入端，时钟频率一般为几百千赫。

$V_{REF+}$、$V_{REF-}$：正、负基准电压输入端，$V_{REF+}$ 接 +5V、$V_{REF-}$ 接地。

EOC：转换结束输出信号，高电平有效。

OE：输出允许信号，高电平有效。

实验中使用的 74LS161 和 74LS74 芯片引脚排列图参见第七章第四节。

### （三）实验原理

利用 DAC0832 8 位倒 T 形电阻网络全电流型数模转换器实现数/模转换。通过提供不同的数字量 $D_0 \sim D_7$，转换出 256 种的输出电压值 $U_O$。其理论值满足公式

$$U_O = -\frac{R_F}{R} \frac{V_{REF}}{2^8} \sum_{i=0}^{7} (D_i \times 2^i)$$

利用 ADC0809　8 位 8 通道逐次渐进型模数转换器实现模/数转换。通过对某一通道提供不同的输入电压值 $U_I$，转换出不同的 8 位数字量 $D_0 \sim D_7$。

### （四）实验内容和步骤

#### 1. D/A 转换

（1）D/A 转换的静态功能测试

1）按 DAC0832 的引脚排列图及图 6-33 所示 D/A 转换电路的要求连线。将输入端 $D_7 \sim$

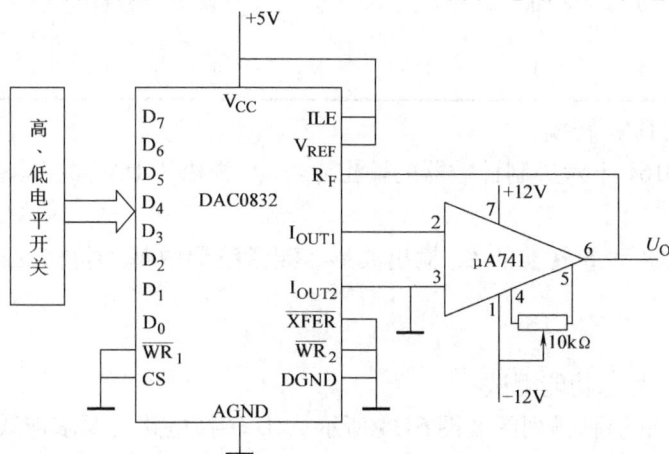

图 6-33　D/A 转换电路

$D_0$ 分别连到实验箱中的高/低电平输出插孔，拨动开关以提供高、低电平。工作电源端和地线端分别连到实验箱中的 +5V 插孔和 GND 插孔。 ±12V 电源由直流稳压电源提供。

2）调零：$D_0 \sim D_7$ 端全接地，调 $10k\Omega$ 电位器，使 $U_0 = 0$。

3）按表 6-20 中输入数字量的要求，在相应端施加高、低电平（$V_{IH} = 5V$，$V_{IL} = 0V$），记录下用万用表测量的输出模拟电压值。

表 6-20　数模转换输出的模拟电压值

| DAC0832 输入端 | | | | | | | | 输出端 |
|---|---|---|---|---|---|---|---|---|
| $D_7$ | $D_6$ | $D_5$ | $D_4$ | $D_3$ | $D_2$ | $D_1$ | $D_0$ | $U_0$ |
| 0 | 0 | 0 | 0 | 0 | 0 | 0 | 0 | |
| 0 | 0 | 0 | 0 | 0 | 0 | 0 | 1 | |
| 0 | 0 | 0 | 0 | 0 | 0 | 1 | 0 | |
| 0 | 0 | 0 | 0 | 0 | 1 | 0 | 0 | |
| 0 | 0 | 0 | 0 | 1 | 0 | 0 | 0 | |
| 0 | 0 | 0 | 1 | 0 | 0 | 0 | 0 | |
| 0 | 0 | 1 | 0 | 0 | 0 | 0 | 0 | |
| 0 | 1 | 0 | 0 | 0 | 0 | 0 | 0 | |
| 1 | 0 | 0 | 0 | 0 | 0 | 0 | 0 | |
| 1 | 0 | 0 | 0 | 0 | 0 | 0 | 1 | |
| 1 | 1 | 0 | 0 | 0 | 0 | 1 | 1 | |
| 1 | 1 | 0 | 0 | 1 | 0 | 1 | 1 | |
| 1 | 1 | 1 | 1 | 1 | 1 | 1 | 1 | |

（2）动态测试 D/A 转换

1）用两片 74LS161 十六进制计数器的输出 $Q_0 \sim Q_7$ 提供为 DAC 的 $D_0 \sim D_7$，计数器的 CP 为 200kHz。

2）用示波器观察 D/A 转换的 $U_0$ 输出波形，测量波形中每个阶梯的幅度和时间，并画出数/模转换波形。

**2. A/D 转换**

（1）A/D 转换的静态功能测试

1）按 ADC0809 的引脚排列图及图 6-34 所示 A/D 转换电路的要求连线。

2）选择通道地址输入 ABC = 000，以确定模拟信号 $U_I$ 从 $IN_0$ 通道输入，数字量输出$D_7 \sim D_0$ 分别连到实验箱中的发光二极管的输入插孔。工作电源端和地线端分别连到实验箱中的

+5V 插孔和 GND 插孔。

3）按表6-21的要求，调节20kΩ电位器RP，在START和ALE端加点动单脉冲，监测 D 触发器的状态，发生变化则转换完成。

4）在 OE 端加点动单脉冲，观察发光二极管显示的数字量输出 $D_7 \sim D_0$，记录下输出的数字量。

5）画出 ADC 的转换曲线。

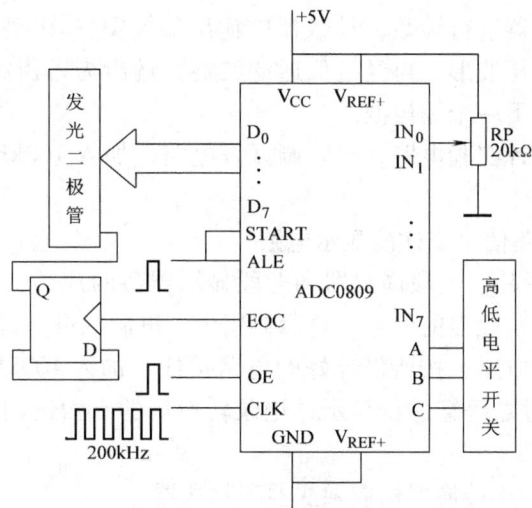

图 6-34　A/D 转换电路

**表 6-21　数模转换输出的数字量**

| ADC0809 输入端 | 输出端 |
|---|---|
| $U_1/V$ | $D_7 D_6 D_5 D_4 D_3 D_2 D_1 D_0$ |
| 0 | |
| 0.5 | |
| 1 | |
| 1.5 | |
| 2 | |
| 2.5 | |
| 3 | |
| 3.5 | |
| 4 | |

（2）动态测试 A/D 转换

1）将 $IN_0$ 端接入三角波信号源（$V_P = 5V$，$f = 0.1Hz$），OE 端接至高电平。

2）观察发光二极管显示的数字量输出 $D_7 \sim D_0$ 的变化。

**（五）设计实现**

设计1：用 DAC0832 构成锯齿波发生器

设计一个用计数器、D/A 转换器、低通滤波器组成的锯齿波发生器，其原理框图如图

6-35 所示。

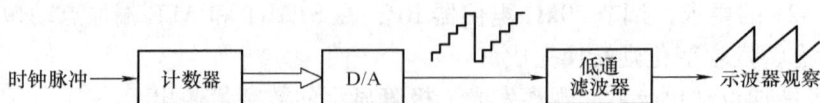

图 6-35　DAC0832 锯齿波发生器原理框图

把计数脉冲送到计数器进行计数，计数器的输出端接 D/A 转换器的输入端。D/A 转换器的输出则为周期阶梯电压波形，再经过低通滤波器，输出为锯齿波。待计数器计满之后，自动回到全零状态，产生下一个锯齿波。

要求：按所示框图设计实验电路，安装调试该电路，加入 100kHz 脉冲信号，用示波器观察输出波形。

设计 2：设计一个单路信号采样的显示电路

用 ADC0809 转换器一片、七段译码器和七段显示器各两片，实现单路模拟量采样的显示电路，模拟量为变化比较缓慢的信号，显示器用十六进制数进行显示。

要求：根据要求设计电路，按所设计好的电路接线，加入 100kHz 的时钟信号对直流 0~5V 电压进行采样，通过数码管进行显示，记录转换后的十六进制数，并做出输入输出关系曲线。

设计 3：用 D/A 和 A/D 转换器构成乘法器和除法器

用 DAC0832 转换器构成乘法器，实现数字量 D 与模拟量 $U_I$ 的相乘，利用公式 $U_o = -V_{REF}D/2^8$。

用 ADC0809 转换器构成除法器，利用公式 $D = -2^8 U_I/V_{REF}$。

要求：根据题目要求设计电路，按此电路安装调试，分别改变各输入量，观测输出结果。

**（六）实验报告及思考题**

1）整理数据，按各题表格的要求填写测试数据，画出转换曲线。
2）将测试数据与理论值相比较，分析转换误差与转换时间。
3）对于设计题目，按设计要求，分析测试结果

# 实验九　虚 拟 实 验

**（一）实验目的**

1）掌握 Multisim 软件的正确操作方法。
2）掌握利用 Multisim 虚拟实验室进行数字电路的设计与仿真的方法。

**（二）仪器及器件**

1）微机。

2）Multisim 软件。

3）虚拟器件：四 2 选 1 数据选择器（74LS157）×1；

　　　　　　　BCD-7 段译码器（低电平输出有效）（74LS47）×2；

　　　　　　　十进制计数器（74LS160）×1；

　　　　　　　双 D 触发器（74LS74）×1；

　　　　　　　四 2 输入与门（74LS08）×1；

　　　　　　　四 2 输入与非门（74LS00）×1；

　　　　　　　六非门（74LS04）×2。

4）虚拟仪器：双踪示波器；

　　　　　　　逻辑分析仪。

## （三）实验原理

在 Multisim 虚拟实验室中，利用 Multisim 具有的用户界面直观、丰富的元器件库和仪器库、快捷的作图、仿真和分析功能的特点为实验资源，进行数字电路的设计与仿真，便于对数字电路设计的验证与调试。

### 1. 两位分时译码显示电路原理框图（见图 6-36）

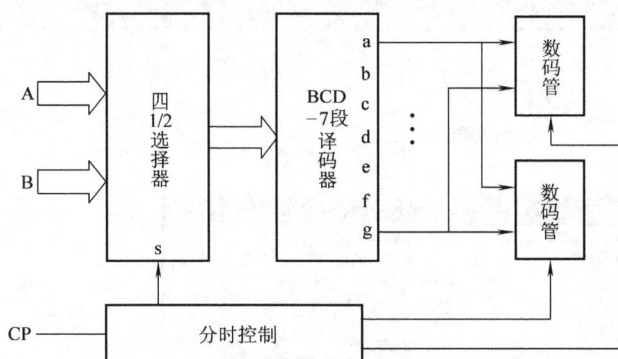

图 6-36　两位分时译码显示电路原理框图

### 2. 可控计数电路原理框图（见图 6-37）

## （四）实验内容和步骤

### 1. 举例

4 路脉冲分配器（约翰逊扭环形计数器/无冒险译码器）。

Multisim 软件的使用参见第八章。

1）根据所设计的 4 路脉冲分配器的电路图，在 Multisim 电路窗口中，选出所需的元器件和仪器，如图 6-38 所示。

2）按照所设计的 4 路脉冲分配器的电路图，在 Multisim 电路窗口中，完成对应的连线图，如图 6-39 所示。

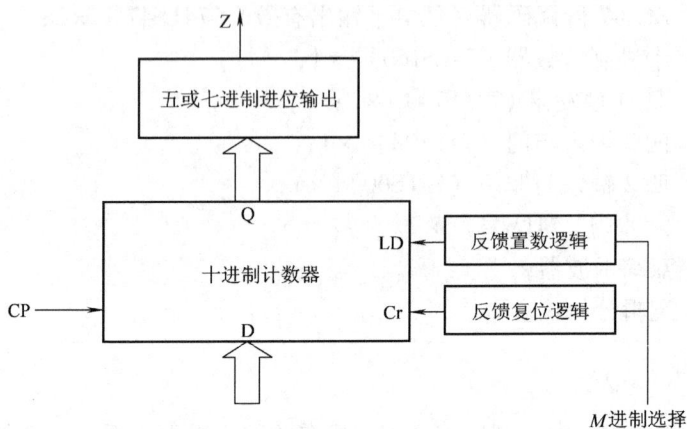

图 6-37　可控计数电路原理框图

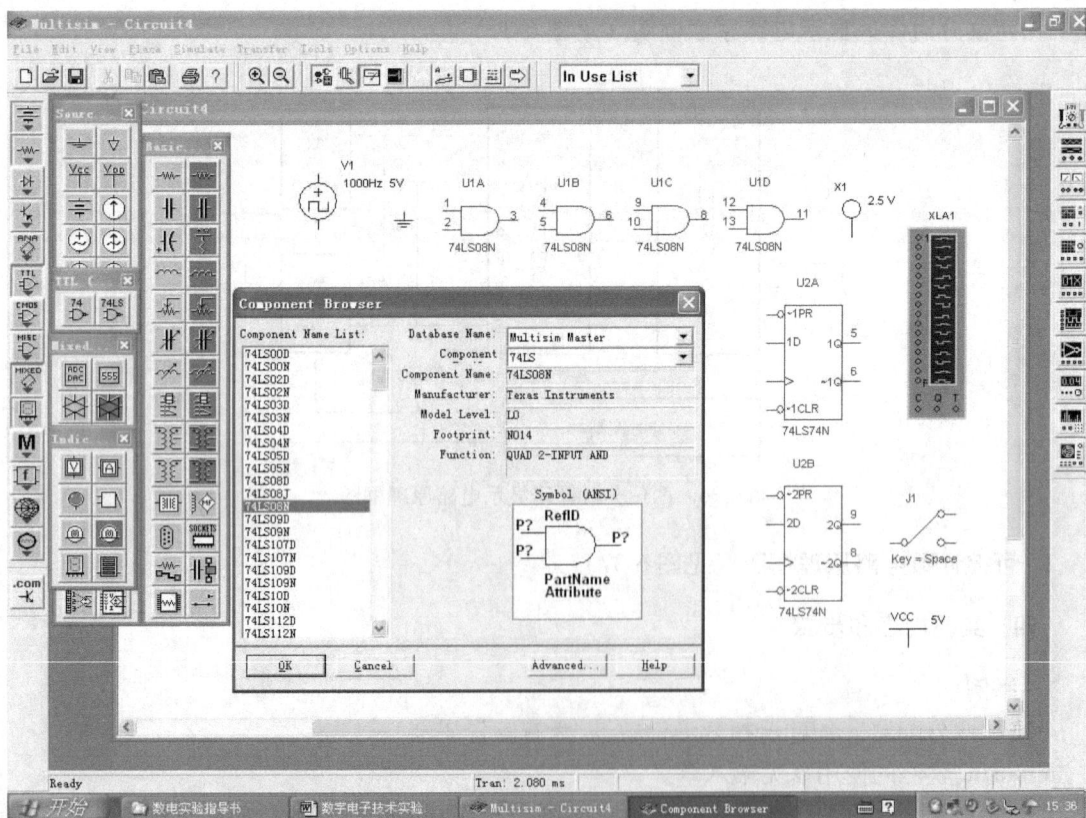

图 6-38　选择元器件和仪器

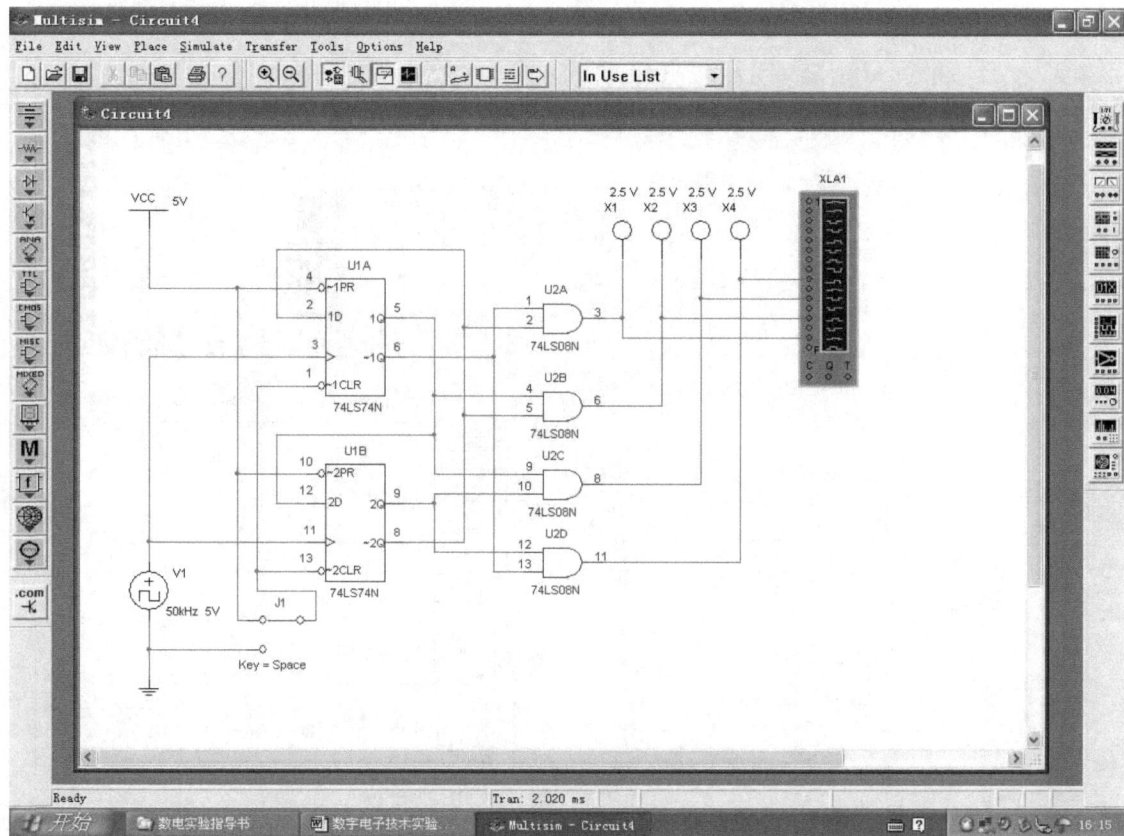

图 6-39 Multisim 电路窗口——4 路脉冲分配器

3）仿真运行所设计的 4 路脉冲分配器的电路，选择 CP 的频率为 50kHz，观察逻辑分析仪所显示的输入、输出波形。如图 6-40 所示。

4）保存、整理电路文档资料（电路图、测试数据和波形图）。

**2. 两位分时译码显示电路的设计与仿真测试**

1）根据设计原理框图的要求及给定的 74LS157 四 1/2 数据选择器、74LS47 BCD-7 段译码器、数码管和辅助的门电路，设计出此电路的逻辑图。

2）在 Multisim 电路窗口中创建两位分时译码显示电路。按照逻辑图，在虚拟元器件库中选出所需元器件，并完成对应的连线图。

3）输入两个 8421BCD 码：A = 0011，B = 1001；选择 CP 的频率为 1Hz、50Hz、100Hz、200Hz，仿真运行，观察两个数码管显示的数值及显示间隔的变化。

4）保存、整理电路文档资料（电路图和测试数据）。

**3. 可控计数电路的设计与仿真测试**

1）根据设计原理框图及给定的 74LS160 十进制计数器和辅助的门电路，设计出反馈复位法实现的五进制计数和反馈置数法实现的七进制计数的可控计数器的逻辑图。

2）在 Multisim 电路窗口中创建可控计数电路。按照逻辑图，在虚拟元器件库中选出所需元器件，并完成对应的连线图。

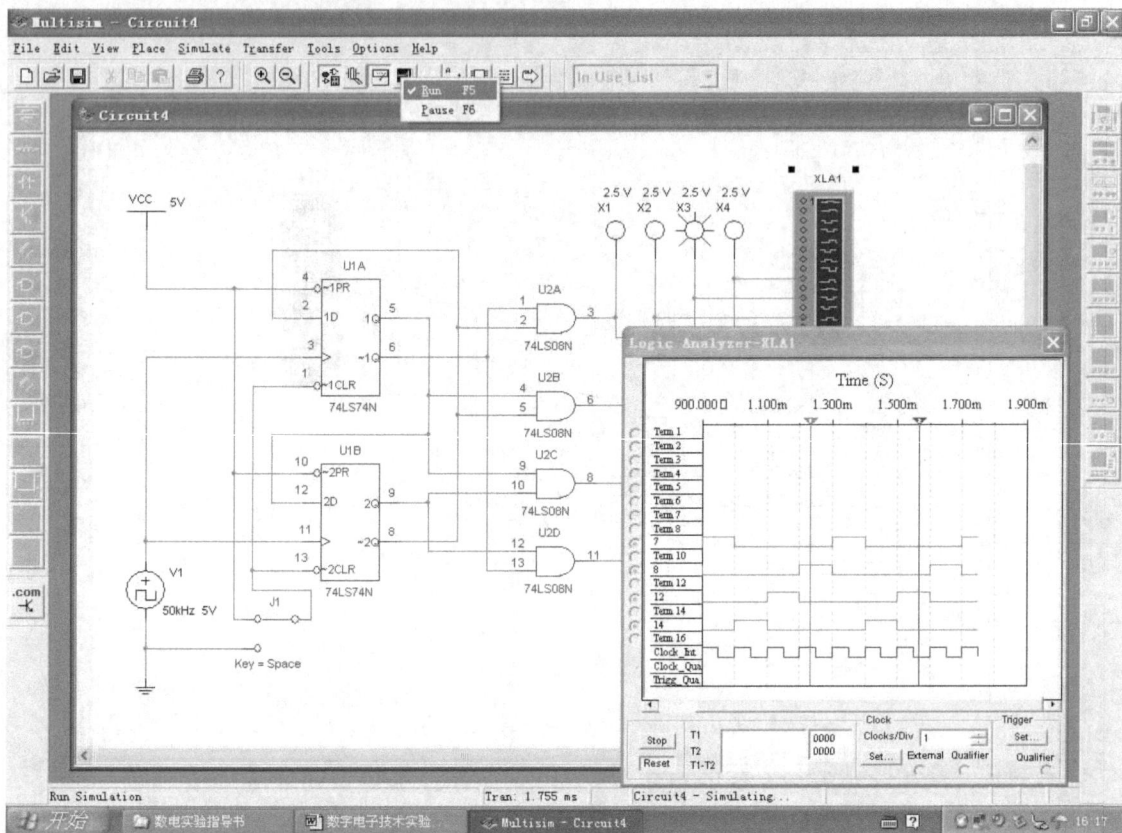

图 6-40　Multisim 电路窗口——4 路脉冲分配器的波形

3）输入不同的控制，仿真运行，观察发光二极管显示的进位输出情况，观察逻辑分析仪显示的波形情况。

4）保存、整理电路文档资料（电路图、测试数据和波形图）。

**（五）实验报告及思考题**

1）整理电路文档资料（电路图、测试数据和波形图）。

2）分析测试结果（功能、误差的原因、故障及解决措施）。

3）在 Multisim 电路窗口中创建由 74LS163 十六进制计数器和 74LS150 16 选 1 数据选择器构成的 "011010010100" 序列发生器，并仿真验证其功能。

# 第七章　电子技术课程设计

## 第一节　电子技术课程设计概述

"电子技术课程设计"是电子技术课程的实践性教学环节，是对学生学习电子技术的综合性训练，这种训练是通过学生独立进行某一课题的设计、安装和调试来完成的。学生通过动脑动手解决一两个实际问题，巩固和运用在"模拟电子技术"和"数字电子技术"课程中所学的理论知识和实验技能，基本掌握常用电子电路的一般设计方法，提高设计能力和实验技能，为以后从事电子电路设计、研制电子产品打下基础。

### 一、电子技术课程设计教学目的与要求

课程设计一般是在通过一阶段课程的各教学环节（课堂教学、实习和实验）之后进行的，它含有较多的综合运用理论知识，旨在训练与培养解决实际问题的能力。课程设计的内容包括收集资料、课题调研、电路设计、安装调试、整理总结及写出完整的设计报告。电子技术课程设计应达到如下要求：

1）巩固和加强电子技术课程的理论知识。

2）掌握电子电路的一般设计方法，了解电子产品研制开发过程。根据设计任务和指标，初选电路，通过调查研究、设计计算、确定电路方案。

3）培养自学能力和独立分析问题、解决实际问题的能力，掌握电子电路安装与调试方法及故障排除方法。即在基本确定初步方案之后，查阅手册、选择元器件、安装电路，拟定电路的调试方案和步骤，通过"观察、分析、试验、判断"的方法解决问题。

4）提高电子电路实验技能及仪器使用能力。

5）培养创新能力和创新思维。

6）培养严肃认真的工作作风和严谨的科学态度。

7）写出符合教学要求的课程设计总结报告。

### 二、电子技术课程设计教学安排

电子技术课程设计是在学完相关课程之后进行的，学生已经有了一定的理论基础、实验技能和自学能力。因此，课程设计应采用以自学为主的教学方法，让学生在解决实际问题的实践（包括设计和实验等）中得到提高。具体来说，课程设计教学可以包括以下几方面：

1）课程设计选题可根据学生的具体情况由指导老师指定，也可由学生自己选定。

2）学生阅读与课程设计有关的参考资料。

3）指导教师给予方案性提示、指导和答疑。

4）学生根据课程设计的设计任务和要求独立进行原理电路图的设计。

5）应在完成原理电路图的设计，并画出完整的电路图、列出详细的元器件清单之后，经指导教师同意，学生才能进入实验室领取元器件及工具，并进行独立的安装、调试，排除

故障，完善功能。

6）学生在实验电路安装调试满足基本功能后，如时间允许，还可在原有功能的基础上扩展功能，充分发挥学生的积极性和创造思维。

7）在实验电路安装调试后，指导教师进行验收与考核。指导教师验收考核如下：

①电路布局及安装工艺；

②基本功能及性能指标；

③扩展功能；

④回答有关问题；

⑤由指导教师验收考核合格后，才能拆线，归还元器件和工具；

⑥学生整理资料撰写课程设计总结报告。

### 三、电子技术课程设计报告要求

每人用 A4 纸手写一份课程设计报告。

封面要打印出课程设计科目、题目名称、学院、班级、姓名、学号、同组人、完成报告日期、成绩、指导教师。

报告正文应包含以下内容：

1）课题名称。

2）设计任务和要求。

3）根据设计任务和要求考虑了哪些方案，分别画出系统框图，比较和选定设计的系统方案。

4）单元电路设计，元器件参数计算，元器件型号选择。

5）画出完整的电路原理图，分析电路各部分功能，并说明电路的工作原理。

6）组装调试的内容，包括：

①使用的主要仪器和仪表；

②调试电路的方法和技巧；

③测试的数据和波形，并与计算结果比较分析；

④调试中出现的故障、原因及排除方法。

7）总结所设计电路的特点和方案的优缺点，提出改进设计意见和展望。

8）系统使用的元器件清单。

9）主要参考文献。

参考文献的格式如下：序号．作者名．书刊名．出版社，出版时间（刊号）。

10）有哪些收获、体会和建议。

## 第二节　电子系统设计举例

### 一、扩音机的电路设计

#### （一）设计任务和要求

设计一个对弱信号具有放大能力的扩音机，其要求如下：

1）输入信号源为传声器（话筒）输入，信号幅度大小为 $0 \sim 5\text{mV}$。

2）最大输出功率为 $8\text{W}$。

3）负载阻抗为 $8\Omega$。

4）频带宽度 $BW = 80 \sim 6000\text{Hz}$。

5）非线性失真系数不大于 $3\%$（在 $BW$ 内，满功率下）。

6）要求具有音调控制功能：在 $1\text{kHz}$ 为 $0\text{dB}$；在 $100\text{Hz}$ 和 $10\text{kHz}$ 处有 $\pm 12\text{dB}$ 的调节范围。

### （二）设计方案

扩音机原理框图如图 7-1 所示。前置放大级主要完成对小信号的放大，一般要求输入阻抗要高，输出阻抗低，频带宽度要宽，噪声要小。音调控制级主要实现对输入信号高、低音的提升和衰减。功率放大级决定了整机的输出功率、非线性失真系数等指标，要求效率高、失真尽可能小、输出功率大。

首先根据技术指标要求，对整机电路做适当安排，确定各级的增益分配，然后对各级电路进行具体的设计计算。

因为 $P_{\text{omax}} = 8\text{W}$。所以此时的输出电压：$U_{\text{o}} = \sqrt{P_{\text{omax}}R_{\text{L}}} = 8\text{V}$。要使输入 $5\text{mV}$ 的信号放大到 $8\text{V}$ 的输出，所需要的总放大倍数为

$$A_{\text{u}} = \frac{U_{\text{o}}}{U_{\text{i}}} = \frac{8\text{V}}{5\text{mV}} = 1600$$

扩音机中各级增益的分配如下：

前置放大级电压放大倍数为 80；音调控制级中音频电压放大倍数为 1；功率放大级电压放大倍数为 20。

### （三）单元电路设计

**1. 前置放大器**

由于信号源提供的信号非常微弱，故一般在音调控制器前面要加一级前置放大器。该前置放大器的下限频率要小于音调控制器的低音转折频率，前置放大器的上限频率要大于音调控制器的高音转折频率。前置放大器采用集成运算放大器电路，如图 7-2 所示。考虑到对噪声、频率响应的要求，运算放大器选用 LF353 双运算放大器，该运算放大器是场效应晶体管输入型高速低噪声集成器件。其输入阻抗极高，输入偏置电流仅有 $50 \times 10^{-12}\text{A}$，噪声电压为 $16\mu\text{V/Hz}^{\frac{1}{2}}$，单位增益频率为 $4\text{MHz}$，转换速率为 $13\text{V/}\mu\text{s}$，用作音频前置放大器十分理想，该运放采用 $\pm 15\text{V}$ 双电源供电。

前置级由 LF353 组成两级放大器完成。第一级放大器 $A_{\text{u1}} = 11$，即 $1 + R_3/R_2 = 11$，取 $R_2 = 10\text{k}\Omega$，$R_3 = 100\text{k}\Omega$，取 $A_{\text{u2}} = 11$（考虑增益裕量），同样 $R_5 = 10\text{k}\Omega$，$R_6 = 100\text{k}\Omega$。电阻 $R_1$、$R_4$ 为放大器的偏置电阻，取 $R_1 = R_4 = 100\text{k}\Omega$。耦合电容 $C_1$、$C_2$ 取 $10\mu\text{F}$，$C_4$、$C_5$ 取 $100\mu\text{F}$，以保证扩音机的低频响应。

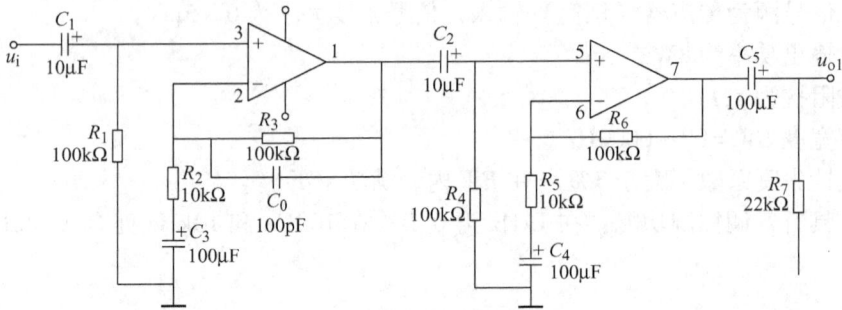

图 7-2　前置放大器

### 2. 音调控制器设计

音调控制器的功能是根据需要按一定的规律控制、调节音频放大器的频率响应，达到美化音色的目的。一般音调控制器只对低音频和高音频信号的增益进行提升或衰减，而中音频信号的增益不变。音调控制器电路结构有多种形式，常用的典型电路如反馈式音调控制电路如图 7-3 所示。该电路是由一个音调控制网络和运放所组成的负反馈放大器，其中两个电位器分别调节低音和高音，通过改变其值改变反馈系数，从而改变放大器的幅频特性，以达到音调控制的效果。

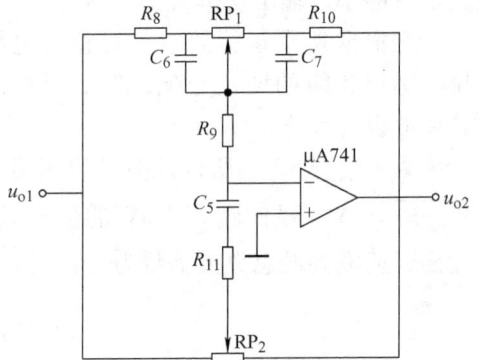

图 7-3　常用的音调控制器典型电路结构

音调控制器的音调控制曲线如图 7-4 所示。图中给出了相应的转折频率：$f_{L1}$ 为低音频转折频率，$f_{L2}$ 为中音频下限频率，$f_0$ 为中音频频率（即中心频率），要求电路对此频率信号没有衰减和提升作用，$f_{H1}$ 为中音频上限频率，$f_{H2}$ 为高音频转折频率。

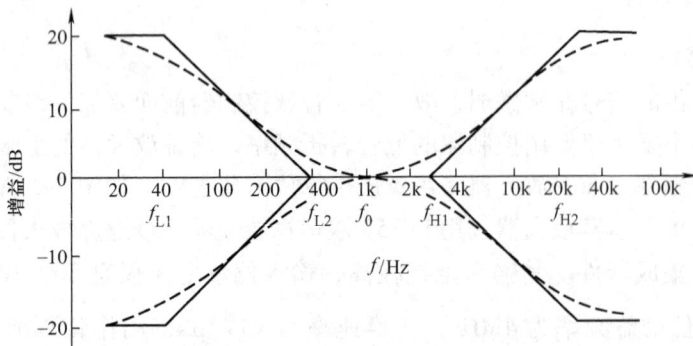

图 7-4　音调控制器频率响应曲线

实际应用中，通常首先提出低频区 $f_{Lx}$ 处和高频区 $f_{Hx}$ 处的提升量或衰减量 $x$（dB），再根据下式求转折频率 $f_{L2}$、$f_{L1}$ 和 $f_{H1}$、$f_{H2}$

$$f_{l2} = f_{lx} \cdot 2^{x/6}, \quad f_{L1} = f_{l2}/10$$

$$f_{H1} = f_{Hx}/2^{x/6}, \quad f_{H2} = 10f_{H1}$$

本设计中要求 $f_{lx} = 100$Hz 时，$x = 12$dB；$f_{Hx} = 10$kHz 时，$x = 12$dB，所以：$f_{l2} = f_{lx} \cdot 2^{x/6}$ $= 100 \times 4 = 400$Hz，$f_{L1} = f_{l2}/10 = 40$Hz，$f_{H1} = f_{Hx}/2^{x/6} = 2.5$kHz，$f_{H2} = 10f_{H1} = 25$kH。

音调控制器的设计主要是根据要求的不同的转折频率选择电位器、电阻及电容值。

（1）低音频工作时元件参数计算　音调控制器工作在低音频时（即 $f < f_{l2}$），由于电容 $C_5 \ll C_6 = C_7$，故在低音频时 $C_5$ 可看成开路，音调控制器此时可简化为图 7-5 所示电路。图 7-5a 为电位器 $RP_1$ 中间抽头处在最左端，对应于低音频提升最大的情况。图 7-5b 为电位器 $RP_1$ 中间抽头处在最右端，对应于低音频衰减最大的情况。

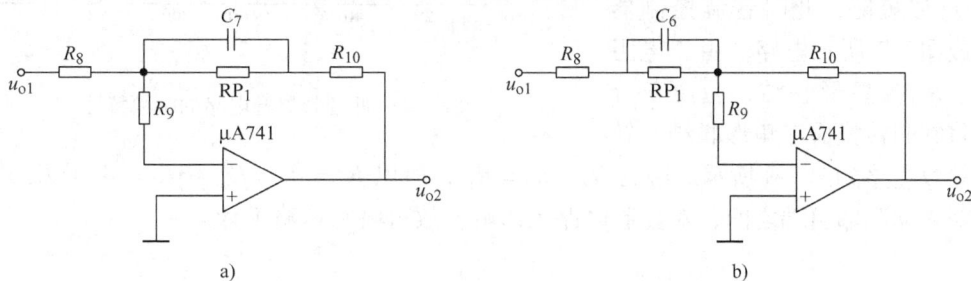

图 7-5　音调控制器在低音频段时的简化电路

a）低音频提升　b）低音频衰减

下面分别讨论：

1）低音频提升。由图 7-5a 可求出低音频提升电路的频率响应函数为

$$\dot{A}(j\omega) = \frac{\dot{U}_o}{\dot{U}_i} = -\frac{R_{10} + RP_1}{R_8} \frac{1 + j\omega/\omega_{l2}}{1 + j\omega/\omega_{L1}}$$

式中，$\omega_{L1} = 1/C_7 RP_1$，$\omega_{l2} = (RP_1 + R_{10})/(C_7 RP_1 R_{10})$。低音频提升电路的幅频特性如图 7-6 所示。当频率远远小于 $f_{L1}$ 时，电容 $C_7$ 近似开路，此时的增益为

$$A_L = \frac{R_{10} + RP_1}{R_8}$$

当频率升高时，$C_7$ 的容抗减小，当频率远远大于 $f_{l2}$ 时，$C_7$ 近似短路，此时的增益为

$$A_0 = \frac{R_{10}}{R_8}$$

在 $f_{L1} < f < f_{l2}$ 的频率范围内，电压增益衰减率为 $-20$dB/十倍频，即 $-6$dB/倍频程。

本设计要求中音频增益 $A_0 = 1$（0dB），在 100Hz 处有 $\pm 12$dB 的调节范围。故当增益为 0dB 时，对应的转折频率为 400Hz。该频率即是中音频下限频率 $f_{l2} = 400$Hz。最大提升增益一般取 10 倍，因此音调控制器的低音频转折频率 $f_{L1} = f_{l2}/10 = 40$Hz。

电阻 $R_8$、$R_{10}$、$RP_1$ 的取值范围一般为几千欧至几百千欧。若阻值取得过大，运算放大器的漏电流的影响变大；若取值过小，流入运算放大器的电流将超过其最大输出能力。这里取 $RP_1 = 470$kΩ。由于 $A_0 = 1$，故 $R_8 = R_{10}$。又因为 $\omega_{l2}/\omega_{L1} = (RP_1 + R_{10})/R_{10} = 10$，所以 $R_8 = R_{10} = RP_1/(10-1) \approx 52$kΩ，取 $R_9 = R_8 = R_{10} = 51$kΩ。电容 $C_7$ 可由下式求得：$C_7 = 1/(2\pi f_{L1} \cdot RP_1) \approx 0.0085$（μF），取 $C_7 = 0.01$μF。

2）低音频衰减。在低音频衰减电路中，如图 7-5b 所示。若取电容 $C_6 = C_7$，则当频率 $f$ $\leqslant f_{L1}$ 时，电容 $C_6$ 近似开路，此时电路增益 $A_L = \dfrac{R_{10}}{R_8 + \mathrm{RP}_1}$；当频率 $f \geqslant f_{L2}$ 时，电容 $C_6$ 近似短路，此时电路增益 $A_0 = R_{10}/R_8$。可见低频端最大衰减倍数为 $1/10$（$-20\mathrm{dB}$）。

（2）高音频工作时元件计算

音调控制器在高音频段工作时，电容 $C_6$、$C_7$ 近似短路，此时音调控制器可简化成图 7-7 所示电路。由于电阻 $R_8$、$R_9$、$R_{10}$ 为星形联结，为便于分析，可将它们转换成三角形联结，转

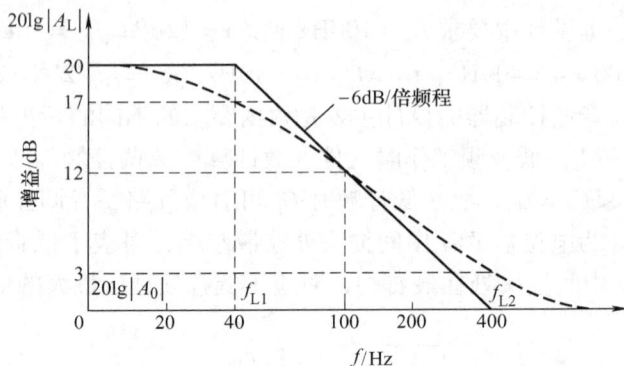

图 7-6 低音频提升电路的幅频特性

换后的等效电路如图 7-8 所示。因为 $R_8 = R_9 = R_{10}$，所以 $R_a = R_b = R_c = 3R_8$。由于 $R_c$ 跨接在电路的输入端和输出端之间，对控制电路无影响，故可将它忽略不计。

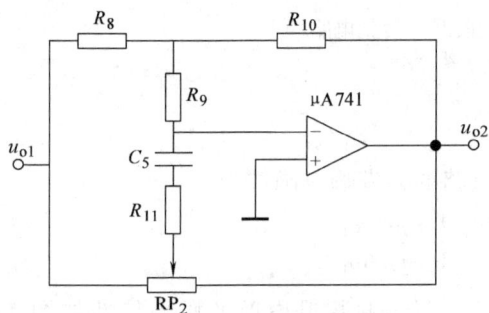

图 7-7 音调控制器高音
频段工作时的简化电路

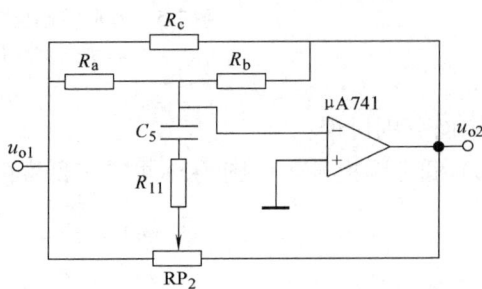

图 7-8 图 7-7 电路的等效电路

音调控制器的高音频等效电路如图 7-9 所示。当 $\mathrm{RP}_2$ 中间抽头处于最左端时，此时高音频提升最大，等效电路如图 7-9a 所示。当 $\mathrm{RP}_2$ 中间抽头处于最右端时，此时高音频衰减最大，等效电路如图 7-9b 所示。

1）高音频提升。由图 7-9a 知，该电路是一典型的高通滤波器，其增益函数为

$$\dot{A}(\mathrm{j}\omega) = \frac{\dot{U}_o}{\dot{U}_i} = -\frac{R_b}{R_a} \cdot \frac{1 + \mathrm{j}\omega/\omega_{H1}}{1 + \mathrm{j}\omega/\omega_{H2}}$$

式中，$\omega_{H1} = 1/(R_a + R_{11})C_5$，$\omega_{H2} = 1/C_5 R_{11}$。

按照低音频段的分析方法，可画出高音频提升电路的幅频特性曲线，参照图 7-4 所示。

当 $f \leqslant f_{H1}$ 时，电容 $C_5$ 可近似开路，此时的增益为

$$A_0 = \frac{R_b}{R_a} = 1 \quad （中音频增益）$$

当 $f \geqslant f_{H2}$ 时，电容 $C_5$ 近似为短路，此时电压增益为

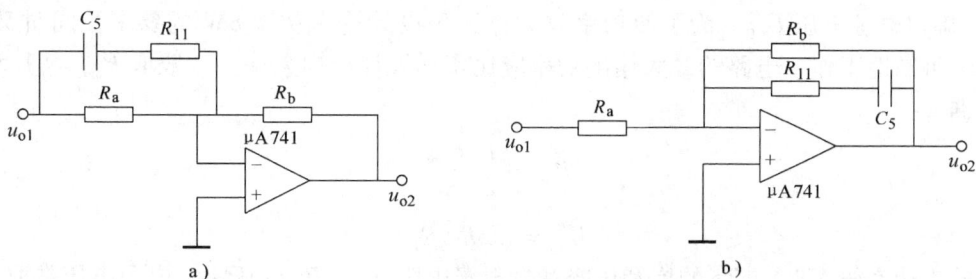

图 7-9　音调控制器的高音频等效电路

a）高音频提升电路　b）高音频衰减电路

$$A_{\mathrm{H}} = \frac{R_{\mathrm{b}}}{R_{\mathrm{a}} \mathbin{/\mkern-5mu/} R_{11}}$$

当 $f_{\mathrm{H1}} \leqslant f \leqslant f_{\mathrm{H2}}$ 时，电压增益按 20dB/十倍频程的斜率增加。

本设计任务书要求中音频增益 $A_0 = 1$，在 10kHz 处有 ±12dB 的调节范围。所以求得 $f_{\mathrm{H1}}$ = 2.5kHz。又因为 $\omega_{\mathrm{H2}}/\omega_{\mathrm{H1}} = (R_{11} + R_{\mathrm{a}})/R_{11} = A_{\mathrm{H}}$，高音频最大提升量 $A_{\mathrm{H}}$ 一般也取 10 倍，所以 $f_{\mathrm{H2}} = A_{\mathrm{H}} f_{\mathrm{H1}} = 25$kHz。由 $(R_{11} + R_{\mathrm{a}})/R_{11} = A_{\mathrm{H}}$，得 $R_{11} = R_{\mathrm{a}}/(A_{\mathrm{H}} - 1) = 17$kΩ，取 $R_{11} = 18$kΩ。由 $\omega_{\mathrm{H2}} = 1/C_5 R_{11}$，得 $C_5 = 1/(2\pi f_{\mathrm{H2}} R_{11}) = 354$pF 取 $C_5 = 330$pF。高音调调节电位器 $\mathrm{RP}_2$ 的阻值与 $\mathrm{RP}_1$ 相同，取 $\mathrm{RP}_2 = 470$kΩ。

2）高音频衰减。与高音频提升比较，由于元件值都相同，所以高音频衰减转折频率与高音频提升转折频率相同，而高频最大衰减为 -20dB。

**3. 功率放大器设计**

功率放大级电路结构有许多种形式，选分立元器件组成的功率放大器或单片集成功率放大器均可。

（1）分立元件组成的典型 OCL 功率放大器

选用集成运算放大器组成的典型 OCL 功率放大器，如图 7-10 所示。

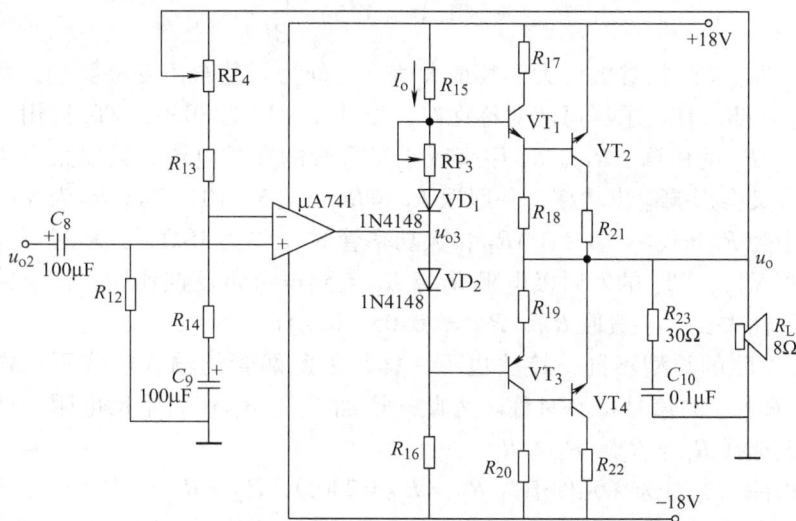

图 7-10　典型 OCL 功率放大器

1）确定电源电压 $U_{CC}$　为了使功率放大器达到设计输出功率 8W 的要求，同时又保证电路安全可靠地工作，电路的最大输出功率应比实际设计指标大些，一般取 $P_{om} = (1.5 \sim 2)P_o$。根据

$$P_{om} = \frac{1}{2}\frac{U_{om}^2}{R_L}$$

所以

$$U_{om}^2 = \sqrt{2P_{om}R_L}$$

考虑到输出功率管 $VT_2$、$VT_4$ 的饱和压降和发射极电阻 $R_{18}$、$R_{19}$ 的压降，电源电压常取

$$U_{CC} = (1.2 \sim 1.5)U_{om}$$

将已知参数带入上式，电源电压选取 $\pm 18V$。

2）功率放大器设计

①输出晶体管的选择。输出功率管 $VT_2$、$VT_4$ 选择同类型的 NPN 型大功率管。其承受的最大反向电压 $U_{CEmax} \approx 2U_{CC}$，每管的最大集电极电流 $I_{Cmax} = U_{CC}/(R_{21}+R_L) \approx 2A$。每管的最大集电极功耗为 $P_{Cmax} \approx 0.2P_o = 1.6W$。所以，在选择功率管时除应使两管的 $\beta$ 尽量对称外，其极限参数应满足关系

$$\begin{cases} U_{(BR)CEO} > 2U_{CC} \\ I_{CM} > I_{Cmax} \\ P_{CM} > P_{Cmax} \end{cases}$$

根据上式关系，选择功率管为 3DD01。

②复合管的选择。$VT_1$、$VT_3$ 分别与 $VT_2$、$VT_4$ 组成复合管，它们承受的最大电压均为 $2U_{CC}$，考虑到 $R_{18}$、$R_{20}$ 的分流作用和晶体管的损耗，晶体管 $VT_1$、$VT_3$ 的集电极最大电流近似为

$$I_{Cmax} \approx (1.1 \sim 1.5)\frac{I_{Cmax}}{\beta_2}$$

晶体管 $VT_1$、$VT_3$ 的集电极最大功耗近似为

$$P_{Cmax} = (1.1 \sim 1.5)\frac{P_{C2max}}{\beta_2}$$

实际选择 $VT_1$、$VT_3$ 的参数要大于其最大值。另外为了复合出互补类型的晶体管，一定要使 $VT_1$、$VT_3$ 互补，且要求尽可能对称性好。故选用 $VT_1$ 为 8050，$VT_3$ 选用 8550。

③电阻 $R_{17} \sim R_{22}$ 的估算。$R_{18}$、$R_{20}$ 用来减小复合管的穿透电流，其值太小会影响复合管的稳定性，太大又会影响输出功率，一般取 $R_{17} = R_{20} = (5 \sim 10)R_{i2}$。$R_{i2}$ 为 $VT_2$ 的输入端等效电阻，其大小为 $R_{i2} = r_{be2} + (1+\beta_2)R_{21}$，大功率管的 $r_{be}$ 约为 $10\Omega$，$\beta$ 为 20 倍。

输出功率管 $VT_2$、$VT_4$ 的发射极电阻 $R_{21}$、$R_{22}$ 起到电流负反馈作用，使电路的工作更加稳定，减少非线性失真。一般取 $R_{21} = R_{22} = (0.05 \sim 0.1)R_L$。

由于 $VT_1$、$VT_3$ 的类型不同，接法也不一样，因此两管的输入阻抗不一样，这样加到 $VT_1$、$VT_3$ 基极输入端的信号将不对称。为此，增加 $R_{17}$、$R_{19}$ 作为平衡电阻，使两管的输入阻抗相等。一般选择 $R_{17} = R_{19} = R_{18}//R_{i2}$。

根据以上条件，电路选择元件值为 $R_{18} = R_{20} = 240\Omega$，$R_{21} = R_{22} = 1\Omega$，$R_{17} = R_{19} = 30\Omega$。

④确定偏置电路。为了克服交越失真，二极管 $VD_1$、$VD_2$ 和 $R_{15}$、$R_{16}$、$RP_3$ 共同组成输出级的偏置电路，使输出级工作于甲乙类状态。$R_{15}$、$R_{16}$ 的阻值要根据输出级输出信号的幅

度和前级运算放大器的最大允许输出电流来考虑。静态时功率放大器的输出端对地的电位应为零，即 $I_o = 0\text{mA}$。运算放大器的输出电压 $U_{o3} \approx 0\text{V}$，若取电流 $I_o = 1\text{mA}$，$\text{RP}_3 = 0$，则

$$I_o = \frac{U_{CC} - U_D}{R_{15} + \text{RP}_3} = \frac{U_{CC} - U_D}{R_{15}} = \frac{(15 - 0.7)\text{V}}{R_{15}}$$

所以 $R_{15} = 17.3\text{k}\Omega$，取 $R_{15} = 18\text{k}\Omega$。为了使静态工作点能在一定范围内调节，取 $\text{RP}_3 = 1\text{k}\Omega$。为了保证对称，电阻 $R_{16} = R_{15} = 18\text{k}\Omega$。

⑤反馈电阻 $R_{13}$、$R_{14}$ 的确定。运算放大器选用 μA741，功率放大器的电压增益可表示为，$A_u = 1 + (R_{13} + \text{RP}_4)/R_{14} = 20$，取 $R_{14} = 1\text{k}\Omega$，则 $R_{13} + \text{RP}_4 = 19\text{k}\Omega$，为了使功率放大器增益可调，取 $R_{13} = 15\text{k}\Omega$，$\text{RP}_4 = 4.7\text{k}\Omega$。电阻 $R_{12}$ 是运算放大器的偏置电阻，电容 $C_8$ 是输入耦合电容，其容量大小决定扩音机的下限频率。取 $R_{12} = 100\text{k}\Omega$，$C_8 = 100\mu\text{F}$。并联在扬声器两端的 $R_{23}$、$C_{10}$ 消振网络可以改善扬声器的高音频响应。

（2）集成功率放大器 LM386

LM386 是一种低电压通用型集成功率放大器，其内部由输入级、中间级和输出级组成，对外有 8 个引脚，典型应用电路如图 7-11 所示。LM386N-4 的电源电压范围一般为 $5.0 \sim 18\text{V}$，消耗静态电流为 4mA，典型输入阻抗为 50kΩ，频率响应可达数百 kHz。引脚 1、8 开路时，其内部的负反馈最强，整个电路的电压放大倍数为 20；若在 1、8 脚之间外接旁路电容，可使电压放大倍数提高到 200。在实际使用中，常常在 1、8 脚之间外接阻容串联电路，通过调节电阻的大小使电路的电压放大倍数在 $20 \sim 200$ 之间变化。本设计要求放大倍数为 20，把引脚 1、8 开路即可。

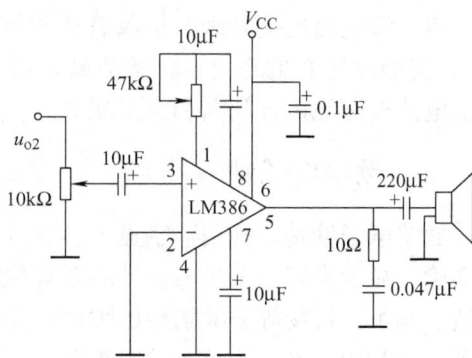

图 7-11　LM386 的应用电路

电路为单端输入方式，输入信号经电容接入同相输入端 3 脚，反相输入端 2 脚接地。由于采用单电源工作，故需将输出端（5 脚）通过大容量电容 220μF 输出以构成 OTL 电路。10Ω 电阻和 0.047μF 电容构成频率补偿网络，用于消除负载电感在高频时产生的不良影响，改变功放的高频特性和防止高频自激。4 脚为接地端，6 脚及所接的电容为正电源端和电源滤波电容，滤波电容可降低电源高频阻抗，防止电路高频自激，其目的是使 LM386 工作稳定。7 脚接旁路电容，大容量电容 220μF 还可以隔直耦合输出。

（四）调试要点

调试安装前，首先将所选用的电子元器件测试一遍，确保元器件完好。在进行元器件安装时，元器件布局要合理，连线尽可能短而直，所用的测量仪器要准备好。

**1. 前置级调试**

输入端不加入交流信号，用万用表分别测量运放的输出电压，正常时应在 0V 附近。若输出端直流电压为电源电压值时，则可能运算放大器已坏或工作在开环状态。

输入端加入 $U_i = 5\text{mV}$，$f = 1000\text{Hz}$ 的交流信号，首先用示波器观察输出波形有无自激现象。如有自激振荡，首先消除，例如在电源对地端并接滤波电容等措施。当工作正常后，用交流毫伏表测量放大器的输出，并求其电压放大倍数。

输入信号幅值保持不变，改变其频率，测量幅频特性，并画出幅频特性曲线。

**2. 音调控制器调试**

静态测试同上。在音调控制器的输入端加入 400mV 的正弦信号幅值不变，将低音控制电位器调到最大提升，同时将高音控制电位器调到最大衰减，测量其幅频特性曲线；将两个电位器的位置调到相反状态，重新测量其幅频响应曲线。

若不符合要求，则应检查电路的连接、元器件值、输入/输出耦合电容是否正确、完好。

**3. 功率放大器调试**

静态调试。首先将输入电容输入端对地短路，接通电源，用万用表测试输出端 O 点的电压，调节电位器 $RP_3$，使 O 点的电压近似为零。

在输入端接入 400mV，1000Hz 的正弦信号，用示波器观察输出波形失真情况，调整电位器 $RP_3$，使输出波形交越失真最小。调节电位器 $RP_4$，使输出电压的峰值等于或大于 11V，以满足输出功率的要求。

**4. 整机调试**

将 3 级电路连接起来，接收音机检波后的信号或连接一传声器，调节音量控制电位器 $RP_4$，应能改变音量的大小。调节高、低音控制电位器，应能明显听出高、低音调的变化。敲击电路板应无声音间断和自激现象。

## 二、数字电子钟

数字电子钟是一种用数字显示秒、分、时的计时装置，与传统的机械钟相比，它具有走时准确、显示直观、无机械传动装置等优点，因而其从小到人们日常生活中的电子手表，到车站、码头、机场等公共场所的大型数显电子钟，得到了广泛的应用。在控制系统中，数字电子钟也常用来作定时控制的时钟源。

### （一）设计任务和要求

用中、小规模集成电路设计一台能显示时、分、秒的数字电子钟，并实现以下功能：

1）由晶体振荡器电路产生 1Hz 标准秒信号。

2）秒、分为 00 ~ 59 六十进制计数器。

3）时为 00 ~ 23 二十四进制计数器。

4）走时精度要求每天误差小于 1s。

5）校时功能。可以在任意时刻校准时间，要求可靠方便。即只要将开关置于校时位置，可分别对秒、分、时进行手动脉冲输入调整或连续脉冲输入的校正。

6）整点报时。整点报时电路要求在每个整点前鸣叫 5 次低音（500Hz），整点时再鸣叫一次高音（1kHz）。

### （二）数字电子钟组成框图

数字电子钟组成框图如图 7-12 所示，它由石英晶体振荡器和分频器组成的秒脉冲发生器，时、分、秒计数器，秒、分、时译码显示器，校时电路，定时控制以及报时电路等组成。

数字电子钟的工作原理：振荡器产生的稳定的高频脉冲信号，作为数字钟的时间基准，再经分频器输出标准秒脉冲。将标准秒脉冲送入秒计数器，秒计数器计满 60s 后向分计数器

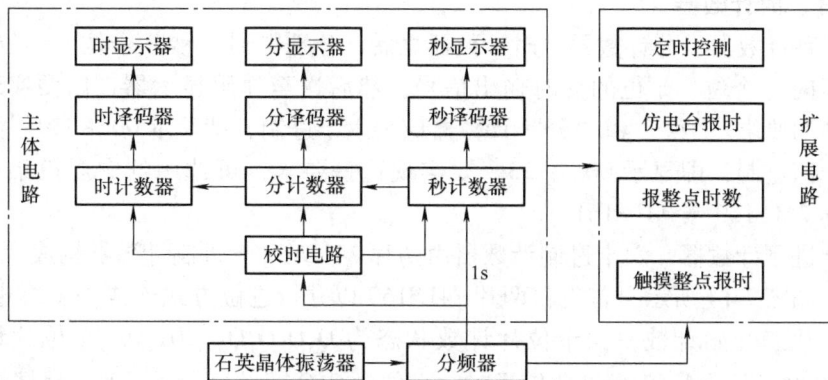

图 7-12　数字电子钟组成框图

进位，分计数器计满 60min 后向小时计数器进位，小时计数器计满 24h 后，时、分、秒计数器同时自动复位为 0，然后开始新一天的计数。译码显示电路将时、分、秒计数器的输出状态经 7 段显示译码器译码，通过 6 位 LED 7 段显示器显示出来。校时电路是用来对时、分、秒显示数字进行校对调整的。报时电路是根据计时系统的输出状态产生脉冲信号，然后去触发一个音频发生器实现报时的。

### （三）单元电路设计

数字电子钟是由各功能部件或单元电路组成的。在设计这些电路或选择部件时，应尽量选用同类型的器件，如所有功能部件都采用 TTL 集成电路或都采用 CMOS 集成电路，整个系统所用的器件种类应尽可能少。根据设计任务和要求，对照数字电子钟的组成框图，可以分以下几部分进行模块化设计。

### 1. 秒脉冲发生器

秒脉冲发生器是数字电子钟的核心部分，它的精度和稳定度决定了数字电子钟计时的准确程度，通常选用石英晶体振荡器发出的脉冲经过整形、分频获得 1Hz 的秒脉冲。一般来说，振荡器的频率越高，计时精度越高。

如采用石英晶体振荡器的谐振频率为 32768Hz，经过 15 级二分频（$2^{15}=32768$）电路，便可获得频率为 1Hz 的秒脉冲信号，秒脉冲发生器如图 7-13 所示。图中，$C_1$ 为频率微调电容，一般取 3～20pF；$C_2$ 为温度特性校正电容，一般取 20～50pF；CD4060 为 14 位串行计数器/分频器，74LS74 为双 D 触发器。由晶体振荡器的 32768Hz 经 14 分频器分频为 2Hz，再经 D 触发器一级分频，即得 1Hz 的标准秒脉冲，供时钟计数器用。

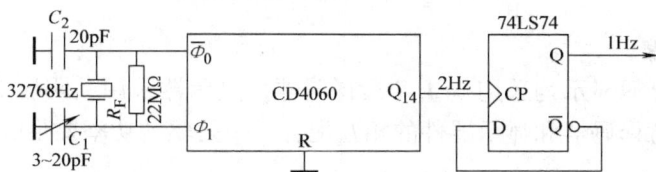

图 7-13　秒脉冲发生器

## 2. 秒、分、时计数器

秒信号经秒计数器、分计数器、时计数器之后，分别得到"秒"个位、十位，"分"个位、十位及"时"个位、十位的计时输出信号，然后送至译码显示器，以便实现用数字显示时、分、秒的要求。"秒"和"分"计数器应为六十进制，即显示 00 ~ 59。而"时"计数器应为二十四进制，即显示 00 ~ 23。要实现这一要求，可选用的中规模集成计数器较多，这里推荐 74LS160 或 74LS161。

（1）六十进制计数器　六十进制计数器由两片 74LS160 十进制计数器构成，采用整体置零法来实现，如图 7-14 所示。首先将两片 74LS160 以并行进位方式连成一个百进制计数器，计数器从全 0 状态开始计数，当十位片计数状态为 $Q_3Q_2Q_1Q_0 = 0110$、个位片计数状态为 $Q_3Q_2Q_1Q_0 = 0000$，即计入 60 个进位信号时，十位片 $Q_2Q_1$ 经门 $G_1$ 译码产生反馈清零信号 $\overline{R}_D = 0$，立刻将两片 74LS160 同时置零，从而实现了六十进制计数。

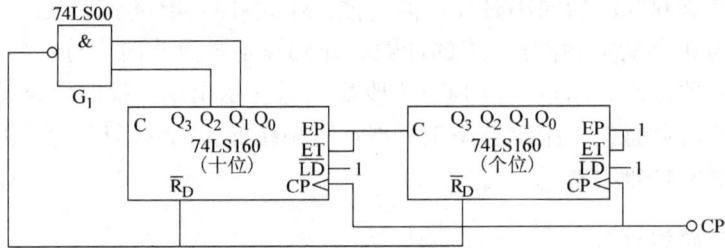

图 7-14　六十进制计数器

（2）二十四进制计数器　二十四进制计数器由两片 74LS160 十进制计数器构成，采用整体置零法来实现，如图 7-15 所示。首先将两片 74LS160 以并行进位方式连成一个百进制计数器，计数器从全 0 状态开始计数，当十位片计数状态为 $Q_3Q_2Q_1Q_0 = 0010$、个位片计数状态为 $Q_3Q_2Q_1Q_0 = 0100$，即计入 24 个进位信号时，十位片 $Q_1$、个位片 $Q_2$ 经门 $G_1$ 译码产生反馈清零信号 $\overline{R}_D = 0$，立刻将两片 74LS160 同时置零，从而实现了二十四进制计数。

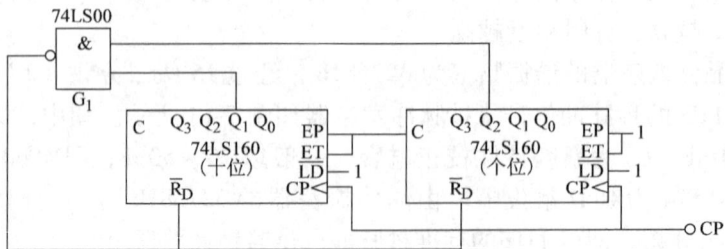

图 7-15　二十四进制计数器

## 3. 译码显示电路

所有计数器的译码显示均采用 BCD-7 段译码器，显示器采用共阴极或共阳极的显示器。选用器件时应当注意译码器和显示器件的相互配合。一是驱动功率要足够大，二是逻辑电平要匹配。

例如，采用共阴极 LED 数码管作为显示器件时，应采用输出为高电平的译码器，且因数码管工作电流较大，不能用普通 TTL 译码器，应选用功率门或者 OC 门。因此，推荐使用的显示译码器为 74LS248。

#### 4. 校时电路

在刚接通电源或者时钟走时出现误差时，则需要进行时间的校准。置开关在校时位置，可分别对时、分、秒进行单独计数，计数脉冲由单次脉冲或连续脉冲输入。单次、连续脉冲均由门电路构成。

在图 7-16 所示的时校时电路中，若 $S_3$ 处于校时位置，$S_4$ 处于单次位置，则此时按动单次脉冲键，即可对时计数器按单次脉冲进行校时；若 $S_4$ 处于连续位置，则不需要按动单次脉冲，即可对时计数器按连续脉冲进行校时。

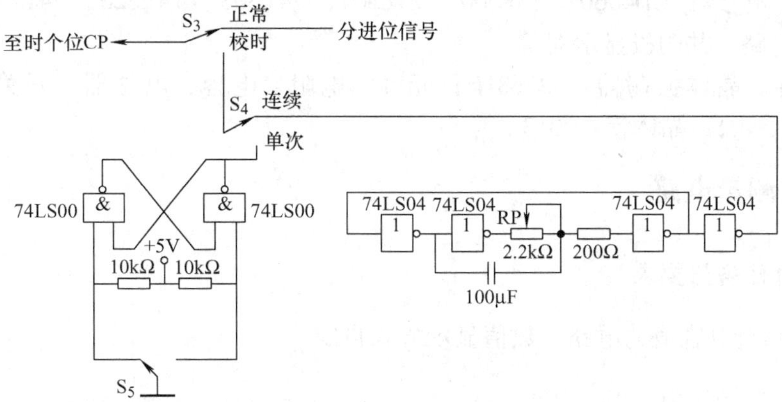

图 7-16 时校时电路

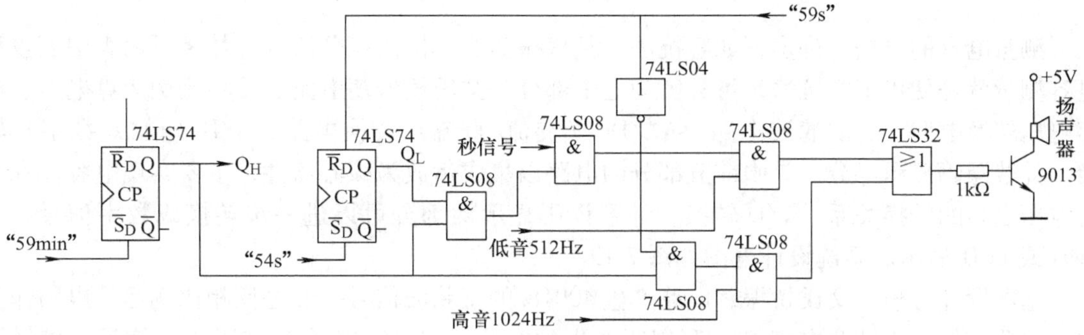

图 7-17 自动报时电路

#### 5. 整点报时电路

当时计数器在每次计到整点前 6s 时，需要报时，这可用译码电路来解决，如图 7-17 所示。当分计数到 59min 时，将分触发器 $Q_H$ 置 1，而等秒计数到 54s 时，将秒触发器 $Q_L$ 置 1，然后 $Q_H$ 与 $Q_L$ 相"与"，结果再和标准秒信号相"与"去控制低音扬声器鸣叫（按 500Hz 频率鸣叫 5 声），直至 59s 时产生一个复位信号使 $Q_L$ 清零，停止低音鸣叫。此外，59s 信号的反相信号又和 $Q_H$ 相"与"去控制高音扬声器鸣叫（按 1kHz 频率鸣叫 1 声）。当计时器从 59：00 到 00：00 时，鸣叫结束，完成整点报时。

鸣叫电路由高、低两种频率通过或门去驱动一个晶体管，带动扬声器鸣叫。1kHz 和 500Hz 从晶体振荡器分频器近似获得。如图 7-18 中的 CD4060 分频器的输出端 $Q_5$ 和 $Q_6$。$Q_5$

输出频率为 1024Hz，$Q_6$ 为 512Hz。

#### 6. 整机电路

经过以上各单元电路的设计，得到数字电子钟逻辑电路参考图如图 7-18 所示。

### （四）可选用的器材

1）数字电子技术实验箱。

2）双踪示波器。

3）数字万用表。

4）集成电路。CD4060、74LS00、74LS04、74LS08、74LS20、74LS74、74LS160、74LS248 及门电路、共阴极显示器等。

5）元器件。晶体振荡器：32768Hz；元件：电阻、电容、电位器；开关：单次按键；扬声器：1/4W，8Ω；晶体管：9013。

## 三、电容测量电路

### （一）设计任务与要求

设计一个测量电容值的电路，数值显示方式自定。

要求：

测量范围分为 2μF 和 20μF 两档，最高分辨率分别为 0.1nF 和 1nF。

### （二）设计方案

测量电容的方法有许多，如容抗法、频率振荡法、恒流积分法等，数字万用表中五量程电容测量就是使用了容抗法，可分解为七个部分：文氏桥振荡电路、反相比例运算电路、电容电压转换电路、有源滤波电路、AC/DC（交流/直流）转换电路、A/D（模拟/数字）转换、计数译码显示部分。其中前五部分的电路以集成运放为核心器件，主要实现电容值和直流电压之间的转换关系，A/D 转换、计数译码显示两部分可以进一步转换成数字信号，由 LED 或 LCD 显示。系统设计框图如图 7-19。

基本设计思想：文氏桥振荡电路产生 400Hz 的正弦波信号，经过反相比例运算电路作为缓冲电路，作用于被测电容 $C_x$，利用所产生的容抗 $X_c$ 将 $C_x$ 转换为交流电压信号，再经滤波器滤掉其他频率的干扰，输出幅值与 $C_x$ 成比例的 400Hz 正弦波电压，通过 AC/DC 转换电路，转换为直流电压。如果需要数字显示，需要由 A/D 转换电路转换为数字信号，并驱动 LCD 或 LED 显示被测电容的容量值。

### （三）电路参考设计

#### 1. 文氏桥振荡器

如图 7-20 所示，文氏桥振荡器由运放 TL062 和 $R_1$，$R_2$，$C_1$，$C_2$ 组成，振荡频率 $f_o = \dfrac{1}{2\pi\sqrt{R_1 R_2 C_1 C_2}}$，当 $R_1 = R_2 = 39.2\text{k}\Omega$，$C_1 = C_2 = 0.01\mu\text{F}$ 时，$f_o \approx 400\text{Hz}$。

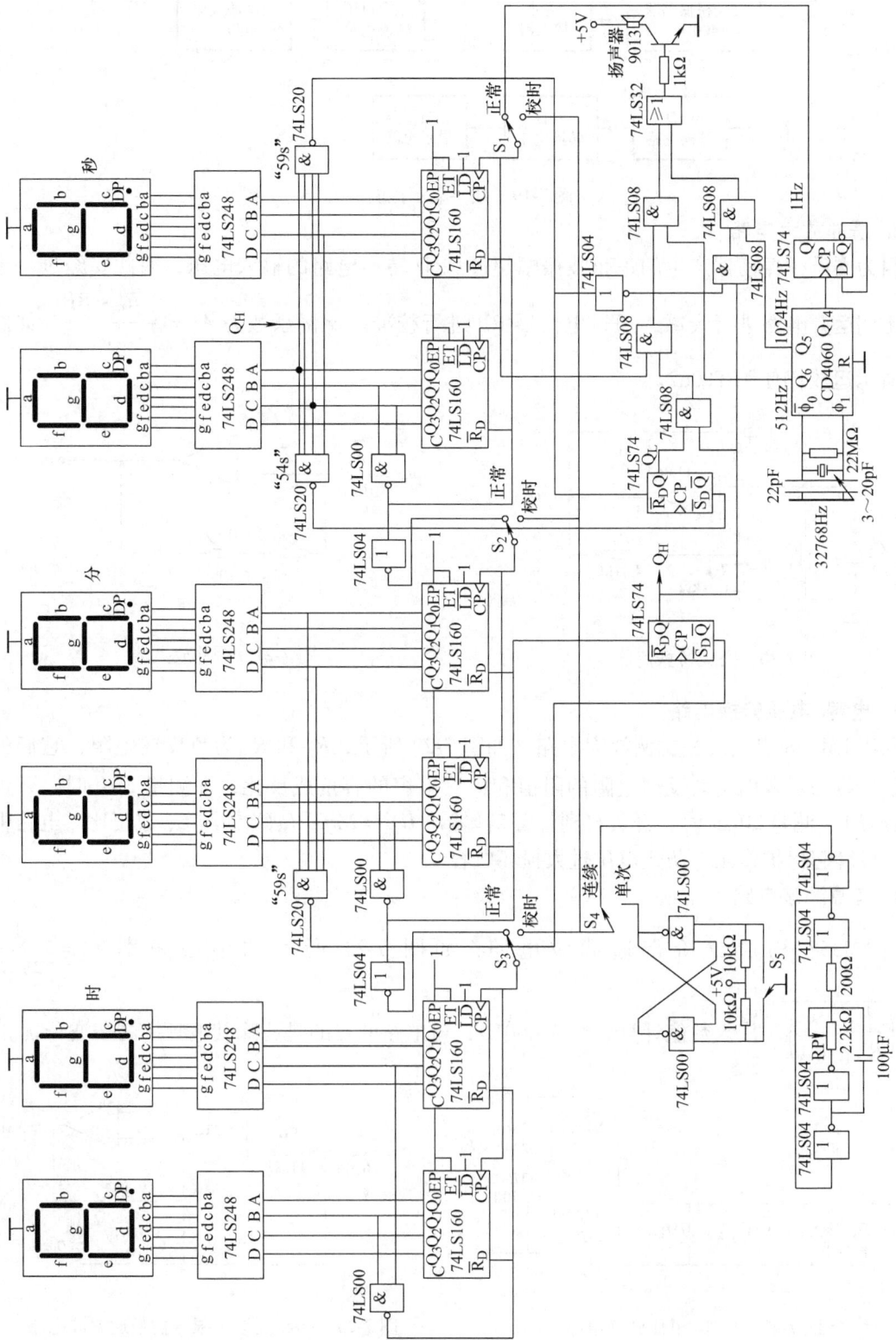

图7-18 数字电子钟逻辑电路参考图

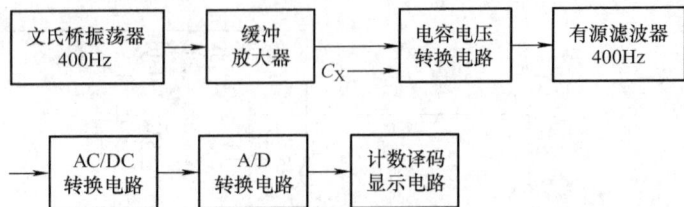

图 7-19 数字显示框图

## 2. 缓冲放大电路

因为文氏桥振荡器产生的正弦波振幅超过 A/D 转换电路的输入电压，因此要经过一个反相比例运算电路进行衰减，通过电位器 RP 进行校准。比例系数为 $A_u = -\dfrac{R_6 + RP}{R_5}$，如图 7-21 所示运放仍使用 TL062。

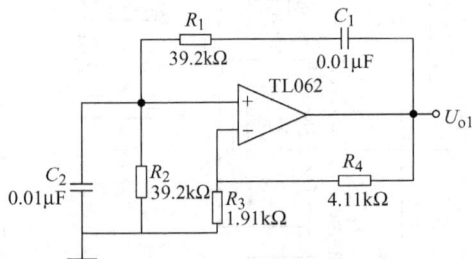

图 7-20　文氏桥振荡器

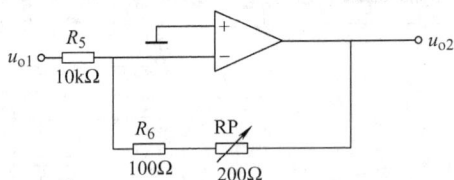

图 7-21　缓冲放大器

## 3. 电容/电压转换电路

利用 LM358 组成反相比例放大电路，如图 7-22 所示，$R_7$ 和 $R_{10}$ 为负反馈电阻，它们的阻值依电容的量程而定。反馈电阻的阻值和被测电容的容抗成反比，即测量 2μF 时，开关打到位置 1，测量 20μF 时，开关打到位置 2。输出 $U_{O3} = 2\pi f X_C R_f U_{o2}$，与 $C_X$ 成正比。电路中四个二极管起保护作用，防止电压过大损坏电容。

## 4. 有源滤波电路

由 LM358 构成二阶带通滤波电路，如图 7-23 所示的中心频率 $f_o = \dfrac{1}{2\pi C_3}$ $\sqrt{\dfrac{1}{R_{15}}\left(\dfrac{1}{R_{14}} + \dfrac{1}{R_{13}}\right)}$，代入数值计算，约为 400Hz，该电路的目的是滤除其他频率的杂波干扰。

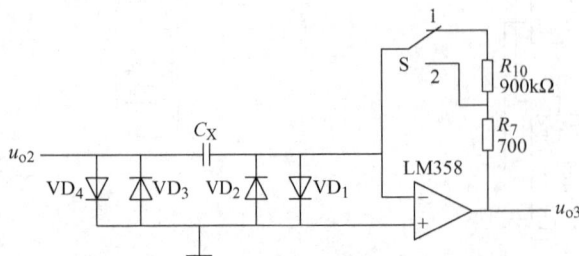

图 7-22　电容/电压转换电路

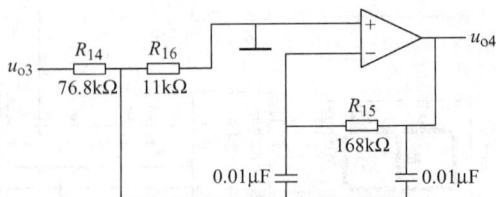

图 7-23　多路反馈无限增益带通滤波电路

### 5. 交流—直流转换电路

如图 7-24 所示用单运放 TL082 与二极管 VD2、VD3 组成平均值响应的线性整流电路，可以消除二极管在小信号整理时所引起的非线性电压，使输出的平均值电压 $U_{o5}$ 与 AC/DC 转换器的输入电压 $U_{o4}$（有效值）呈线性关系，适合测量 400Hz 的正弦波，测量准确度优于 1%，当频率超过 400Hz 时，测量误差会增大。

电路中 $R_6$ 是 TL082 同相输入端电阻，可将运放偏置在线性放大区，为了提高 AC/DC 转换器的输入阻抗，将 TL082 接成同相放大器，$C_5$ 和 $C_6$ 为隔直电容。

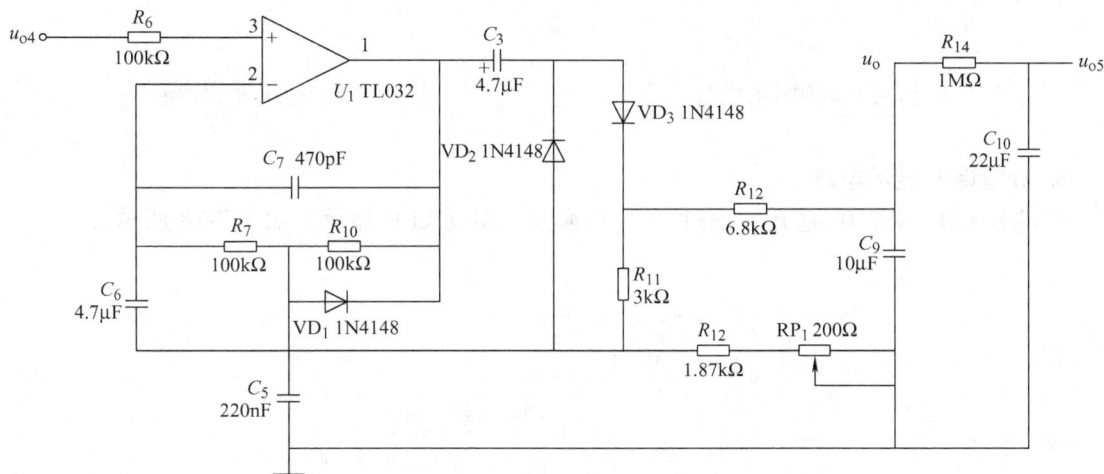

图 7-24　交流—直流转换电路

该电路属于输出不对称式线性全波整流电路，正半周时的等效电路如图 7-25 所示，VD3 导通，VD2 截止，$U_1$ 输出电流路径为 $C_5 \rightarrow VD_3 \rightarrow R_{11} \rightarrow R_{12} \rightarrow RP_1 \rightarrow COM$（地），并通过 $R_{13}$ 对 $C_9$ 充电。当 $RP_1$ $= 0 \sim 200\Omega$ 时，$A_u = 1 + \dfrac{R_{11}}{R_{12} + RP_1} \approx 2.5 \sim 2.6$。

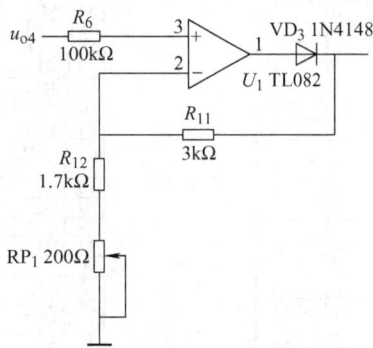

图 7-25　正半周时的等效电路

因为半波整流时，输出电压平均值 $U_O = 0.45 U_{RMS}$（$U_{RMS}$ 是正弦波的有效值），即 $U_{RMS} = 2.22 U_O$，当电位器 $RP_1 = 0 \sim 200\Omega$，保证 $A_u > 2.22$。

负半周时的等效电路如图 7-26 所示，此时 $VD_3$ 截止，$VD_2$ 导电，电流路径变为：$COM \rightarrow RP_1 \rightarrow R_{12} \rightarrow VD_2 \rightarrow C_5 \rightarrow TL082$，$A_u = 1$，它相当于电压跟随器。

整流输出的波形如图 7-27 所示，$RP_1$ 是校准交流电压的电位器，调整 $RP_1$ 可使仪表直接显示出被测电压的有效值。

由 $C_9$ 和 $R_{13}$ 组成的平滑滤波器可滤除交流纹波，高频干扰信号则被由 $R_{14}$ 和 $C_{10}$ 构成的高频滤波所滤掉，从而获得了稳定的平均值电压。如果需要数字显示，再通过单片 A/D 转换器 ICL7107 完成数/模转换，驱动 LED 或 LCD 显示出测试结果。

$C_7$ 是运放 TL082 的频率补偿电容，$R_7$ 和 $C_8$ 向 $VD_1$ 提供电压，以减小 TL082 对小信号放大时的波形失真。

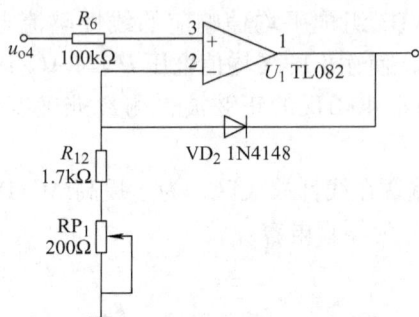

图 7-26　负半周时的等效电路

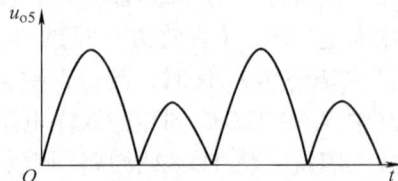

图 7-27　整流输出波形

## 6. 计数译码显示电路

该部分采用 ICL7107 芯片，通过 A/D 转换实现驱动 LED 显示，如图 7-28 所示。

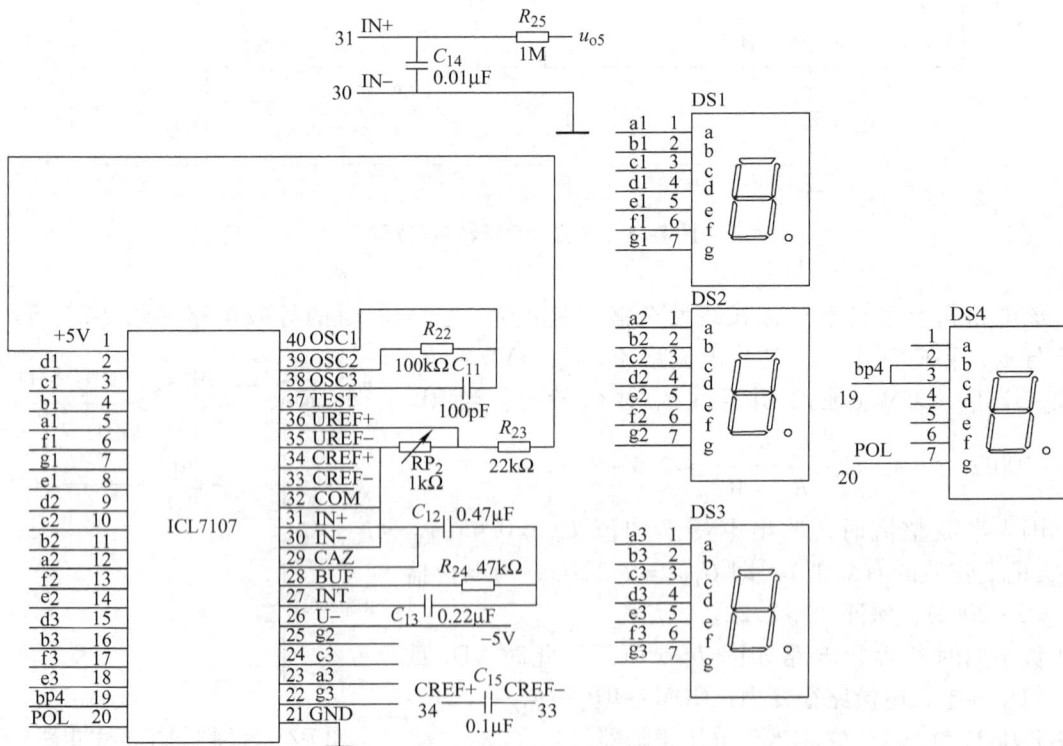

图 7-28　计数译码显示电路

ICL7107 的性能特点如下：

（1）采用双电源（5V）供电，输入阻抗高。

（2）双积分 A/D 转换，转换准确度可达 0.05%，转换速率通常选 2~5 次/s。

（3）外围电路简单，抗干扰性强，可靠性高。

## （四）调试注意事项

1. 由于文氏桥振荡器的反馈网络中没有加入限幅的环节，输出的正弦波幅度是由运放的最大输出电压控制，而无法由电路的参数求出，若输出波形出现失真，需要调整图 7-20 中的电阻 $R_4$。

2. 缓冲放大电路（见图 7-21）中 RP 的调试非常重要，一般一经调好就不要变动。

3. 该电路中 A/D 转换电路的最大输入电压是 200mV，因此各级电路的输出幅值需要注意。

# 四、数字式温度监测电路

## （一）设计任务与要求

设计并调试一个温度监测电路；它能够测量和显示所测量的温度值，并能够监视温度的变化，当温度超过设定值时，发出超温指示（LED 发光报警指示），温度设定值可以在给定温度范围内任意设定。

具体要求：

1. 温度测量范围：$-10 \sim +100℃$。

2. 显示精度：0.1℃（显示用四位 LED 数码管）。

3. 报警指示：LED 发光二极管。

## （二）设计方案

根据设计要求，设计框图如图 7-29 所示。

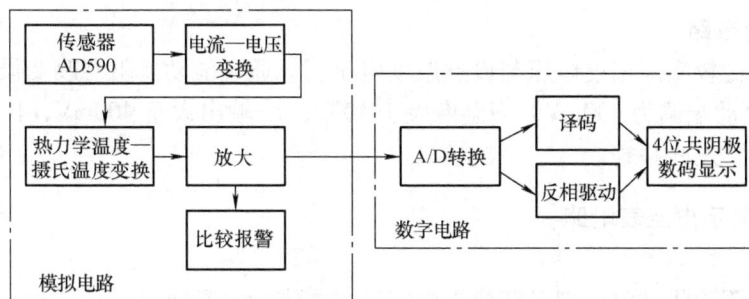

图 7-29　数字式温度监测电路设计框图

## （三）模拟电路参考设计原理

温度监测电路信号采集和处理如图 7-30 所示，由 $I—V$ 变换、K—℃变换、放大、比较电路四部分组成。

**1. 电流—电压变换电路**（$I—V$ 变换）

AD590 是两端集成温度传感器，线性电流输出 $1\mu A/K$，温度测量范围 $-55 \sim +150℃$，工作电压范围 $4 \sim 30V$。

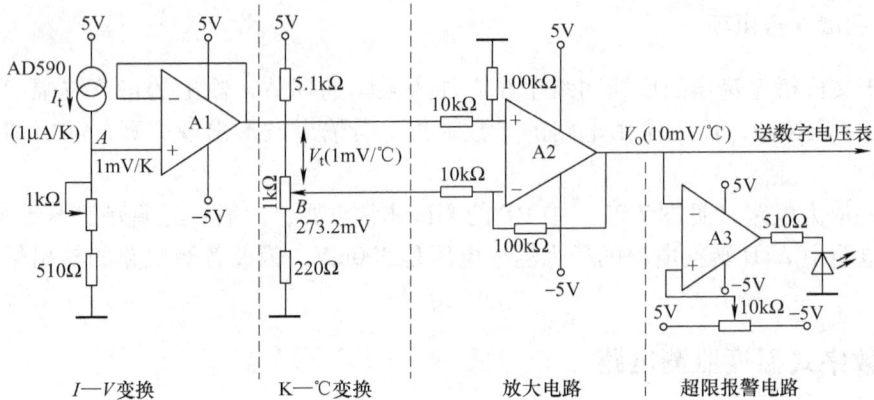

图 7-30 温度采集和处理电路

传感器输出电流是以热力学温度 $T$ 零度（$-273.2℃$）为基准，$T = t + 273.2$，$t$ 为摄氏度，每增加 1℃，它会增加 $1\mu A$ 输出电流，A 点产生 1mV/K 电压，如在室温 27℃时，其输出电流 $I_t = （273.2 + 27）\mu A = 300.2\mu A$，经 $1k\Omega$ 电阻，在 A 点产生 300.2mV 电压。A 点接跟随器后送给 K—℃变换电路。

**2. 热力学温度和摄氏温度的转换（K—℃）**

如在室温 27℃时，调 B 点 273.2mV，A 点电压减去 273.2mV，即为摄氏温度对应的电压值 $V_t$（1mV/℃），如 27℃对应 $V_t$ 为 27mV。

**3. 差分放大电路**

对电压之差进行放大，如放大 10 倍，则输出为 $V_o$（10mV/℃），如 27℃对应 $V_o$ 为 270mV。

**4. 超限报警电路**

通过比较器比较实际温度电压与设点温度电压值。通过滑动变阻器改变设定电压，如设定上限 40℃，滑动端调为 400mV，当温度大于 40℃，$V_o$ 输出大于 400mV，比较器输出低电平，发光管导通，发光报警。

**（四）数字显示电压表电路**

数字显示电压表将被测模拟量转换为数字量，并进行实时数字显示。$3\frac{1}{2}$ 位数字电压表系统如图 7-31 所示，由 $3\frac{1}{2}$ 位 A/D 转换器 MC14433、MC1413 七路达林顿驱动器阵列、MC4511 BCD 到七段锁存—译码—驱动器、能隙基准电源 MC1403 和共阴极 LED 发光数码管组成。

$3\frac{1}{2}$ 位是指十进制数 0000~1999，3 位是指个位、十位、百位，其数字范围均为 0~9，半位是指千位数，它不能从 0 变化到 9，而只能由 0 变到 1，即二值状态。

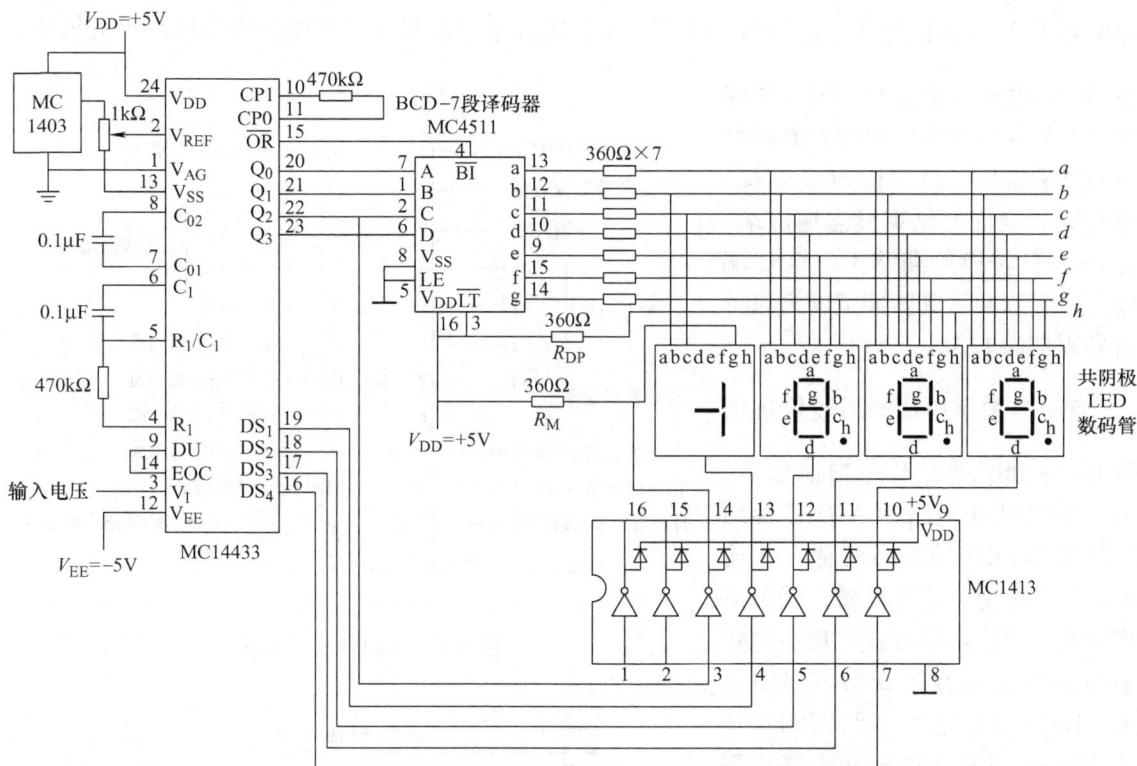

图 7-31　$3\frac{1}{2}$ 位数显电压表

## 1. 系统中各部分的功能

$3\frac{1}{2}$ 位 A/D 转换器 MC14433：将输入的模拟信号转换成数字信号。

基准电源 MC1403：提供精密电压，供 A/D 转换器作参考电压。

译码器 MC4511：将二—十进制（BCD）码转换成七段信号。

驱动器 MC1413：驱动显示器的 a、b、c、d、e、f、g 七个发光段，驱动发光数码管（LED）进行显示。

显示器：将译码器输出的七段信号进行数字显示，读出 A/D 转换结果。

## 2. 工作过程

在数字仪表中，MC14433 电路是一个低功耗 $3\frac{1}{2}$ 位双积分式 A/D 转换器。模拟电压输入量程为 1.999V 和 199.9mV 两档，当满量程选为 1.999V，基准电压 $V_{REF}$ 可取 2.000V，而当满量程为 199.9mV 时，$V_R$ 取 200.0mV，在实际的应用电路中，根据需要 $V_{REF}$ 值可在 200mV ~ 2.000V 之间选取。

MC14433 A/D 转换器由积分器、比较器、计数器和控制电路组成，采用 24 引线双列直插式封装，外引线排列，其引脚如图 7-32 所示。使用 MC14433 时只要外接两个电阻（分别是片内 RC 振荡器外接电阻和积分电阻 $R_1$）和两个电容（分别是积分电容 $C_1$ 和自动调零补

偿电容 $C_0$）就能执行 $3\frac{1}{2}$ 位的 A/D 转换。DU 实时输出控制端，主要控制转换结果的输出，

在 DU 端输入一正脉冲，则该周期转换结果将被送入输出锁存器并经多路开关输出。该端和 EOC 短接，EOC 是转换周期结束标志输出端，每一 A/D 转换周期结束，EOC 端输出一正脉冲，其脉冲宽度为时钟信号周期的 1/2。

$3\frac{1}{2}$ 位数字电压表通过位选信号 $DS_1 \sim DS_4$ 进行动态扫描显示，由于 MC14433 电路的 A/D 转换结果是采用 BCD 码多路调制方法输出，只要配上一块译码器，就可以将转换结果以数字方式实现四位数字的 LED 发光数码管动态扫描显示。$DS_1 \sim DS_4$ 输出多路调制选通脉冲信号。DS 选通脉冲为高电平时表示对应的数位被选通，此时该位数据在 $Q_0 \sim Q_3$ 端输出。每个 DS 选通脉冲高电平宽度为 18 个时钟脉冲周期，两个相邻选通脉冲之间间隔 2 个时钟脉冲周期。DS 和 EOC 的时序关系是在 EOC 脉冲结束后，紧接着是 $DS_1$ 输出正脉冲，以下依次为 $DS_2$、$DS_3$ 和 $DS_4$。其

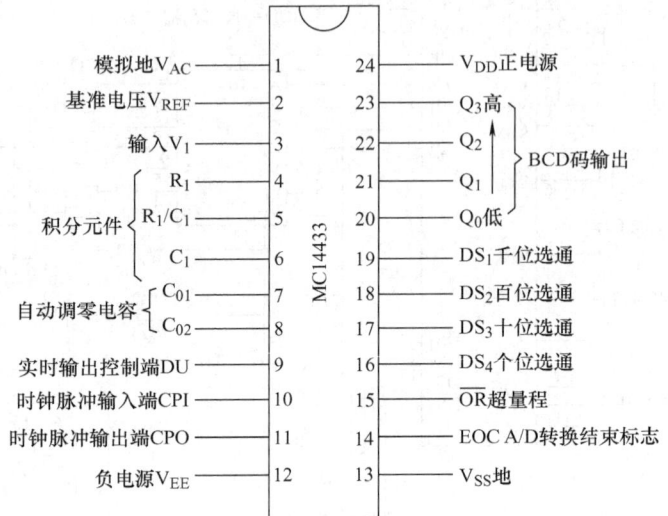

图 7-32　MC14433 引脚图

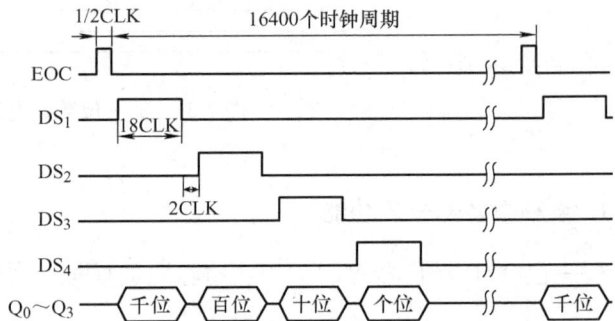

图 7-33　$DS_1 \sim DS_4$ 时序图

中 $DS_1$ 对应最高位（MSD），$DS_4$ 则对应最低位（LSD）。在对应 $DS_2$、$DS_3$ 和 $DS_4$ 选通期间，$Q_0 \sim Q_3$ 输出 BCD 全位数据，即以 8421 码方式输出对应的数字 $0 \sim 9$，其时序图如图 7-33 所示。

在 $DS_1$ 选通期间，$Q_3 \sim Q_0$ 输出千位的半位数 0 或 1 及过量程、欠量程和极性标志信号，$Q_3 \sim Q_0$ 的输出内容见表 7-1。

$Q_3$ 表示千位数，$Q_3 = 0$ 代表千位数的数字显示为 1，$Q_3 = 1$ 代表千位数的数字显示为 0。

$Q_2$ 表示被测电压的极性，$Q_2$ 的电平为 1，表示极性为正，即 $U_1 > 0$，$Q_2$ 的电平为 0，表示极性为负，即 $U_1 < 0$。显示数的负号由 MC1413 中的一只晶体管控制，符号位的 "$-$" 阴极与千位数阴极接在一起，当输入信号 $U_1$ 为负电压时，$Q_2$ 端输出置 "0"，$Q_2$ 负号控制位使得驱动器不工作，通过限流电阻 $R_M$ 使显示器的 "$-$"（即 g 段）点亮；当输入信号 $U_1$ 为正电压时，$Q_2$ 端输出置 "1"，负号控制位使达林顿驱动器导通，电阻 $R_M$ 接地，使 "$-$" 旁路而熄灭。

小数点显示是由正电源通过限流电阻 $R_{DP}$供电以燃亮小数点。若量程不同则选通对应的小数点。

过量程是当输入电压 $U_I$ 超过量程范围时，输出过量程标志信号$\overline{OR}$。

当 $Q_3=0$，$Q_0=1$ 时，表示 $U_I$ 处于过量程状态；

当 $Q_3=1$，$Q_0=1$ 时，表示 $U_I$ 处于欠量程状态；

当$\overline{OR}=0$ 时，溢出。当$\overline{OR}=1$ 时，表示被测量在量程内。

MC14433 的$\overline{OR}$端与 MC4511 的消隐端直接相连，当 $U_I$ 超出量程范围时，$\overline{OR}$输出低电平，MC4511 译码器输出全 0，使发光数码管显示数字熄灭，而负号和小数点依然发亮。

**表 7-1　$DS_1$ 选通期间 $Q_3$ ~ $Q_0$ 编码表**

| 最高位编码内容 | $Q_3$ $Q_2$ $Q_1$ $Q_0$ | BCD 7 段数码显示 | 最高位编码内容 | $Q_3$ $Q_2$ $Q_1$ $Q_0$ | BCD 7 段数码显示 | |
|---|---|---|---|---|---|---|
| +0 | 1 1 1 0 | 不显示 | +1 | 0 1 0 0 | 4→1 | 仅显示“b”和“c”段 |
| -0 | 1 0 1 0 | | -1 | 0 0 0 0 | 0→1 | |
| +0 欠量程 | 1 1 1 1 | | +1 过量程 | 0 1 1 1 | 7→1 | |
| -0 欠量程 | 1 0 1 1 | | -1 过量程 | 0 0 1 1 | 3→1 | |

七段锁存—译码—驱动器 MC4511 是将 MC14433 输出的二—十进制 BCD 代码转换成七段显示信号，它有锁存、译码和驱动的功能。在锁存允许端 LE = 0 时，锁存器处于选通状态，输出即为输入的代码。

七段译码器有两个控制端，$\overline{LT}$灯测试端。当$\overline{LT}=0$ 时，七段译码器输出全 1，发光数码管各段全亮显示；当$\overline{LT}=1$ 时，译码器输出状态由消隐端$\overline{BI}$控制，当$\overline{BI}=0$ 时，控制译码器为全 0 输出，发光数码管各段熄灭，$\overline{BI}=1$ 时，译码器正常输出，发光数码管正常显示。

驱动器 MC1413 采用 NPN 达林顿复合晶体管的结构，因此具有很高的电流增益和很高的输入阻抗，可直接接受 MOS 或 CMOS 集成电路的输出信号，并把电压信号转换成足够大的电流信号驱动各种负载。该电路内含有 7 个集电极开路反相器（也称 OC 门），它采用 16 引脚的双列直插式封装。每一驱动器输出端均接有一释放电感负载能量的续流二极管。

高精度低漂移能隙基准电源 MC1403，其输出电压为 2.5V，该电路的特点是温度系数小、噪声小、输入电压范围大、稳定性能好，当输入电压从 +4.5V 变化到 +15V 时，输出电压值变化量小于 3mV，输出电压值准确度较高，负载能力小，该电源最大输出电流为 10mA。

## （五）调试

1. 用数字万用表逐级调试模拟电路各部分。改变设定值，使报警指示发光二极管（LED）发光。

2. 数字电压表设计电路接线后，接通 +5V、-5V 电源及地线，当输入端接地，此时显示器将显示“0000”值，否则应依次检测电源正负电压，用示波器测量、观察 $DS_1$ ~ $DS_4$，$Q_0$ ~ $Q_3$ 波形，判别故障所在。

3. 电压粗测：调节输入电压的高低，4 位输出显示数码应相应变化，然后进入下一步精调。

4. 测量基准校正：用标准数字万用表测量输入电压，调节输入信号 1.000V，调整基准电压源，使指示值与标准电压表误差个位数在 5 之内。

5. 测量电压极性显示检查：改变输入电压极性，使输入 −1.000V，检查是否有" −"显示，并校准显示值。

6. 在 +1.999V ~ 0 ~ −1.999V 量程内再一次仔细调整（调基准电压）使全部量程内的误差均不超过个位数在 5 之内。

7. 模拟电路和数字电路综合调试

1）将模拟电路的输出送给数字万用表。

2）给温度传感器加温或降温，这时七段 LED 显示器的显示值应发生变化，这说明总体电路可以工作了。

3）定标：将温度传感器置于标准温度 0℃ 温度场中，观察显示数值，待显示数值稳定不变时，如果显示不是 0℃，调整相应的电位器使显示为 0℃。同理，将温度传感器置于标准的 100℃ 温度场中，待显示数值稳定不变时，如果显示数值不是 100℃，调整相应的电位器使显示数值为 100℃。

在 0 ~ 100℃ 温度范围（测量范围）内找一个温度点，比如用一杯 50℃ 的热水，但是要保持 50℃ 不变，用传感器测量水温，则应显示 50℃，还可以让传感器悬空，这时显示应为室温。若用手捏住传感器，这时显示应为人的体温。

### （六）题目扩展

设计实现——多路温度巡回监测系统

要求：

1. 温度检测点 8 个；

2. 温度检测范围：−10 ~ +80℃；

3. 检测误差 ±0.1℃；

4. 采用 LED 数码显示，显示位数 3 位；

5. 能人工控制通道转换和显示通道号及相应的温度值；

6. 能自动巡回检测各点，每点观察时间至少 5s，并且可调。

# 第三节  设 计 题 目

## 一、函数发生器

### 1. 设计任务和要求

1）能输出频率 $f$ = 100Hz ~ 1kHz、1kHz ~ 10kHz 两档，并连续可调的正弦波、三角波和矩形波。

正弦波：峰-峰值 $U_{P-P} \approx 2V$；

三角波：$U_{P-P} \approx 6V$；

方波：$U_{P-P} \approx 12V$。

2）能输出频率 $f$ = 50Hz ~ 4kHz 并连续可调的锯齿波和矩形波。

锯齿波：$U_{P-P} \approx 4V$，负斜率连续可调。

矩形波：$U_{P-P} \approx 12V$，占空比为 $50\% \sim 90\%$ 并连续可调。

3）设计压控振荡器。

控制电压范围：$1 \sim 10V$；

振荡频率范围：$f = 500Hz \sim 5kHz$；

测量输入电压与频率的关系，做出曲线。

**2. 设计提示**

根据设计指标，先产生方波—三角波，再将三角波变换成正弦波。在方波—三角波的基础上，进行锯齿波、矩形波和压控振荡器的设计。

## 二、低频信号发生及处理系统

**1. 设计任务和要求**

1）以运算放大器为主要元件设计一个低频信号发生及处理电路。

2）正弦信号发生单元的输出信号频率为（$500 \pm 10$）Hz，输出电压有效值为 20mV。

3）将 20mV 的正弦信号变换为 $\pm 20mV$ 的差模信号。

4）将 $\pm 20mV$ 的差模信号放大为 10V 的单端输出的正弦信号。

5）将 10V 正弦信号变换为 $0 \sim 50mV$ 的矩形波信号，占空比 $q$ 在 $10\% \sim 90\%$ 范围内连续可调。

6）将矩形波信号做比例积分运算，比例系数为 10，积分时间常数为 0.1。

**2. 设计提示**

1）可采用电压跟随器及反相比例电路实现单端信号到差模信号的变换。

2）可参考仪用放大器的设计，将 $\pm 20mV$ 的差模信号放大为 10V 的单端输出的正弦信号。

3）将 10V 正弦信号变换为 $0 \sim 50mV$ 的矩形波信号时可考虑用信号衰减及电平移动两个环节分步实现。

## 三、语音放大电路

**1. 设计任务和要求**

设计并制作一个由集成运算放大器组成的语音放大电路。放大电路原理框图如图 7-34 所示。

1）前置放大器：

输入信号：$U_{Id} \leq 10mV$；

输入阻抗：$R_i \geq 100k\Omega$；

共模抑制比：$K_{CMR} \geq 60dB$。

2）有源带通滤波器：

带通频率范围：$300Hz \sim 3kHz$。

3）功率放大器：

最大不失真输出功率：$P_{om} \geq 5W$；

负载阻抗：$R_L = 4\Omega$。

**2. 设计提示**

前置放大电路亦为测量小信号放大

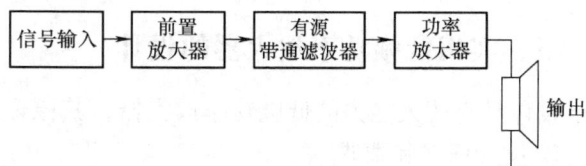

图 7-34　语音放大电路原理框图

电路。在测量用的放大电路中，一般传感器送来的直流或低频信号，经放大后用单端方式传输，在典型情况下，有用信号的最大幅度可能仅有若干毫伏，而共模噪音可能高到几伏，前置放大电路应该是一个高输入阻抗，高共模抑制比、低漂移的小信号放大电路。有源滤波电路是用有源器件与 $RC$ 网络组成的滤波电路。功率放大器的主要作用是向负载提供功率，要求输出功率尽可能大，转换功率尽可能高，非线形失真尽可能小。

## 四、光电开关控制伺服电动机的起停

设计并制作一个光电开关控制起动与停止的风扇。

### 1. 设计任务和要求

1）基本要求

①使用模拟或数字电路完成。

②伺服电动机的起动、停止完全由光电传感器控制，即光栅未被遮挡时，电动机停止；光栅被遮挡时，电动机运转。

2）发挥部分

①实现伺服电动机延时起动，即光栅未被遮挡时，电动机停止；光栅检测到遮挡脉冲后，延时一定时间后电动机起动。延时起动时间要求从 $0.1 \sim 10\text{s}$ 连续可调。

②实现伺服电动机的定时运行，即光栅未被遮挡时，电动机停止；光栅检测到遮挡脉冲后，立即起动，运转一定时间后自动停止。延时起动时间要求从 $0.1 \sim 10\text{s}$ 连续可调。

### 2. 设计提示

满足基本要求的参考设计如图 7-35 所示。

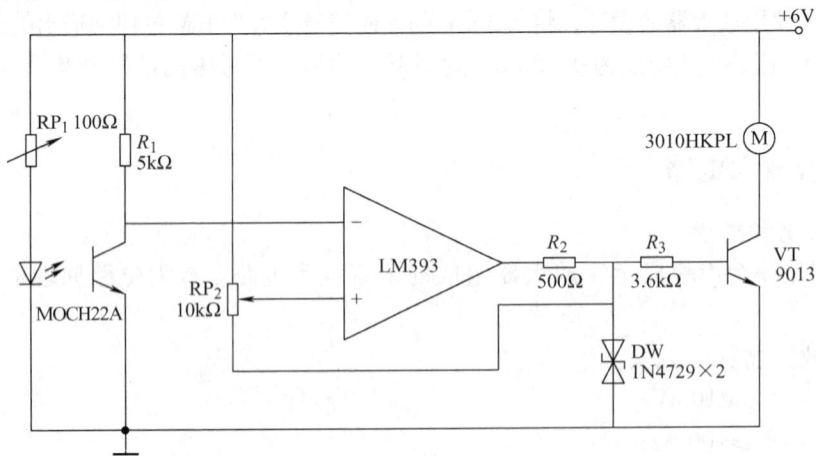

图 7-35　基本要求的参考设计

## 五、实用低频功率放大器的设计

设计具有放大能力的低频功率放大器，其原理框图如图 7-36 所示。

### 1. 设计任务和要求

在放大通道的正弦信号输入电压幅度为 $5 \sim 700\text{mV}$，等效负载电阻 $R_L$ 为 $8\Omega$ 下，放大器应满足：

1）额定输出功率 $P_{OR} \geqslant 10W$；

2）带宽 $BW \geqslant (50 \sim 10000)Hz$；

3）在 $P_{OR}$ 下的效率 $\geqslant 55\%$；

4）前置放大级输入端交流短接到地时，$R_L = 8\Omega$ 上的交流声功率 $\leqslant 10mW$。

扩展：放大器的时间响应

由外供正弦信号源经变换电路产生正、负极性的对称方波（频率为 1000Hz、上升时间和下降时间 $\leqslant 1\mu s$、峰-峰值电压为 200mV）。

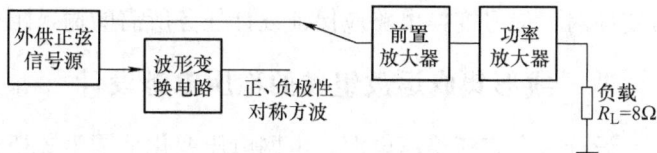

图 7-36　电路原理框图

用此方波激励放大器时，在 $R_L = 8\Omega$ 下，放大通道应满足：

1）额定输出功率 $P_{OR} \geqslant 10W$；

2）输出波形上升时间和下降时间 $\leqslant 12\mu s$；

3）$P_{OR}$ 下输出波形顶部斜降 $\leqslant 2\%$；

4）在 $P_{OR}$ 下输出波形过冲量 $\leqslant 5\%$。

**2. 设计提示**

该设计关键在于对两级放大器的设计，波形变换电路的目的是将正弦信号电压变换成符合要求的方波信号电压，以用来测试放大器的时域特性指标。

前置放大器一般要求输入阻抗要高，输出阻抗要低，除此之外，该设计需满足增益、带宽、低噪和高速 4 个方面的要求，需采用单片四运放 LF347 或单片双运放 LF353、NE5532 来实现、放大电路采用同相比例放大。功率放大器除满足题目的技术指标，还需要输出功率和频响范围有相当大的余地，同时还需要外围电路简单，不易自激，工作安全可靠等。

## 六、设计实现晶体管 $\beta$ 值筛选器

**1. 设计任务和要求**

1）对 PNP 和 NPN 都适用。

2）当 $\beta < 200$ 时输出 $< 200Hz$ 的矩形波；当 $200 < \beta < 300$ 时输出 $> 1000Hz$ 矩形波；当 $\beta > 300$ 时指示灯亮。

3）$\beta$ 的筛选范围连续可变（$30 \sim 350$）。

**2. 设计提示**

被测三极管通过 $\beta$-$V$ 转换电路，把三极管的 $\beta$ 值转换成对应的电压 $U$，再通过压控振荡器把电压转换成频率。$\beta > 300$ 可加比较器报警。

## 七、用通用型运算放大器实现仪用放大电路的设计

设计并制作仪用放大电路，放大电路原理框图如图 7-37 所示。

**1. 设计任务和要求**

1）差模放大倍数 $A_{ud} > 1000$。

2）输入阻抗：$R_i > 2M\Omega$。

3）频带宽度：$\Delta f(-3dB) = 0Hz \sim 1kHz$。

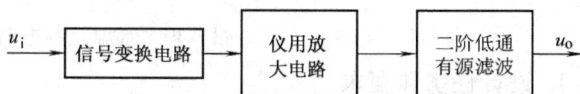

图 7-37　仪用放大电路原理框图

4）共模抑制比：$CMRR > 50\text{dB}$。

**2. 设计提示**

信号源的输出信号通常是单端信号，不能直接作为仪用放大电路的输入信号。信号变换电路的主要目的就是把单端信号转换为差分信号，并以其作为仪用放大器的输入信号。在信号变换时，信号变换电路应保证设计任务所需的输入阻抗。

## 八、线形集成运放组成的稳压电源设计

设计一台直流稳压电源，电网电压变化范围为 $\pm 15\%$。

**1. 设计任务和要求**

1）输出电压的可调范围：$+9 \sim +12\text{V}$。

2）最大输出电流：$I_L \geqslant 1.5\text{A}$；

3）稳压系数 $S_r \leqslant 0.01\%$。

4）电源内阻 $R_0 \leqslant 0.01\Omega$。

5）纹波输出电压（峰-峰）$\leqslant 5\text{mV}$。

6）具有过流及短路保护功能，当负载电流为 $1.2I_L$ 保护功能工作。

**2. 设计提示**

稳压电源由变压、整流、滤波、稳压电路等几部分构成。稳压电路由集成运放组成串联反馈式，其框图如图7-38所示，大体上可分为调整部分、取样部分、比较放大电路、基准电压电路等。比较放大电路是串联稳压电源的重要环节，是提高稳压性能的关键，放大倍数越高，稳压效果越好。运算放大器开环放大倍数高，做比较放大环节对提高稳压性能会更有利。

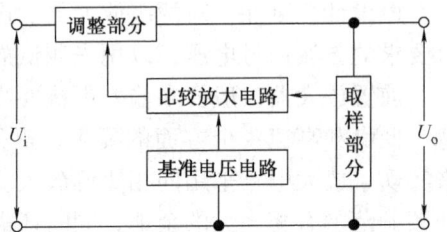

图7-38　串联反馈式稳压电路框图

## 九、水温控制电路

设计并制作一个水温控制电路。控制电路的原理框图如图7-39所示。

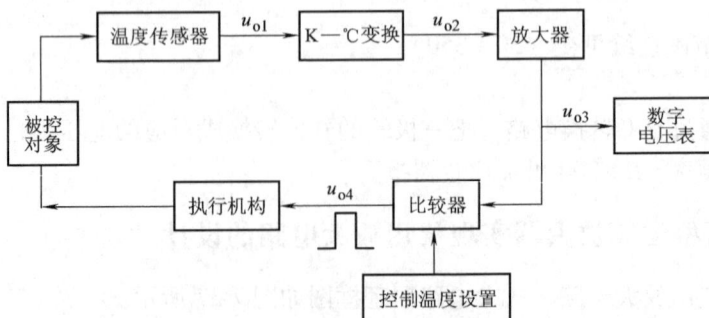

图7-39　水温控制电路原理框图

**1. 设计任务和要求**

1）测温和控温的范围：水温至80℃（实时控制）。

2）控温精度：$\pm 1$℃。

3）控温通道输出为双向晶闸管或继电器，一组转换接点为市电（220V，10A）。

**2. 设计提示**

温度传感器的作用是把温度信号转换成电流或电压信号，K—℃变换器将热力学温度K转换成摄氏温度℃。信号经放大和刻度定标（0.1V/℃）后由三位半数字电压表直接显示温度值，并同时送入比较器与预先设定的固定电压（对应控制温度点）进行比较，由比较器输出电平高低变化来控制执行机构（如继电器）工作，实现温度自动控制。

## 十、电冰箱保护器

**1. 设计任务和要求**

1）设计制作电冰箱保护器，使其具有过电压、欠电压、上电延时功能。

2）电压在180~250V范围内正常供电，绿灯指示，正常范围可根据需要进行调节。

3）欠、过电压保护：当电压低于设定允许最低电压或高于设定允许最高电压时，自动切断电源，且红灯指示。

4）上电，欠、过电压保护或瞬间断电时，延时3~5min才允许接通电源。

5）负载功率大于200W。

**2. 设计提示**

电冰箱保护器由电源采样电路、过电压欠电压比较电路、延迟电路和控制电路等几部分组成。稳压电源一般由电源变压器、整流、滤波和稳压4部分电路组成，采样电路的作用是将电网电压转换成直流电压送入比较电路，当电网电压的波动超出正常工作范围时，通过检测和控制电路实现冰箱自动断电保护。延迟电路可采用RC电路。驱动控制及指示电路可采用具有一组常开、常闭触点的继电器来控制电冰箱的工作，并用红、绿两种LED发光管显示电冰箱的工作状态。

## 十一、可编程增益放大器设计

**1. 设计任务与要求**

根据可编程增益放大器的原理，设计可编程增益放大器。

设计1.

采用通用运放和模拟开关TC4051构成一个可编程增益放大器。

具体要求：

1）增益为1、2、4、8、16五档可调。

2）输入电阻为$R_i \geq 100k\Omega$；输入信号有效值为50mV。

设计2.

采用通用运放和AD7523构成一个可编程增益放大器。

具体要求：

1）增益可调，调节范围为1~250，步进为1。

2）输入电阻$R_i \geq 200k\Omega$，输入信号有效值小于50mV。

3）输出阻抗为600Ω，输出信号可调。

4）频率范围为20Hz~100kHz。

**2. 设计提示**

设计 1. 通过模拟开关 TC4051 三位数字信号控制放大器电路增益，用电阻对同相放大器反馈回路进行分压即可获得所需增益。

设计 2. AD7532 内有模拟开关和 R-2R 梯形网络，用其 8 数据位变化可设定所需增益。

## 十二、数字式日历牌

### 设计任务和要求

用中小规模集成电路设计一个能自动显示"年、月、日、星期、时"的数字式日历牌，能实现以下功能：

1) 由集成 555 定时器产生 1Hz 信号，表示一个时脉冲信号。

2) 时为 00 ~ 23 的二十四进制计数器。

3) 星期为一、二、三、四、五、六、日的七进制计数器。

4) 日根据月的不同，可为二十八 ~ 三十一进制计数器。

5) 月为 1 ~ 12 的十二进制计数器。

6) 2 月份的天数，平年是 28 天，闰年是 29 天，这个情况应考虑进去。

7) 可手动校正。即只要将开关置于手动位置，可分别对年、月、日、星期、时进行手动脉冲输入或连续脉冲输入的校正。

## 十三、交通灯控制电路

为了确保十字路口的车辆顺利地通过，往往采用自动控制的交通信号灯来指挥。其中，红灯（R）亮，表示该条道路禁止通行；黄灯（Y）亮表示警告；绿灯（G）亮表示允许通行。

交通灯控制器系统框图如图 7-40 所示，南北向和东西向均设有红、绿、黄 3 种信号灯。

**1. 设计任务和要求**

用中小规模集成电路设计一个十字路口交通信号灯控制器，能实现以下功能：

1) 工作方式满足如图 7-41 所示的交通灯顺序工作流程。图中设南北向的红、黄、绿灯分别为 NSR、NSY、NSG，东西向的红、黄、绿灯分别为 EWR、EWY、EWG。

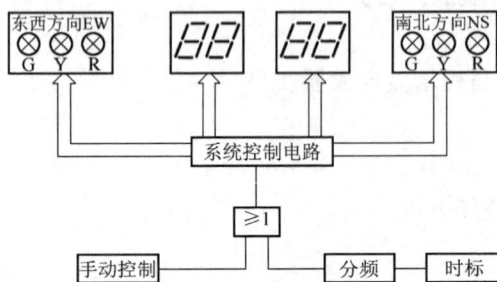

图 7-40 交通灯控制器系统框图

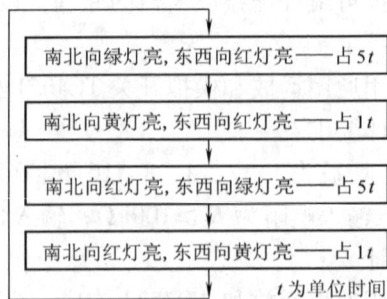

图 7-41 交通灯顺序工作流程

2) 两个方向的工作时序：东西向亮红灯时间应等于南北向亮黄、绿灯时间之和，南北向亮红灯时间应等于东西向亮黄、绿灯时间之和。交通灯时序工作流程如图 7-42 所示。假设每个单位时间为 5s，则南北、东西向绿、黄、红灯亮时间分别 25s、5s、30s，一次循环为

60s。其中红灯亮的时间为绿灯、黄灯亮的时间之和，黄灯是间歇闪烁。

3）十字路口要有数字显示作为时间提示，以便人们更直观地把握时间。具体为：当某方向绿灯亮时，置显示器为某值，然后以每秒减 1 计数方式工作，直至减到数为 0。十字路口红、绿灯交换，一次工作循环结束，再进入下一步某方向的工作循环。

例如，当南北向从红灯转换成绿灯时，置南北向数字显示为 30，并使数字显示计数器开始减 1 计数。当减到绿灯灭而黄灯亮（闪烁）时，数字显示的值应为 5，当减到 0 时，此时黄灯灭，而南北向的红灯亮；同时，使得东西向的绿灯亮，并置东西向的数字显示为 30。

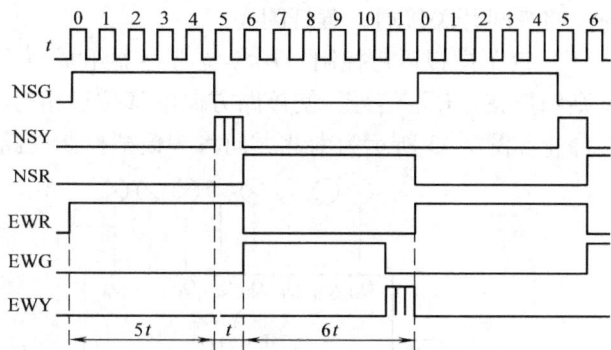

图 7-42　交通灯时序工作流程

4）可以手动调整和自动控制，夜间为黄灯闪烁。

5）如果发生紧急事件，则按下紧急按键，使南北、东西两个方向红灯亮。紧急事件结束后，松开按键，恢复到被中断状态继续运行。

6）在完成上述任务后，可以对电路进行以下几方面的电路改进或扩展：

①设某一方向（如南北）为十字路口主干道，另一方向（如东西）为次干道；由于主干道车辆、行人多，次干道的车辆、行人少，所以主干道绿灯亮的时间，可选定为次干道绿灯亮的时间的 1.5 倍或 2 倍。

②用发光二极管模拟汽车行驶电路。当某一方向绿灯亮时，这一方向的发光二极管接通，并一个一个向前移动，表示汽车在行驶；当遇到黄灯亮时，移位发光二极管就停止，而过了十字路口的移位发光二极管继续向前移动；红灯亮时，则另一方向转为绿灯亮，这一方向的发光二极管就开始移位（表示这一方向的车辆行驶）。

## 2. 设计方案提示

根据设计任务和要求，参考交通灯控制器的系统框图 7-40，设计方案从以下几部分进行考虑。

（1）秒脉冲和分频器　因十字路口每个方向绿、黄、红灯所亮时间比例分别为 5：1：6，若选 5s 为一单位时间，则计数器每计 5s 输出一个脉冲。

（2）交通灯控制器　由波形图可知，计数器每次工作循环周期为 12，所以可以选用十二进制计数器。计数器可以用单触发器组成，也可以用中规模集成计数器。这里选用中规模 74LS164 八位移位寄存器组成扭环形十二进制计数器。扭环形计数器的状态表请自行设计。根据状态表，不难列出东西向和南北向绿、黄、红灯的逻辑表达式。

由于黄灯要求闪烁几次，所以用时标 1s 和 EWY 或 NSY 黄灯信号相"与"即可。

（3）显示控制部分　显示控制部分是一个定时控制电路。当绿灯亮时，使减法计数器开始工作（用对方的红灯信号控制），每来一个秒脉冲，使计数器减 1，直到计数器为 0 而停止。译码显示可用 74LS248 BCD 码七段译码器，显示器用共阴极 LED 显示器，计数器采用可预置加、减法计数器，如 74LS168、74LS193 等。

（4）手动/自动控制、夜间控制　用选择开关进行。置开关在手动位置，输入单次脉冲可使交通灯处在某一位置；开关在自动位置时，则交通信号灯按自动循环工作方式运行。夜间时，将夜间开关接通，黄灯闪亮。

（5）汽车模拟运行控制　用移位寄存器组成汽车模拟控制系统，即当某一方向绿灯亮时，则绿灯亮"G"信号，使该路方向的移位通路打开，而当黄、红灯亮时，则使该方向的移位停止。图7-43所示为南北方向汽车模拟控制电路。

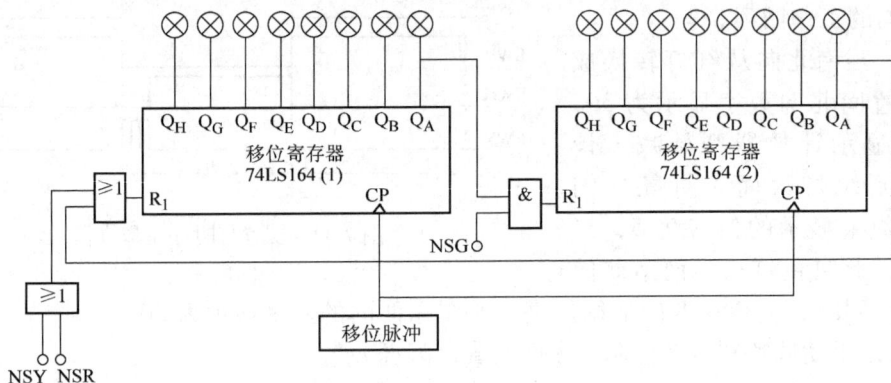

图7-43　南北方向汽车模拟控制电路

## 十四、数字频率计

数字频率计是直接用十进制数字来显示被测信号频率的一种测量装置，具有测量迅速、精确度高、读数方便等优点。它不仅可以测量正弦波、方波、三角波和尖脉冲信号频率，而且还能对其他多种物理量进行测量，如机械振荡频率、转动体的转动速度等，均可先转换成电信号，然后用频率计来测量。

### 1. 设计任务和要求

用中小规模集成电路设计一个数字频率计，能实现以下功能：

1）频率测量范围：1Hz～1MHz。

2）测量信号：方波、正弦波、三角波。

3）测量信号幅度：0.5～5V。

4）量程分为三档：×10、×1、×0.1。

5）显示方式：

①用7段LED数码管显示读数，做到显示稳定、不跳变；

②小数点的位置跟随量程的变更而自动移位；

③为了便于读数，要求数据显示的时间在0.5～5s为连续可调。

### 2. 设计方案提示

众所周知，所谓脉冲信号频率，是指在单位时间内所产生的脉冲个数。其表达式为$f = N/T$，$f$为被测信号频率，$N$为计数器所累计的个数，$T$为产生$N$个脉冲所需要的时间（即闸门通过$N$个脉冲开门的时间）。计数电路记录的结果即为被测信号的频率。例如，如果在1s内计数电路记录1000个脉冲数，则被测信号的频率为1000Hz。

图7-44所示为数字频率计原理框图。该系统主要由放大整形电路、晶体振荡器、分频

器及量程选择开关、门控电路、逻辑控制电路、闸门、计数译码显示电路等组成。首先，把被测信号（以正弦波为例）通过放大、整形电路将其转换成同频率的脉冲信号，然后将它加到闸门的一个输入端。闸门的另一个输入信号是门控电路发出的标准脉冲，只有在门控电路输出高电平时，闸门被打开，被测量的脉冲通过闸门进入到计数器进行计数。门控电路输出高电平的时间 $T$ 是非常准确的，它由一个高稳定的石英振荡器和一个多级分频器及量程选择开关共同决定。逻辑控制电路是控制计数器的工作顺序的，使计数器按照一定的工作程序进行有条理的工作（例如：准备→计数→显示→清零→准备下一次测量）。本题的关键是控制电路设计。主要是门控电路，其功能是如何输出标准时间信号以控制闸门的开启和关闭，其次是延时电路的设计。

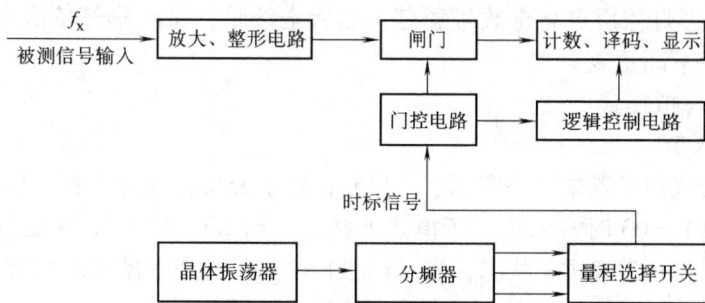

图 7-44  数字频率计原理框图

## 十五、可预置数的定时报警电路设计

### 1. 设计任务和要求

用中小规模集成电路设计一个可预置数的定时报警电路，能实现以下功能：

1）用拨码开关设定预置的时间。

2）设计的电路能够预置 99 ~ 00s 的任意数值，并且能够进行显示。

3）计数器进行减计数，计时结果用 LED 数码管进行显示。

### 2. 设计方案提示

可预置的定时显示报警电路原理框图如图 7-45 所示，晶体振荡器的输出经分频器分频后得到标准的秒脉冲，作为计数器的时钟脉冲；预置时间用拨码开关控制，其输出是 4 位二进制编码，预置了计数器所要计数的时间，作为计数器的输入信号。计数器通过组合逻辑控制锁存器的使能端，将计数器的数据锁存；锁存器的锁存数据经过译码器、显示器显示，当计数器计数由预置的时间计到 00 时发出报警信号。

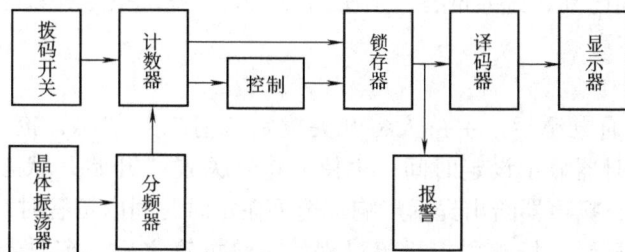

图 7-45  可预置的定时显示报警电路原理框图

### 十六、多模式 4 路彩灯控制电路

**1. 设计任务和要求**

用中小规模集成电路设计一个多模式 4 路彩灯控制电路，能实现以下功能：

1）设计一个 4 路彩灯，而且每路都有 8 盏不同颜色彩灯显示的控制装置。

2）彩灯的变化情况如下：

模式 1：每路彩灯依次由暗变亮，等彩灯全部亮后，维持一段时间，然后全部熄灭，此后不断重复。

模式 2：每路彩灯依次由暗变亮又变暗，不断重复，闪烁发光。

模式 3：每路彩灯依次点亮奇数号彩灯，然后全部暗；每路彩灯依次点亮偶数号彩灯，然后全部暗；此后不断重复。

模式 4：学生自拟模式。

**2. 设计方案提示**

系统的显示模式由外部输入变量 X、Y 控制，要求开机自动置入初态后系统便按规定模式循环运行。当 XY = 00 时，系统处于模式 1 状态；当 XY = 01 时，系统处于模式 2 状态；当 XY = 10 时，系统处于模式 3 状态；当 XY = 11 时，系统处于模式 4 状态。利用计数器和译码器可组成顺序脉冲发生器，从而控制彩灯点亮的方式。

## 十七、数字抢答器设计

**1. 设计任务和要求**

用中、小规模集成电路设计一个数字式竞赛抢答器电路，能实现以下功能：

1）抢答器同时供 8 名选手或 8 个代表队比赛，分别用 8 个按钮 $S_0 \sim S_7$ 表示。

2）设置一个系统清除和抢答控制开关 S，该开关由主持人控制。

3）抢答器具有锁存与显示功能。即选手按动按钮，锁存相应的编号，并在 LED 数码管上显示，同时扬声器发出报警声响提示。选手抢答实行优先锁存，优先抢答选手的编号一直保持到主持人将系统清除为止。

4）抢答器具有定时抢答功能，且一次抢答的时间由主持人设定（如 30s）。当主持人启动"开始"键后，定时器进行减计时，同时扬声器发出短暂的声响，声响持续的时间 0.5s 左右。

5）参赛选手在设定的时间内进行抢答，抢答有效，定时器停止工作，显示器上显示选手的编号和抢答的时间，并保持到主持人将系统清除为止。

6）如果定时时间已到，无人抢答，本次抢答无效，系统报警并禁止抢答，定时显示器显示 00。

**2. 设计方案提示**

数字抢答器在接通电源后，主持人将开关拨到"清除"状态，抢答器处于禁止状态，编号显示器灯灭，定时器显示设定时间；主持人将开关置"开始"状态宣布开始，抢答器工作。定时器倒计时，扬声器给出提示声响。选手在定时时间内抢答时，抢答器完成优先判断、编号锁存、编号显示、扬声器提示等过程。一轮抢答之后，定时器停止，禁止二次抢答，定时器显示剩余时间。如果再次抢答，必须由主持人再次操作"清除"和"开始"状

态开关。数字抢答器电路原理框图如图 7-46 所示。

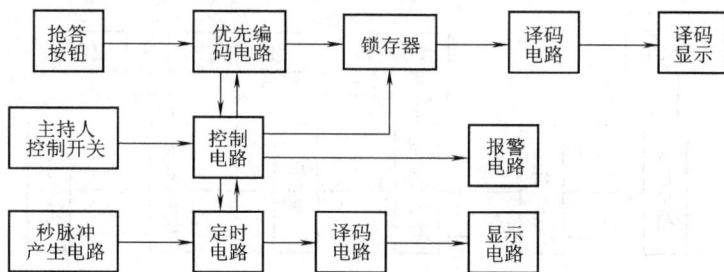

图 7-46 数字抢答器电路原理框图

各部分电路功能如下：

控制电路：该电路完成两个功能：一是分辨出选手按键的先后，并锁存优先抢答者的编号，同时译码显示电路显示编号；二是其他选手按键操作无效。

定时电路：由主持人根据抢答题的难易程度，设定一次抢答的时间，通过预置时间电路对计数器进行预置，计数器的时钟脉冲由秒脉冲电路提供。可预置时间的电路选用 74LS192 进行设计。

报警电路：由 555 定时器和晶体管构成。

时序控制电路：时序控制电路是抢答器设计的关键，它要完成以下 3 项功能：

1）主持人将控制开关拨到"开始"位置时，扬声器发声，抢答电路和定时电路进入正常抢答工作状态。

2）当参赛选手按动抢答按钮时，扬声器发声，抢答电路和定时电路停止工作。

3）当设定的抢答时间到，无人抢答时，发出提示响声。

## 十八、拔河游戏机

### 1. 设计任务和要求

用中小规模集成电路设计一个能进行拔河游戏的电路，能实现以下功能：

1）拔河游戏机需用 15 个（或 9 个）发光二极管排列成一行，开机后只有中间一个点亮，以此作为拔河的中心线。游戏双方各持一个按键，迅速地、不断地按动产生脉冲，谁按得快，亮点就向谁的方向移动，每按一次，亮点移动一次。移到任一方终端二极管点亮，表明这一方获胜，此时双方按键均无作用，输出保持，只有经复位后才使亮点恢复到中心线。

2）用数码管显示获胜者的盘数。

### 2. 设计方案提示

拔河游戏机电路原理框图如图 7-47 所示。

1）可逆计数器原始输出状态为 0000，经译码器输出使中间的一只发光二极管点亮。当按动 A、B 两个按键时，分别产生两个脉冲信号，经整形后分别加到可逆计数器加、减计数输入端上，可逆计数器输出的代码经译码器译码后驱动发光二极管点亮并产生位移。即当计数器进行加法计数时，亮点向右移；进行减法计数时，亮点向左移。当亮点移到任何一方终端后，由于控制电路的作用，使这一状态被锁定，而对输入脉冲不起作用。如按动复位键，

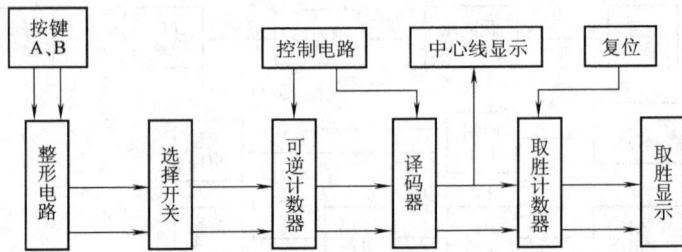

图 7-47　拔河游戏机电路原理框图

亮点又回到中点位置，比赛又可重新开始。

2）将双方终端二极管的正端分别经两个与非门后接至两个十进制计数器的允许控制端，当任何一方取胜，该方终端二极管点亮，产生一个下降沿使其对应的计数器计数。这样，计数器的输出即显示了胜者取胜的盘数。

3）为指示出谁胜谁负，需用一个控制电路。当亮点移到任何一方的终端时，判该方为胜，此时双方的按键均宣告无效。此电路可用异或门和非门来实现。将双方终端二极管的正极接至异或门的两个输入端，当获胜一方为"1"，另一方则为"0"，异或门输出为"1"，经非门产生低电平"0"，再送到计数器的置数端，于是计数器停止计数，处于预置状态，使输入脉冲对计数器不起作用。

## 十九、数字式电容测试仪

### 1. 设计任务和要求

用中小规模集成电路设计一个数字式电容测试仪，能实现以下功能：

1）测试仪测量电容范围为 1000 ~ 10000pF。

2）用 3 位数码管显示测量结果。

3）测量精度要求为 ±10%（准确值以万用表的测量值为准）。

4）扩展功能：通过选择量程的方法扩展电容的测量范围，最大要求能测量电容范围为 100pF ~ 100μF。

### 2. 设计方案提示

1）设法将电容的大小转换成与之相对应的脉冲数，较简单的做法是利用单稳态触发器，将被测电容 $C_X$ 转换成与之对应的脉宽 $T_W \approx 1.1RC_X$，用这一脉宽作为门控信号，控制一个计数器对时基脉冲计数，这样获得 $C_X$ 到脉冲数的转换。

2）测量脉冲数目并进行译码，用数码管显示结果。

3）量程分档可改变单稳态电路积分常数中的 $R$，也可改变时基脉冲的频率。

4）数字式电容测试仪原理框图如图 7-48 所示。

## 二十、自动售票机

### 1. 设计任务和要求

用中小规模集成电路设计一个自动售票机，能实现以下功能：

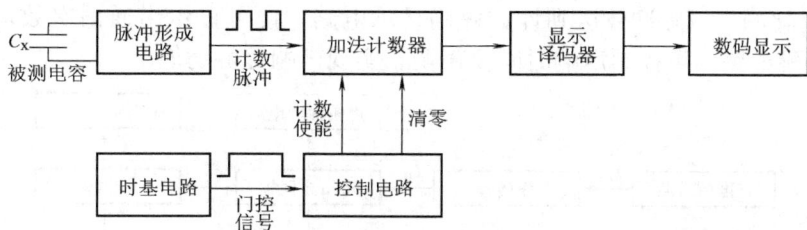

图 7-48　数字式电容测试仪原理框图

1）此自动售票机只售 1 角、2 角、5 角和 1 元 4 种邮票，售哪种邮票由买票人按票额指令即可。每按一次只能售出 1 张票。如果投入硬币钱数不足，则报警。报警时间为 3s。若投入硬币足够，则自动送出 1 张邮票，并用不同颜色指示灯显示出来，多余的钱应立即找回，找回的钱数用数码管显示出来。

2）售票机还应具有累加卖钱数的功能，累加的钱数要用数码管显示，显示两位即可。

**2. 设计方案提示**

1）输入、输出的外部设备（指投硬币、送出邮票及找回余款）设计不属于本题要求。只要求控制逻辑设计。

2）用加补码的方法完成减法的功能。

3）售票机原理框图如图 7-49 所示。

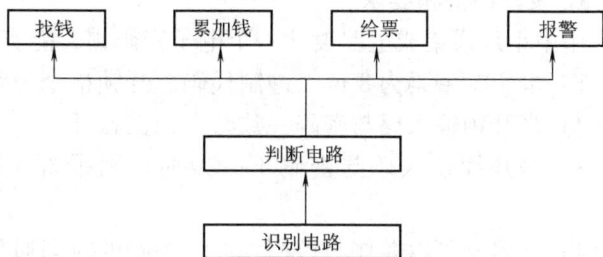

图 7-49　售票机原理框图

## 二十一、简易电话计时器

**1. 设计任务和要求**

用中小规模集成电路设计一个电话计时系统，能实现以下功能：

1）每 3min 计时一次。

2）显示通话次数，最多为 99 次。

3）每次定时误差小于 1s。

4）具有手动复位功能。

5）具有声响提醒功能。

**2. 设计方案提示**

电话计时器原理框图如图 7-50 所示，主要有标准信号源、分频器、3min 定时器、计数器、译码显示电路、声响提醒电路等组成。工作原理：当按下复位键时，复位电路保证 3min 定时电路及计数器同时清零，此时显示通话次数为零。当松开复位键时，计时开始，此时由标准信号源产生的 $f_0' = 32768\,\text{Hz}$ 信号经过 12 级分频得到 $f_0 = 8\,\text{Hz}$ 的脉冲输入 3min 定时器，选用 $f_0 = 8\,\text{Hz}$ 的原因是考虑到设计要求定时精度所选定的。3min 定时器的功能是每 3min 输出一个脉冲，该脉冲被送到计数译码显示电路，便可显示出通话次数；同时该脉冲被送到声响提醒电路，可控制声响时间及声调，实现声响提醒功能。

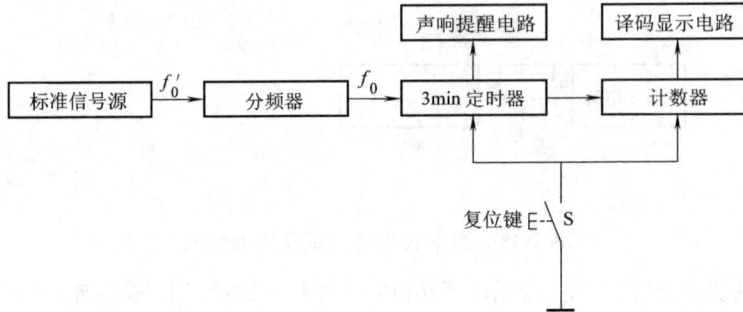

图 7-50　电话计时器原理框图

## 二十二、电子密码锁

### 1. 设计任务和要求

用中小规模集成电路设计一个电子密码锁，能实现以下功能：

1）电子锁密码为 8 位二进制代码，开锁指令为串行输入码。

2）当开锁输入码与密码一致时，锁被打开。

3）当开锁输入码与密码不一致时，则报警。报警动作响 1min，停 10s 后再重复出现。

4）报警器可以兼作门铃用，而门铃响的时间通常为 7 ~ 10s。

### 2. 设计方案提示

图 7-51 所示为电子密码锁原理框图。锁体一般由电磁线圈、锁栓、弹簧和锁框等组成，当有开锁信号时，电磁线圈有电流通过，于是线圈便产生磁场吸住锁栓，锁便打开。当无开锁信号时，线圈无电流通过，锁栓被弹入锁框，门被锁上。可用发光二极管代替锁体，亮为开锁，灭为上锁。密码存储可用高低电平开关设置，也可以采用时序电路存储。当开锁信号串行输入时，要求输入 8 位代码后才出现比较结果，一致时则开锁，不一致时则报警。

一般地，实验室所提供数字电子技术课程设计所需集成芯片参见下节。

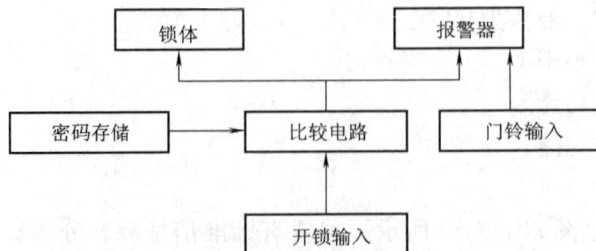

图 7-51　电子密码锁原理框图

## 第四节　常用数字集成电路器件表

### 一、C4000 系列数字集成电路

部分 C4000 系列数字集成电路型号和功能名称见表7-2。

表7-2　部分 **C4000** 系列数字集成电路型号和功能名称

| 型　　号 | 功能名称 | 型　　号 | 功能名称 |
|---|---|---|---|
| C4001 | 四2输入或非门 | C4070 | 四异或门 |
| C4011 | 四2输入与非门 | C4071 | 四2输入或门 |
| C4012 | 双4输入与非门 | C4072 | 双4输入或门 |
| C4013 | 双 D 触发器 | C4073 | 三3输入与门 |
| C4019 | 四组2选1数据寄存器 | C4075 | 三3输入或门 |
| C4015 | 双4位移位寄存器 | C4081 | 四2输入与门 |
| C4023 | 三3输入与非门 | C4082 | 双4输入与门 |
| C4025 | 三3输入或非门 | C4510 | BCD 可预置可逆计数器 |
| C4027 | 双 JK 触发器 | C4512 | 1/8MUX（数据选择器） |
| C4028 | BCD-10 线译码器 | C4516 | 4 位二进制加/减计数器 |
| C4030 | 四异或门 | C4518 | 双十进制加计数器 |
| C4069 | 六非门 | C4520 | 双4位二进制加计数器 |
| C4055 | 4-7 段译码器 | C4585 | 4 位数值比较器 |

部分 C4000 系列数字集成电路引脚图如图 7-52 所示。

图 7-52 中的 C4510 和 C4518 集成电路的功能表见表 7-3 和表 7-4。

表7-3　**C4510** 功能表

| CP | LD | R | CI | U/D | D0 | D1 | D2 | D3 | 功　能 |
|---|---|---|---|---|---|---|---|---|---|
| φ | 0 | 0 | 1 | φ | φ | φ | φ | φ | 不计数 |
| ↑ | 0 | 0 | 0 | 1 | φ | φ | φ | φ | 加计数 |
| ↑ | 0 | 0 | 0 | 0 | φ | φ | φ | φ | 减计数 |
| φ | 1 | 0 | φ | φ | a | b | c | d | 置数 |
| φ | φ | 1 | φ | φ | φ | φ | φ | φ | 复位 |

表7-4　**C4518** 功能表

| CP | EN | R | 功　能 |
|---|---|---|---|
| ↑ | 1 | 0 | 加计数 |
| 0 | ↓ | 0 | 加计数 |
| ↓ | φ | 0 | 保持 |
| φ | ↑ | 0 | 保持 |
| ↑ | 0 | 0 | 保持 |
| 1 | ↓ | 0 | 保持 |
| φ | φ | 1 | 复位 |

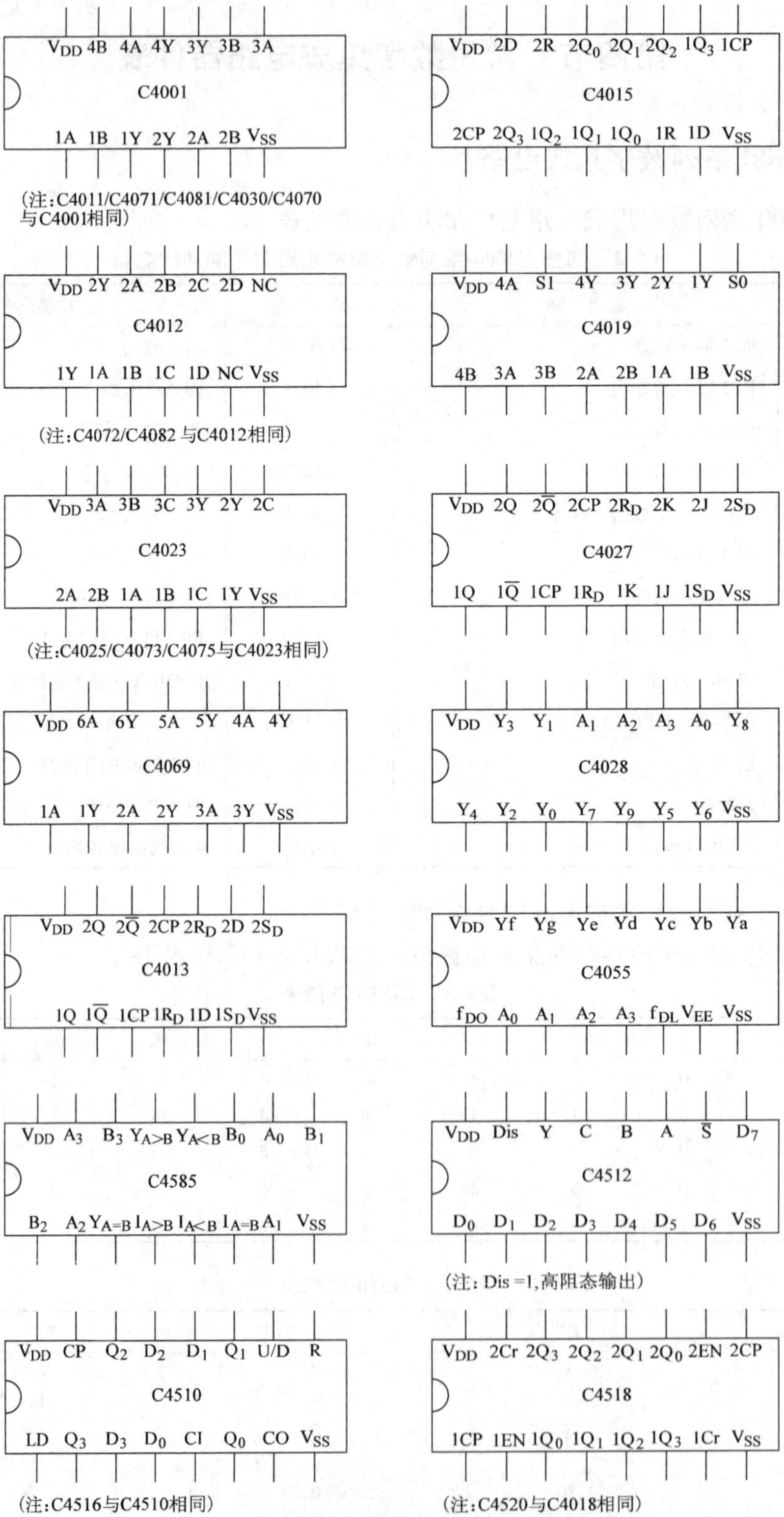

C4001

V_DD 4B 4A 4Y 3Y 3B 3A

1A 1B 1Y 2Y 2A 2B V_SS

(注:C4011/C4071/C4081/C4030/C4070 与C4001相同)

C4012

V_DD 2Y 2A 2B 2C 2D NC

1Y 1A 1B 1C 1D NC V_SS

(注:C4072/C4082 与C4012相同)

C4023

V_DD 3A 3B 3C 3Y 2Y 2C

2A 2B 1A 1B 1C 1Y V_SS

(注:C4025/C4073/C4075与C4023相同)

C4069

V_DD 6A 6Y 5A 5Y 4A 4Y

1A 1Y 2A 2Y 3A 3Y V_SS

C4013

V_DD 2Q 2$\overline{Q}$ 2CP 2R_D 2D 2S_D

1Q 1$\overline{Q}$ 1CP 1R_D 1D 1S_D V_SS

C4585

V_DD A_3 B_3 Y_{A>B} Y_{A<B} B_0 A_0 B_1

B_2 A_2 Y_{A=B} I_{A>B} I_{A<B} I_{A=B} A_1 V_SS

C4510

V_DD CP Q_2 D_2 D_1 Q_1 U/D R

LD Q_3 D_3 D_0 CI Q_0 CO V_SS

(注:C4516与C4510相同)

C4015

V_DD 2D 2R 2Q_0 2Q_1 2Q_2 1Q_3 1CP

2CP 2Q_3 1Q_2 1Q_1 1Q_0 1R 1D V_SS

C4019

V_DD 4A S1 4Y 3Y 2Y 1Y S0

4B 3A 3B 2A 2B 1A 1B V_SS

C4027

V_DD 2Q 2$\overline{Q}$ 2CP 2R_D 2K 2J 2S_D

1Q 1$\overline{Q}$ 1CP 1R_D 1K 1J 1S_D V_SS

C4028

V_DD Y_3 Y_1 A_1 A_2 A_3 A_0 Y_8

Y_4 Y_2 Y_0 Y_7 Y_9 Y_5 Y_6 V_SS

C4055

V_DD Yf Yg Ye Yd Yc Yb Ya

f_{DO} A_0 A_1 A_2 A_3 f_{DL} V_EE V_SS

C4512

V_DD Dis Y C B A $\overline{S}$ D_7

D_0 D_1 D_2 D_3 D_4 D_5 D_6 V_SS

(注:Dis =1,高阻态输出)

C4518

V_DD 2Cr 2Q_3 2Q_2 2Q_1 2Q_0 2EN 2CP

1CP 1EN 1Q_0 1Q_1 1Q_2 1Q_3 1Cr V_SS

(注:C4520与C4018相同)

图 7-52  C4000 系列数字集成电路引脚图

## 二、TTL74 系列数字集成电路

部分 TTL74 系列数字集成电路型号和功能名称见表 7-5。

表 7-5　部分 TTL74 系列数字集成电路型号和功能名称

| 型　号 | 功能名称 | 型　号 | 功能名称 |
|---|---|---|---|
| 74LS00 | 四 2 输入与非门 | 74LS138 | 3-8 线译码器 |
| 74LS02 | 四 2 输入或非门 | 74LS139 | 双 2-4 线译码器（低输出） |
| 74LS04 | 六非门 | 74LS42 | BCD-10 线译码器（低输出） |
| 74LS08 | 四 2 输入与门 | 74LS47 | BCD-7 段译码器（低输出） |
| 74LS10 | 三 3 输入与非门 | 74LS48 | BCD-7 段译码器 |
| 74LS11 | 三 3 输入与门 | 74LS154 | 4-16 线译码器 |
| 74LS20 | 双 4 输入与非门 | 74LS147 | 10-BCD 优先编码器 |
| 74LS21 | 双 4 输入与门 | 74LS148 | 8-3 编码器 |
| 74LS27 | 三 3 输入或非门 | 74LS157 | 四 1/2MUX（数据选择器） |
| 74LS30 | 8 输入与非门 | 74LS153 | 双 1/4MUX（数据选择器） |
| 74LS32 | 四 2 输入或门 | 74LS151 | 1/8MUX（数据选择器） |
| 74LS54 | 2-3-3-2 输入与或非 | 74LS150 | 1/16MUX（数据选择器） |
| 74LS86 | 四异或门 | 74LS85 | 4 位数值比较器 |
| 74LS74 | 双 D 触发器 | 74LS283 | 4 位全加器 |
| 74LS76 | 双 JK 触发器 | 74LS160 | 可预置十进制计数器 |
| 74LS107 | 双 JK 触发器 | 74LS162 | 可预置 BCD 计数器 |
| 74LS112 | 双 JK 触发器 | 74LS161 | 可预置 4 位二进制计数器 |
|  |  | 74LS194 | 4 位通用移位寄存器 |

表 7-6　74LS160 功能表

| CP | $\overline{Cr}$ | $\overline{LD}$ | ET | EP | $D_0$ | $D_1$ | $D_2$ | $D_3$ | 功能 |
|---|---|---|---|---|---|---|---|---|---|
| φ | 0 | φ | φ | φ | φ | φ | φ | φ | 复位 |
| ↑ | 1 | 0 | φ | φ | a | b | c | d | 置数 |
| ↑ | 1 | 1 | 1 | 1 | φ | φ | φ | φ | 计数 |

表 7-7　74LS161 功能表

| CP | $\overline{Cr}$ | $\overline{LD}$ | ET | EP | $D_0$ | $D_1$ | $D_2$ | $D_3$ | 功能 |
|---|---|---|---|---|---|---|---|---|---|
| φ | 0 | φ | φ | φ | φ | φ | φ | φ | 复位 |
| ↑ | 1 | 0 | φ | φ | a | b | c | d | 置数 |
| ↑ | 1 | 1 | 1 | 1 | φ | φ | φ | φ | 计数 |

部分 TTL74 系列数字集成电路的功能表见表 7-6 ~ 表 7-9 所示，引脚图如图 7-53 ~ 图 7-56 所示。

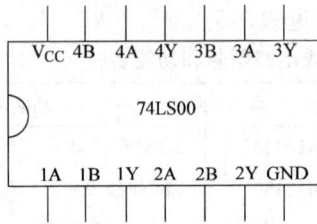
（注：7408/7432/7486 与7400相同）

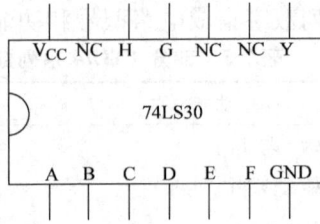

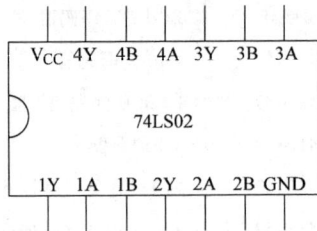

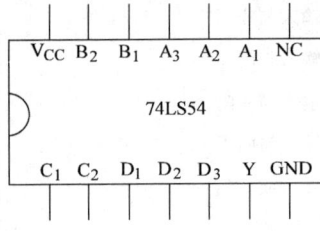

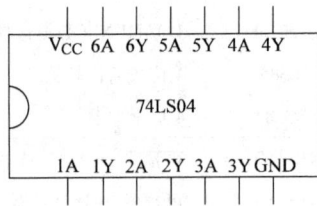

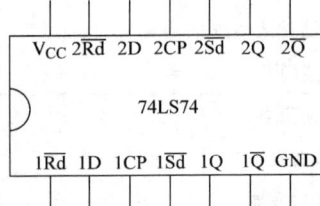

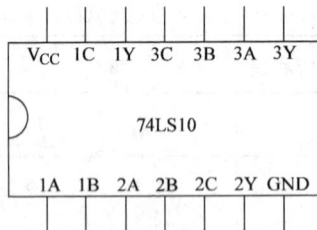
（注：7411/7427与7410相同）

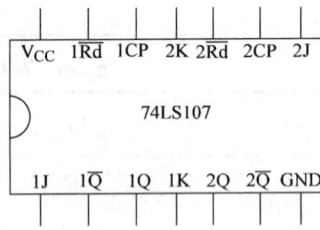

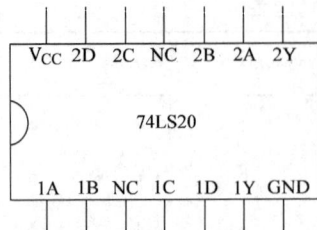
（注：7421与7420相同）

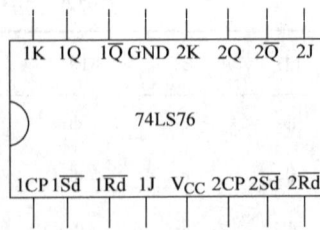

图 7-53　部分 TTL74 系列门电路和触发器引脚图

VCC Yf Yg Ya Yb Yc Yd Ye

74LS48

A₁ A₂ $\overline{LT}$ $\overline{BI/RB0}$ $\overline{RBI}$ A₃ A₀ GND

(注：7448与7447相同)

VCC NC $\overline{Y_3}$ $\overline{I_2}$ $\overline{I_1}$ $\overline{I_9}$ $\overline{I_3}$ $\overline{Y_0}$

74LS147

$\overline{I_4}$ $\overline{I_5}$ $\overline{I_6}$ $\overline{I_7}$ $\overline{I_8}$ $\overline{Y_2}$ $\overline{Y_1}$ GND

VCC A₀ A₁ A₂ A₃ $\overline{Y_9}$ $\overline{Y_8}$ $\overline{Y_7}$

74LS42

$\overline{Y_0}$ $\overline{Y_1}$ $\overline{Y_2}$ $\overline{Y_3}$ $\overline{Y_4}$ $\overline{Y_5}$ $\overline{Y_6}$ GND

VCC $\overline{Y_S}$ $\overline{Y_{EX}}$ $\overline{I_3}$ $\overline{I_2}$ $\overline{I_1}$ $\overline{I_0}$ $\overline{Y_0}$

74LS148

$\overline{I_4}$ $\overline{I_5}$ $\overline{I_6}$ $\overline{I_7}$ $\overline{ST}$ $\overline{Y_2}$ $\overline{Y_1}$ GND

VCC $\overline{Y_0}$ $\overline{Y_1}$ $\overline{Y_2}$ $\overline{Y_3}$ $\overline{Y_4}$ $\overline{Y_5}$ $\overline{Y_6}$

74LS138

A₀ A₁ A₂ $\overline{G_{2A}}$ $\overline{G_{2B}}$ G₁ $\overline{Y_7}$ GND

VCC $2\overline{S}$ 2A₀ 2A₁ $2\overline{Y_0}$ $2\overline{Y_1}$ $2\overline{Y_2}$ $2\overline{Y_3}$

74LS139

$1\overline{S}$ 1A₀ 1A₁ $1\overline{Y_0}$ $1\overline{Y_1}$ $1\overline{Y_2}$ $1\overline{Y_3}$ GND

VCC A₀ A₁ A₂ A₃ $\overline{E_2}$ $\overline{E_1}$ $\overline{Y_{15}}$ $\overline{Y_{14}}$ $\overline{Y_{13}}$ $\overline{Y_{12}}$ $\overline{Y_{11}}$

74LS154

$\overline{Y_0}$ $\overline{Y_1}$ $\overline{Y_2}$ $\overline{Y_3}$ $\overline{Y_4}$ $\overline{Y_5}$ $\overline{Y_6}$ $\overline{Y_7}$ $\overline{Y_8}$ $\overline{Y_9}$ $\overline{Y_{10}}$ GND

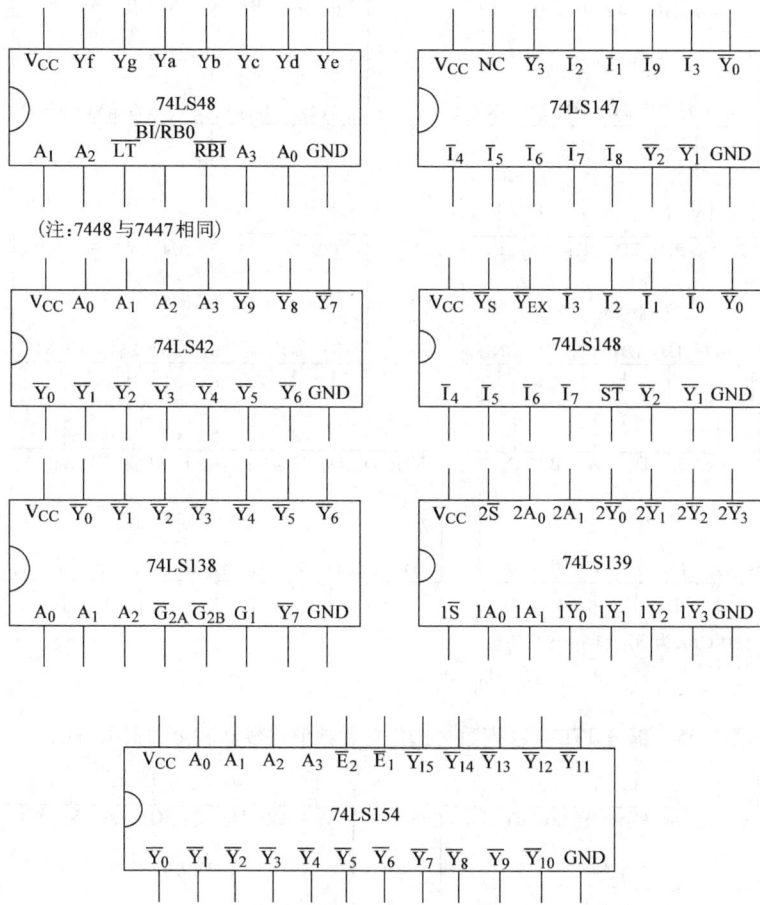

图 7-54　部分 TTL74 系列译码器和编码器引脚图

表 7-8　74LS162 功能表

| CP | $\overline{Cr}$ | $\overline{LD}$ | $S_1$ | $S_2$ | $D_0$ | $D_1$ | $D_2$ | $D_3$ | 功能 |
|---|---|---|---|---|---|---|---|---|---|
| ↑ | 0 | φ | φ | φ | φ | φ | φ | φ | 复位 |
| ↑ | 1 | 0 | φ | φ | a | b | c | d | 置数 |
| ↑ | 1 | 1 | 1 | 1 | φ | φ | φ | φ | 计数 |
| φ | 1 | 1 | 0 | φ | φ | φ | φ | φ | 保持 |
| φ | 1 | 1 | φ | 0 | φ | φ | φ | φ | 保持 |

表 7-9　74LS194 功能表

| CP | $\overline{Cr}$ | $S_1$ | $S_0$ | $S_R$ | $S_L$ | $D_0$ | $D_1$ | $D_2$ | $D_3$ | 功能 |
|---|---|---|---|---|---|---|---|---|---|---|
| φ | 0 | φ | φ | φ | φ | φ | φ | φ | φ | 复位 |
| ↑ | 1 | 1 | 1 | φ | φ | a | b | c | d | 并行置数 |
| ↑ | 1 | 0 | 1 | dr | φ | φ | φ | φ | φ | 右移 |
| ↑ | 1 | 1 | 0 | φ | d1 | φ | φ | φ | φ | 左移 |
| φ | 1 | 0 | 0 | φ | φ | φ | φ | φ | φ | 保持 |

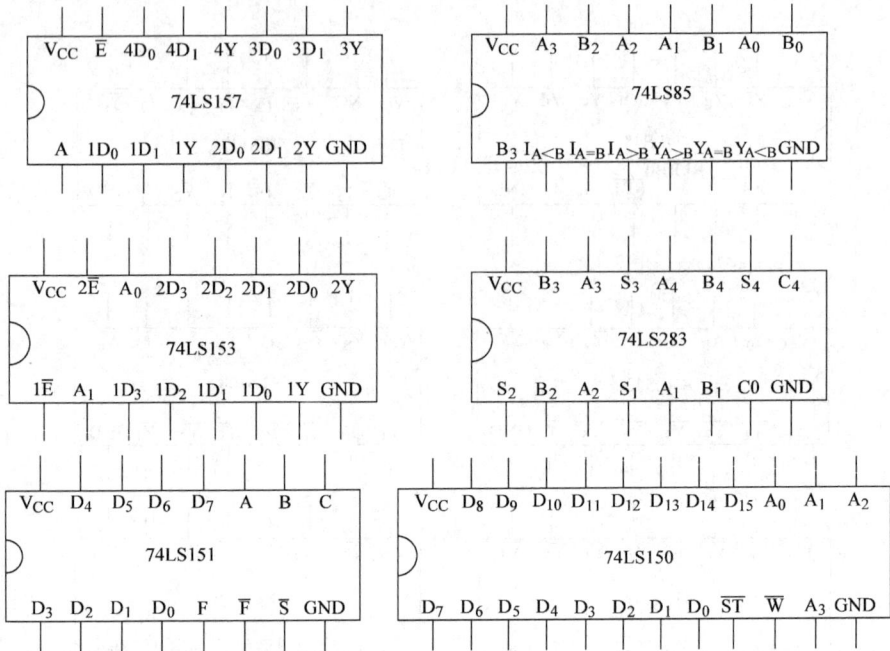

图 7-55  部分 TTL74 系列数据选择器、数值比较器和全加器引脚图

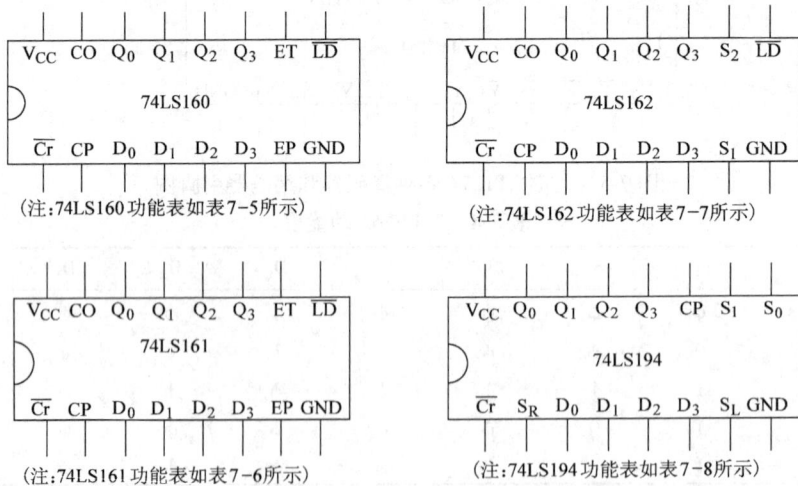

图 7-56  部分 TTL74 系列计数器和寄存器引脚图

# 第八章　电子电路现代设计技术——Multisim

## 第一节　Multisim 功能概述

EDA 是"Electronic Design Automation"的缩写，即电子设计自动化。电子设计是人们进行电子产品设计、开发和制造过程中十分关键的一步。加拿大 IIT 公司推出的从电路仿真设计到版图生成全过程的电子设计工作平台 Electronics Workbench，是一套功能完善、操作界面友好、使用方便的 EDA 工具。Electronics Workbench 主要包括 Multisim 电路仿真设计工具、VHDL/Verilog 编辑/编译工具、Ultiboard PCB 设计工具和 Ultirounte 自动布线工具。这些工具可以独立使用，也可以配套使用，如果配备了上述全部工具，就可以构成一个相对完整的电子设计软件平台。

Multisim 属于 PCB 前端设计工具，主要完成电路输入、电路仿真和设计。Multisim 的设计结果以网表等文件格式正向传递给 Ultiboard。Ultiboard 是 PCB 后端设计工具，用来接收 Multisim 的前端设计信息，按照设计规则进行 PCB 设计。为了达到良好的布线效果，可以使用 Ultirounte 自动布线工具，采用基于网络的布线算法进行自动布线。Ultiboard 的设计结果可以生成光绘机需要的 Gerber 格式版图设计文件。VHDL/Verilog 编辑/编译工具是 Multisim 操作界面下的一个功能按钮，是可选工具。可编程逻辑器件（PLD）的开发离不开硬件描述语言 VHDL 或 Verilog HDL 的使用，很多 PLD 的开发工具都有 VHDL/Verilog 编辑/编译工具，因此 Electronics Workbench 环境下的 VHDL/Verilog 编辑/编译工具可根据需要选择是否配备使用。

Multisim 10 提供了方便友好的操作界面，可完成原理图的设计输入。单击元器件，拖动鼠标将元器件放在原理图上，自动排列连线，原理图输入的烦琐工作就可以轻松地完成。

Multisim 10 提供了全面集成化的设计环境，完成从原理图设计输入、电路仿真分析到电路功能测试等工作。当改变电路连接或改变元器件参数、对电路进行仿真时，可以清楚地观察到各种变化对电路性能的影响。

Multisim 10 提供了相当广泛的元器件：从无源器件到有源器件，从模拟器件到数字器件，从分立元器件到集成电路，还有微机接口元件、射频元件等，有数千个器件模型。设计过程中，还可以自己添加新元器件。

Multisim 10 提供的虚拟电子设备种类齐全，有直流电源、示波器、函数发生器、数字万用表、频谱分析仪、失真分析仪、网络分析仪和逻辑分析仪等，操作这些设备如同操作真实设备一样。

Multisim 10 提供了全面的分析工具，利用这些工具，可以完成对电路的稳态和瞬态分析、时域和频域分析、噪声和失真度分析、傅里叶分析、零极点和传输函数分析等，帮助设计者全面了解电路的性能。

利用 Multisim 10 可以实现各种电路的虚拟实验，对电路进行全面的仿真分析和设计。Multisim 10 提供的元器件和仪器仪表齐全，使用的元器件种类和数量不受限制，实验成本低、速度快、效率高。在 Multisim 10 环境下，电路的修改调试方便，可直接打印输出实验数据、实验曲线、电路原理图和元器件清单等。

# 第二节　Multisim 10 使用指南

## 一、Multisim 10 操作界面

启动 Multisim 10，出现如图 8-1 所示的操作界面。该界面主要由菜单栏、工具栏、元器件栏、电路工作区、状态栏、仪器仪表栏和仿真电源开关等部分组成。

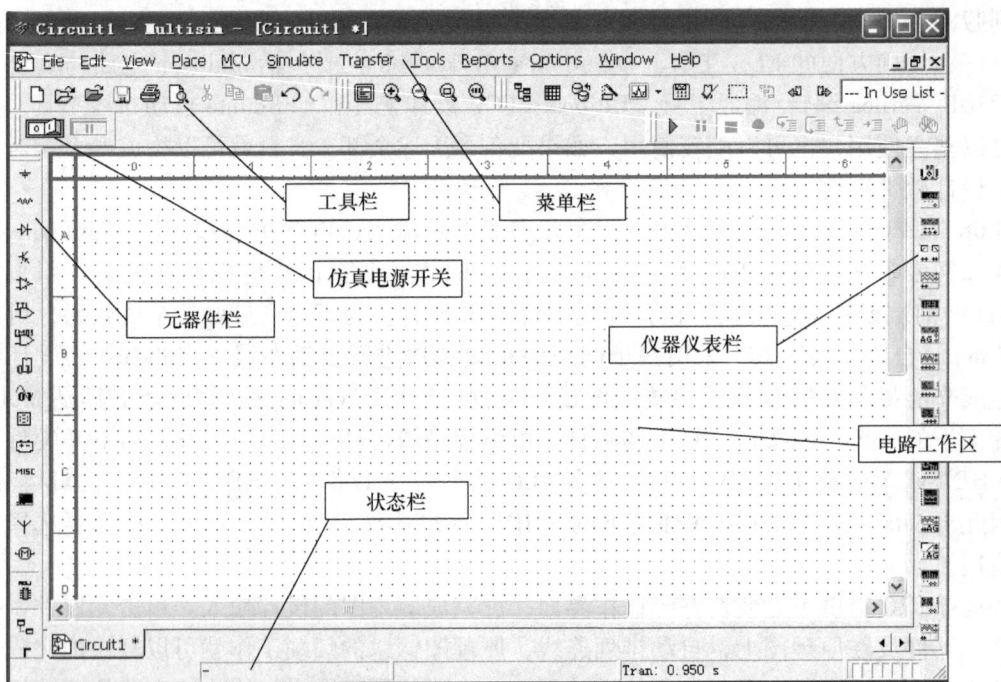

图 8-1　Multisim 10 操作界面

### （一）菜单栏

Multisim 10 共有 12 个菜单选项，菜单栏如图 8-2 所示。各菜单选项包括了该软件所有操作命令，从左至右分别为 File（文件）、Edit（编辑）、View（显示）、Place（放置）、MCU（微控制器）、Simulate（仿真）、Transfer（文件输出）、Tools（工具）、Reports（报告）、Options（选项）、Window（窗口）和 Help（帮助）。每个菜单项的下拉菜单中都包含若干命令条。

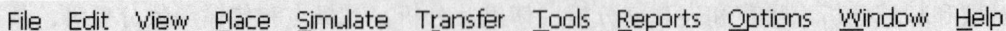

图 8-2　菜单栏

## （二）工具栏

Multisim 10 工具栏如图 8-3 所示。在工具栏中为常用命令提供了简单明了的图标形式，单击工具栏中表示命令的图形与执行菜单栏下对应的命令结果是一样的。工具栏从左至右的图标命名及功能如下：

- 新建：清除电路工作区，准备生成新电路。
- 打开：打开电路文件。
- 存盘：保存电路文件。
- 打印：打印电路文件。
- 剪切：剪切至剪贴板。
- 复制：复制至剪贴板。
- 粘贴：从剪贴板粘贴。
- 旋转：旋转元器件。
- 全屏：电路工作区全屏。
- 放大：将电路图放大一定比例。
- 缩小：将电路图缩小一定比例。
- 放大面积：放大电路工作区面积。
- 适当放大：放大到适合的页面。
- 文件列表：显示电路文件列表。
- 电子表：显示电子数据表。
- 数据库管理：元器件数据库管理。
- 元件编辑器：编辑元件。
- 图形编辑/分析：图形编辑器和电路分析方法选择。
- 后处理器：对仿真结果进一步操作。
- 电气规则校验：校验电气规则。
- 区域选择：选择电路工作区区域。

图 8-3　工具栏

## （三）元器件栏

Multisim 10 提供了 16 个元器件库。单击元器件库栏目下的图标即可打开该元器件库，在库中选择所需器件，将其拖至工作区即可。元器件栏如图 8-4 所示。

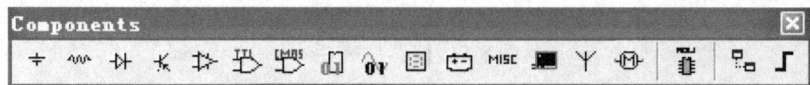

图 8-4　元器件栏

从左边第一个图标开始，分别是：

╪ 信号源库：含接地、直流信号源、交流信号源、受控源等 6 类；

〰️基本元件库：含电阻、电容、电感、变压器、开关、负载等 18 类；

⊶二极管库：含虚拟、普通、发光、稳压二极管、桥堆、晶闸管等 9 类；

⊀晶体管库：含双极型晶体管、场效应晶体管、复合晶体管、功率晶体管等 16 类；

⊳模拟集成电路库：含虚拟、线性、特殊运算放大器和比较器等 6 类；

⊡TTL 数字集成电路库：含 74×× 和 74LS×× 两大系列；

⊡CMOS 数字集成电路库：含 74HC×× 和 CMOS 器件的 6 个系列；

⊡数字器件库：含虚拟 TTL、VHDL、Verilog HDL 器件等 3 个系列；

⊡混合器件库：含 ADC/DAC、555 定时器、模拟开关等 4 类；

⊡指示器件库：含电压表、电流表、指示灯、数码管等 8 类；

⊡电源库：含熔丝、稳压器、电压抑制、隔离电源等；

ᴹᴵˢᶜ其他器件库：含晶体振荡器、集成稳压器、电子管等 14 类；

▮外围器件库，含键盘、LCD 和一个显示终端的模型；

Υ射频元件库；含射频 NPN、射频 PNP、射频 FET 等 7 类；

⊡电机类器件库；含各种开关、继电器、电机等 8 类。

▮微控制器库：805x 单片机和 ROM、RAM 等。

### （四）仪器仪表栏

Multisim 10 的仪器仪表栏如图 8-5 所示。该工具栏含有 21 种用来对电路工作状态进行测试的仪器仪表，它们从左至右依次为数字万用表（Multimeter）、失真分析仪（Distortion Analyzer）、函数信号发生器（Function Generator）、功率表（Wattmeter）、双通道示波器（Oscilloscope）、频率计（Frequency Counter）、美国安捷伦函数信号发生器（Agilent Function Generator）、四通道示波器（4 Channel Oscilloscope）、波特图仪（Bode Plotter）、I-V 特性分析仪（IV-Analysis）、字信号发生器（Word Generator）、逻辑转换器（Logic Convener）、逻辑分析仪（Logic Analyzer）、安捷伦示波器（Agilent Oscilloscope）、安捷伦数字万能表（Agilent Multimeter）、频谱分析仪（Spectrum Analyzer）、网络分析仪（Network Analyzer）、泰克示波器（Tektronix Oscilloscope）、电流探针（Current Probe）、LabVIEW 虚拟仪器（LabVIEW Instrument）和测量探针（Measurement Probe）。

图 8-5　仪器仪表栏

## 二、Multisim 10 基本操作

### （一）输入并编辑电路

输入电路图是分析和设计工作的第一步，用 Multisim 分析、仿真电路的过程，就是由仿

真电路的建立开始的。用户将元器件库中的模型符号放到电路工作区，连接导线，设定元器件模型，为分析和仿真做准备。

**1. 建立电路文件**

系统在启动时，会自动打开一个空白的电路文件。在 Multisim 正常运行时也只需要单击系统工具栏中的 New 按钮，同样也将出现一个空白电路文件，系统自动命名为 Circuit1，可以在保存电路文件时再重新命名。

**2. 取用元器件**

元器件可以从工具栏或从菜单栏取用。打开元器件库，单击要选中的元器件，出现如图 8-6 所示的 Select a Component 对话框，选定所需元器件，如图选择 1kΩ 电阻，单击 OK 按钮，在工作区右击放置该元器件。有的元器件需要设置参数，可以在打开的菜单中适当选取参数。

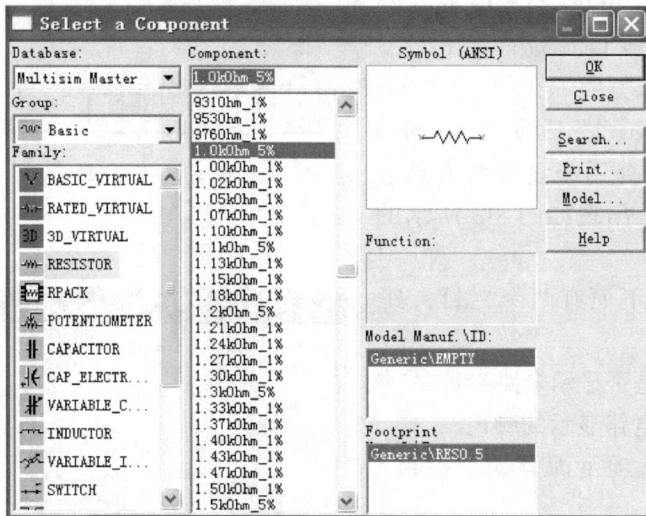

图 8-6　Select a Component 对话框

在元器件库中有两种元器件，绿色衬底的元器件是可以任意设置参数的元器件，另一种则是标准参数的元器件，这些元器件的参数符合国际标准。双击选定元器件，从弹出的菜单中还可以设定元器件的标签、编号、数值和模型参数。

**3. 连接电路**

在将电路元器件放置在电路编辑窗口后，用鼠标就可以方便地将元器件连接起来。将鼠标指向元器件的端点，使其出现一个小圆点，按下鼠标左键并拖拽出一根导线，再拖拽导线并使其指向另一个元器件的端点，待出现小圆点后释放鼠标左键。在 Multisim 中，连线的起点和终点不能悬空。

在复杂电路中，可以将导线设置为不同的颜色，这有助于对电路图的识别。要改变导线的颜色，右击该导线，弹出 Color（导线颜色）对话框，从中选择合适的颜色即可。如果需要在电路的某一处加入元器件，可以将元器件直接拖拽放置在导线上，然后释放鼠标即可。

**4. 元器件参数的设置**

对于元器件参数的设置，可以通过"元器件特性"对话框来设定。用鼠标左键双击元器件图形或者选择 Edit 下的 Properties（特性），并从弹出的菜单中选择参数。一个 NPN 型晶体管的元器件特性对话框如图 8-7 所示。

Label 参数选项用于设置元器件的 Reference ID（序号）、Label（标识）和 Attributes（属性）。

Display 参数选项用于设置 Label（标识）、Value（数值）、Reference ID（序号）和 Attributes（属性）的显示方式。

Value 参数选项用于编辑元器件的特性、模型参数和引脚封装等。

Fault 参数选项可以人为设置元器件的隐含故障，如 None（无故障）、Open（开路）、Short（短路）或 Leakage（漏电）。

**5. 设置电路显示方式**

单击菜单 Options 栏下的 Preferences（设置操作环境）命令用于设置与电路显示方式相关的选项，出现如图 8-8 所示的 Preferences 对话框。

1）Circuit 选项下面有两个栏目，其中：

Show 栏目决定是否显示电路参数。

Color 栏目决定电路显示的颜色。

2）Workspace 选项下面有 3 个栏目，其中：

Show 栏目实现电路工作区显示方式的控制。

Sheet size 栏目实现图样大小和方向的设置。

Zoom level 栏目实现电路工作区显示比例的控制。

3）Wiring 选项有 2 个栏目。其中：

Wire width 栏目设置连接线的线宽。

Autowire 栏目控制自动连线的方式。自动连线的控制方式如下：

Autowire on connection：选择是否自动连线。

Autowire on move：选中该项，移动元器件时，连接线可以自动保持垂直/水平走线，否则，移动元器件时，其连接线可能出现斜线。

4）Component Bin 选项有 2 个栏目，其中：

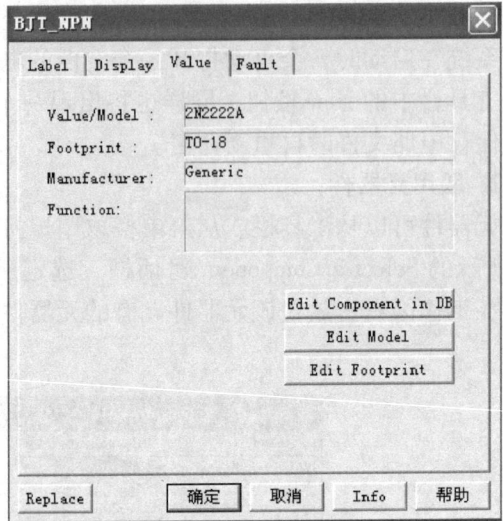

图 8-7　"元器件特性"对话框

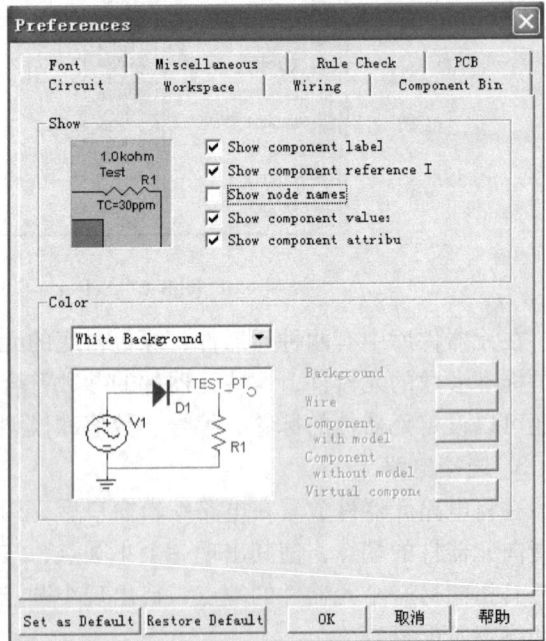

图 8-8　Preferences 对话框

Symbol standard 栏目用来选择元器件的符号标准，有两种符号标准可以选择，即 ANSL 美国标准元件符号和 DIN 欧洲标准元件符号。

Place component mode 栏目选择元器件的操作模式，元器件的操作模式有以下 3 种：

Place single component mode：选中该选项时，从库里取出元器件，只能放置 1 次。

Continuous placement for multi-section part only（Esc to quit）：该选项被选中时，表明一个封装里有多个元器件，如下个 7400 有 4 个双输入与非门，可以连续放置元器件，按 Esc 键退出该项操作。

Continuous placement（Esc to quit）：该选项被选中时，从库里取出元器件，可以连续放置，按 Esc 键退出该项操作。

5）Font 选项可以选择字体、字形、字号及应用范围等栏目。

Apply to 栏目选择字体的应用范围，有两种选择，即 Entire circuit 和 Selection，前者应用于整个电路图，后者应用于选取的项目。

6）Miscellaneous 选项控制文件备份方式等。其中：

可以选择自动备份的时间、选择电路存盘的路径及选择数字仿真的两种状态，即 Idea 理想仿真和 Real 真实状态仿真。前者可以获得较高的仿真速度，后者可以获得更为精确的仿真结果。

7）Rule Check 选项用来完成 ERC（电路规则检查）功能，创建和显示详细的检测报告，报告给出电路连接错误，如电源与输出引脚直接连接错误、未连接引脚错误和重复 ID 错误等。

8）PCB 选项选择与制作电路板相关的命令，如接地选择、印制板层数选择等。

Ground Option 为接地选择，如果选中 Connect digital ground to analog ground 表明数字地与模拟地相连。

Export settings 输出设置。

Rename nodes 为节点重新命名。

Rename components 为元器件重新命名。

Number of copper layers 设置印制板的层数。

9）Default 对话框

Preferences 命令对话框的左下角有两个按钮。其中：

Set as Default 按钮将当前设置存为用户的默认设置，影响新建电路图。

Restore Default 按钮将当前设置恢复为用户的默认设置。OK 按钮不影响用户的默认设置，只影响当前电路图的设置。

## （二）子电路创建

子电路是用户自己建立的一种单元电路。将子电路存放在用户器件库中，可以反复调用并使用子电路。利用子电路可使复杂系统的设计模块化、层次化，可增加设计电路的可读性，提高设计效率，缩短电路设计周期。创建子电路的工作需要以下几个步骤：选择、创建、调用、修改输入/输出。

选择：首先要把需要创建的电路放到电子工作平台的电路窗口上，按住鼠标左键拖动，选定电路。被选择电路的部分由周围的方框标示，表示完成子电路的选择。

　　创建：单击 Place/Replace by Subcircuit 命令，屏幕上出现 Subcircuit Name 对话框，在对话框中输入子电路名称，如 subl，单击 OK 按钮，选择的电路复制到用户器件库中，同时给出子电路图标，完成子电路的创建。

　　调用：单击 Place/Subcircuit 命令或使用 Ctrl + B 快捷操作，输入已创建的子电路名称 sub1，即可使用该子电路。

　　修改：双击子电路模块，在出现的对话框中单击 Edit Subcircuit 命令，屏幕显示子电路的电路图，直接修改该电路图，然后存盘，即得到修改后的子电路。

　　输入/输出：为了能对子电路进行外部连接，需要对子电路添加输入/输出功能。添加方法如下：单击 Place/HB/SB Connecter 命令或使用 Ctrl + I 快捷操作，屏幕出现输入/输出符号"□IO1"，将该符号与子电路的输入/输出信号端进行连接。注意：带有输入/输出符号的子电路才能与外电路连接。

### （三）常用仪器仪表使用

#### 1. 数字万用表（Multimeter）

　　数字万用表是测试电路时使用得最为频繁的设备之一，Multisim 提供的万用表的外观和操作与实际的万用表相似，可以测电流（A）、电压（V）、电阻（Ω）和分贝（dB），测直流或交流信号。

　　万用表的图标面板和参数设置如图 8-9 所示，每项测量功能的选择都可以在万用表的面板上用鼠标操作完成。单击万用表控制面板上的 Set，打开万用表的参数设置窗口，如图 8-9 所示。在设置窗口下，可以实现电流表内阻、电压表内阻、欧姆表电流大小、dB 相关值设置及测量范围的设置。

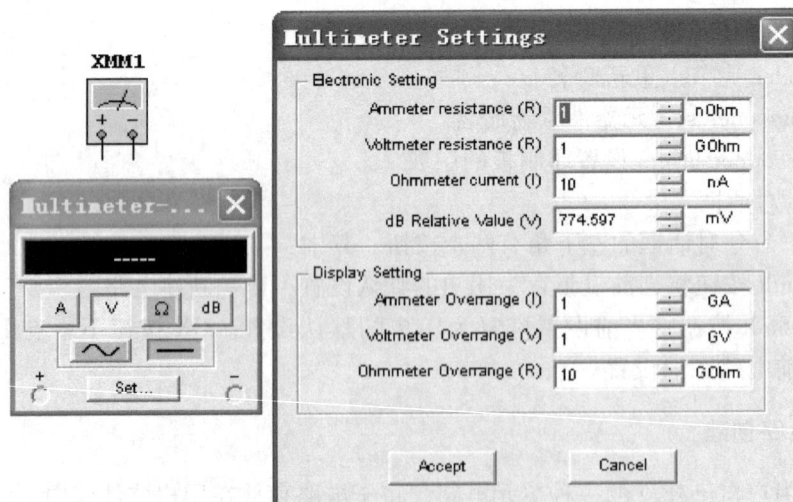

图 8-9　万用表的图标、面板和参数设置

#### 2. 函数发生器（Function Generator）

　　Multisim 提供的函数发生器可以产生正弦波、三角波和矩形波，信号频率可在 1Hz ~ 999MHz 范围内调整。信号的幅值及占空比等参数也可以根据需要进行调节。函数发生器的

图标如图 8-10 所示，函数发生器有 3 个引线端口：负极、正极和公共端。

双击函数发生器图标，屏幕显示函数发生器的面板，如图 8-10 所示。面板的上方选择输出波形，分别是正弦波、三角波和矩形波输出。面板的下方设置输出信号参数：频率、占空比、幅度和偏移量。其中偏移量指的是交流信号中直流电平的偏移。如果偏移量为 0，则直流分量在 X 轴；如果偏移量是正值，则直流分量在 X 轴的上方；如果偏移量是负值，则直流分量在 X 轴的下方。

**3. 瓦特表**（Wattmeter）

Multisim 提供的瓦特表用来测量电路的交流或者直流功率，瓦特表的图标如图 8-11 所示，瓦特表有 4 个引线端口：电压正极、电压负极、电流正极和电流负极。

双击瓦特表图标，屏幕显示瓦特表的面板，如图 8-11 所示。应注意的是电压端应与测量电路并联，电流端应与测量电路串联。

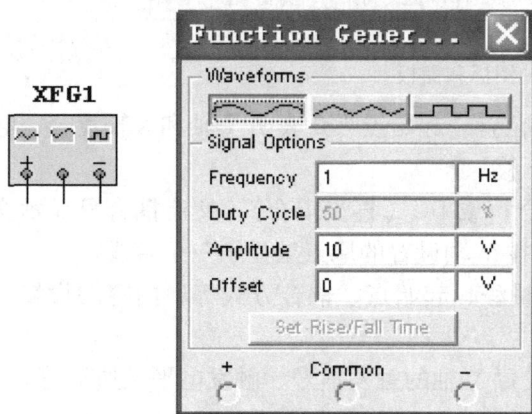

图 8-10　函数发生器的图标和面板

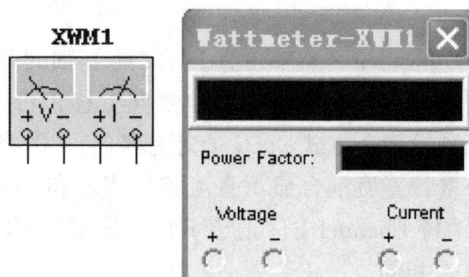

图 8-11　瓦特表的图标和面板

**4. 双通道示波器**（Oscilloscope）

Multisim 提供的示波器外观和基本操作与实际示波器基本相同，该示波器可以观察一路或两路信号波形的形状，分析被测周期信号的幅值和频率，时间基准可在秒直至纳秒范围内调节。示波器的图标和面板如图 8-12 所示，示波器图标有 4 个连接点，分别是 A 通道输入、B 通道输入、外触发端 T 和接地端 G。

双击示波器图标，屏幕显示其面板如图 8-12 所示。面板由上下两个部分组成，上半部分是示波器的观察窗口，下半部分是示波器的控制面板。控制面板分为 4 个部分：Timebase（时间基准）、Channel A（通道 A）、Channel B（通道 B）和 Trigger（触发）。

在示波器的面板上，可以直接单击示波器的各功能项进行参数选择，各功能项如下：

（1）Timebase（时间基准）

Scale（量程）：设置显示波形时的 X 轴时间基准。

X position（X 轴位置）：设置 X 轴的起始位置。显示方式设置有 4 种，Y/T 方式指的是 X 轴显示时间，Y 轴显示电压值；Add 方式指的是 X 轴显示时间，Y 轴显示通道 A 和通道 B 电压之和；A/B 或 B/A 方式指的是 X 轴和 Y 轴都显示电压值。

（2）Channel A（通道 A）

Scale（量程）：通道 A 的 Y 轴电压刻度设置。

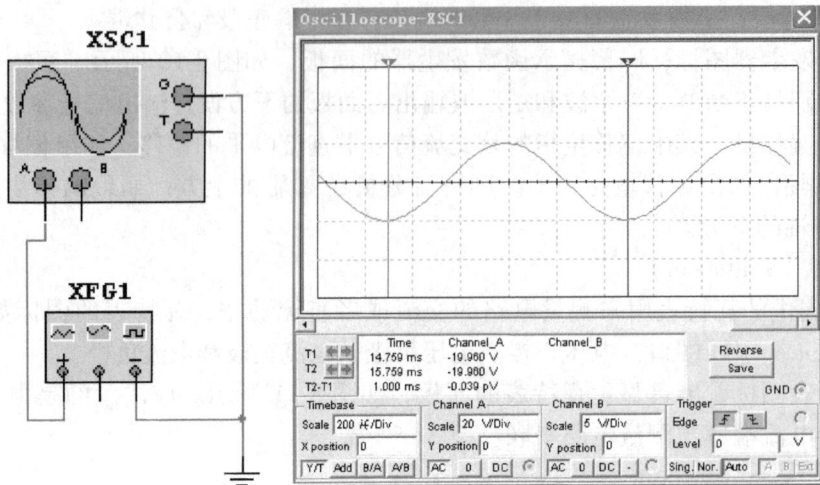

图 8-12　示波器的图标和面板

Y position（Y 轴位置）：设置 Y 轴的起始点位置。起始点为 0 表明 Y 轴和 X 轴重合，起始点为正值表明 Y 轴原点位置向上移，否则向下移。

触发耦合方式：AC（交流耦合）、0（0 耦合）或 DC（直流耦合）。交流耦合只显示交流分量；直流耦合显示直流和交流之和；0 耦合在 Y 轴设置的原点处显示一条直线。

（3）Channel B（通道 B）　通道 B 的 Y 轴量程、起始点、耦合方式等项内容的设置与通道 A 相同。

（4）Trigger（触发）　触发方式主要用来设置 X 轴的触发信号、触发电平及边沿等。

Edge（边沿）：设置被测信号开始的边沿，设置先显示上升沿或下降沿。

Level（电平）：设置触发信号的电平，使触发信号在某一电平时启动扫描。

触发信号选择：Auto（自动）、通道 A 和通道 B 表明用相应的通道信号作为触发信号；Ext 为外触发；Sing 为单脉冲触发；Nor 为一般脉冲触发。

在图 8-12 所示的屏幕上有两条左右可以移动的读数指针，指针上方有三角形标志，通过鼠标左键可拖动读数指针左右移动。在显示屏幕下方有 3 个测量数据的显示区，左侧数据区表示 1 号读数指针所指信号波形的数据。T1 表示 1 号读数指针离开屏幕最左端（时基线零点）所对应的时间，时间单位取决于 Timebase 设置的时间单位；VA1 和 VA2 分别表示通道 A、通道 B 的信号幅度值，其值为电路中测量点的实际值，与"放大、衰减开关"设置无关。中间数据区表示 2 号读数指针所在位置测得的数值。T2 表示 2 号读数指针离开时基线零点的时间值。右侧数据区中，T2 − T1 表示 2 号读数指针所在位置与 1 号读数指针所在位置的时间差值，可以用来测量信号的周期、脉冲信号的宽度、上升和下降时间等参数；VA2 − VA1 表示 A 通道信号两次测量值之差，VB2 − VB1 表示 B 通道信号两次测量值之差。

（5）波形读数的存储　对于读数指针测量的数据，单击面板上的 Save 按钮，即可将其存储。

**5. 波特图仪**（Bode Plotter）

波特图仪类似于实验室的扫频仪，可以测量和显示电路的幅频特性和相频特性，适合于分析滤波电路或电路的频率特性，特别易于观察截止频率，其图标和面板如图 8-13 所示。

波特图仪的 IN 和 OUT 两对端口分别接电路的输入和输出端。使用波特图仪时，在电路的输入端接任意频率的交流信号源，频率的测量范围由波特图仪的参数设置决定。

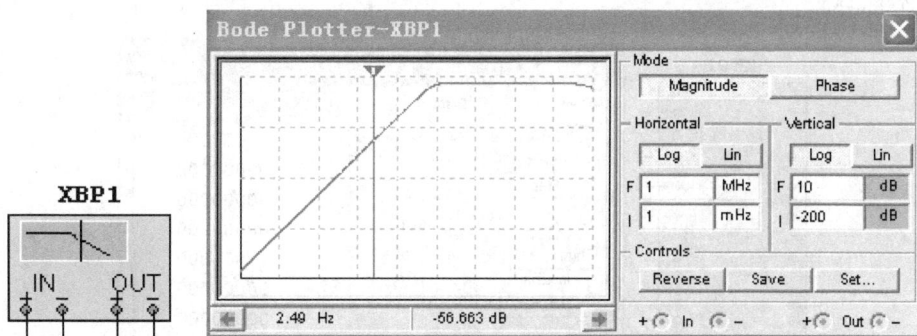

图 8-13　波特图仪的图标和面板

Magnitude（幅值）选择显示幅频特性曲线；Phase（相位）选择显示相频特性曲线；Save（保存）以 BOD 格式保存测量结果；Set…（设置）用以设置扫描的分辨率，其数值越大读数精度越高，但要增加运行时间。默认值是 100。

测量幅频特性时，单击 Log 按钮后，Y 轴的刻度单位是 dB，标尺刻度为 $20\lg[A(f)]\,\mathrm{dB}$，其中 $A(f)=U_\mathrm{o}(f)/U_\mathrm{i}(f)$；当单击 Line 按钮后，Y 轴是线性刻度；测量相频特性时，Y 轴坐标表示相位，单位是度，刻度是线性的。该区下面的 F 栏设置最终值，I 设置初值。右侧的对应栏是设置 X 轴的参数的，也有对数和线性坐标之分，单位是 Hz。显示区有读数指针，可用鼠标指针察看相应的读数。

**6. 频率计**（Frequency Counter）

频率计主要用来测量信号的频率、周期、相位，脉冲信号的上升沿和下降沿。频率计的图标和面板如图 8-14 所示。使用过程中应注意根据输入信号的幅值调整频率计的 Sensitivity（灵敏度）和 Trigger Level（触发电平）。

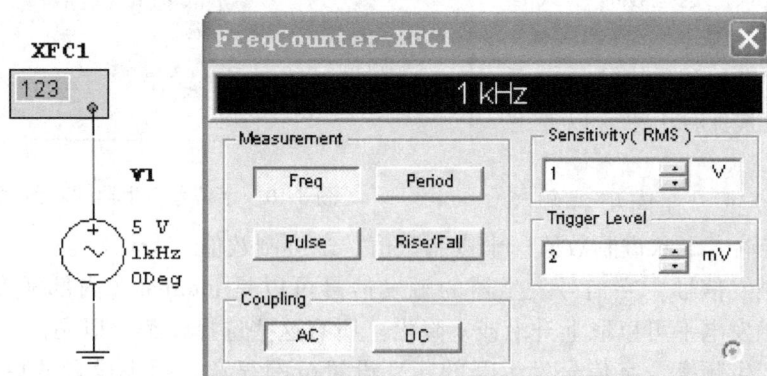

图 8-14　频率计的图标和面板

**7. 字信号发生器**（Word Generator）

字信号发生器是一个通用的数字激励源编辑器，可以用多种方式产生 32 位的字符串，在数字电路的测试中应用非常灵活。双击字信号发生器图标，屏幕显示字信号发生器面板，如图 8-15 所示。面板由两部分组成，左侧是控制面板，右侧是字信号发生器的字符窗口。控制面板分为 Controls（控制方式）、Display（显示方式）、Trigger（触发）、Frequency（频率）等几个部分。

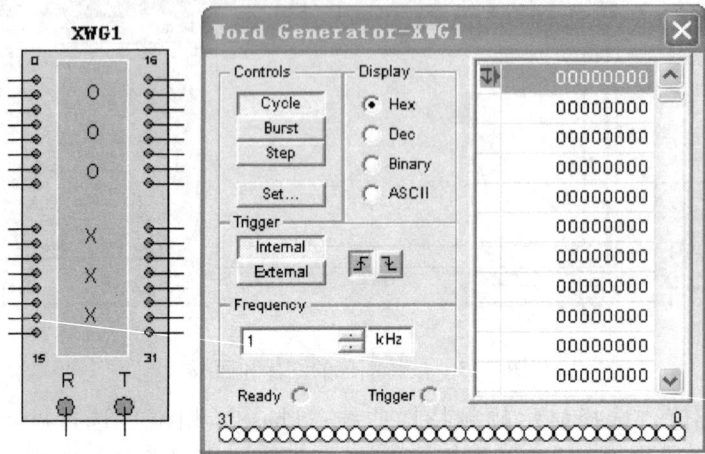

图 8-15    字信号发生器的图标和面板

（1）字符输出控制

Cycle：周期性输出字符，按照预先设置的周期，循环不断地产生字符。

Burst：脉冲式输出字符，与周期性输出字符不同，脉冲式输出字符是固定频率，只完成一个周期的字符输出。

Step：单步输出字符，每次只输出一组字符。

Set：单击 Set，屏幕显示如图 8-16 所示字信号发生器的对话框，以便装载预存的模式。这些预存模式有加法计数器模式、减法计数器模式、右移移位模式、左移移位模式，也可将自己定义的模式保存下来，以便下次调用。

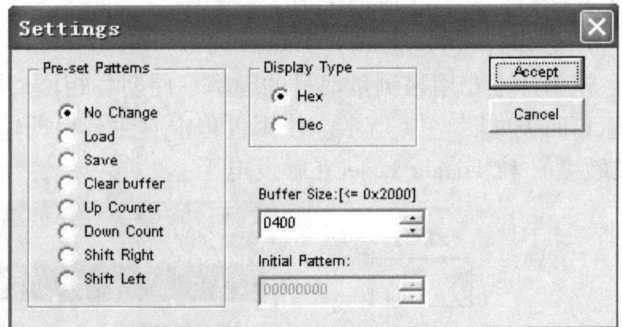

图 8-16    字信号发生器的对话框

（2）字符设置    在面板右侧的字符窗口，直接输入十六进制数值、十进制数值、二进制数值、ASCII 码。

（3）字符触发信号    字信号发生器的触发信号可以是 internal（内部触发）或 external（外部触发），触发电平可以取上升沿或下降沿。所有这些选择，都可以用鼠标单击完成。

（4）字符产生频率    字信号发生器的频率设置范围很宽，频率设置的单位从 Hz、kHz 到 MHz，可以根据需要选择频率的单位。

**8. 逻辑分析仪**（Logic Analyzer）

Multisim 提供了 16 路的逻辑分析仪，用来做数字信号的高速采集和时序分析。逻辑分析仪的图标和面板如图 8-17 所示。逻辑分析仪的连接端口有 16 路信号输入端、外接时钟端 C、时钟限制端 Q 及触发限制端 T。

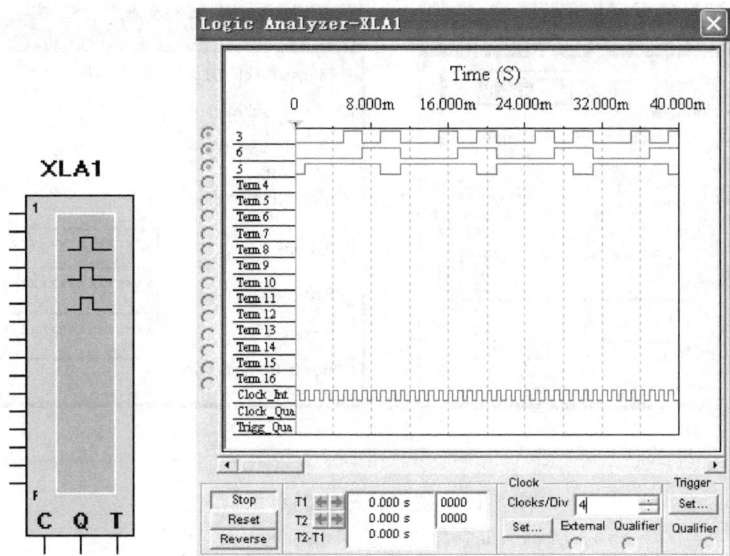

图 8-17　逻辑分析仪图标和面板

双击逻辑分析仪图标，屏幕显示出逻辑分析仪的面板，如图 8-17 所示。面板分上下两个部分，上半部分是被测信号的显示窗口，下半部分是逻辑分析仪的控制窗口，主要控制信号有 Stop（停止）、Reset（复位）、Reverse（反相显示）、Clock（时钟设置）和 Trigger（触发设置）。逻辑分析仪还有一个小窗口，显示左侧游标（T1）位置和数据、右侧游标（T2）位置和数据及两游标之间（T2 − T1）的时间差。逻辑分析仪的对话框如图 8-18 所示。

单击 Clock 下的 Set（设置）按钮时，出现 Clock setup（时钟设置）对话框，如图 8-18a 所示。可以选择的时钟设置有选择外触发或内触发、时钟频率、取样点设置。

单击 Trigger 下的 Set（设置）按钮时，出现 Trigger Setting（触发设置）对话框，如图 8-18b 所示，可以选择的触发设置有边沿设置和模式设置。

## （四）Multisim 的基本分析方法

上一节介绍了 Multisim 提供的各种虚拟仪器。这些仪器给电路的分析带来了极大的方便，但有时在电路中需要对多个参数进行分析，这时使用这些虚拟仪器就无法满足分析的要求，为此 Multisim 提供了电路的分析功能供用户对电路的设计等进行进一步的分析和仿真。

Multisim 提供了十几种分析工具，单击工具栏中的按钮 ⩓ ⁻ 或执行菜单命令 Simulate/Analysis，可选择要进行的分析。下面以单管放大电路为例，介绍 7 种基本分析方法。

构造如图 8-19 所示单管放大电路，晶体管的 $\beta$ 由原来 220 改为 100。

**1. 直流分析**（DC Operating Point Analysis）

该分析是对电路直流通路各节点的直流电压和电流大小进行分析，按右键显示节点。这时电路中的有源器件被看作线性器件。数字电路无法进行直流工作点分析。

调节 RP 可以改变阻值，从而改变静态工作点，双击元件，可以看出增加和减小阻值所按的字母，如"A"和"a"等，并可改变步进。

电路中显示各节点如图，启动 ⩓ ⁻/DC Operating Point Analysis，添加要分析的节点，

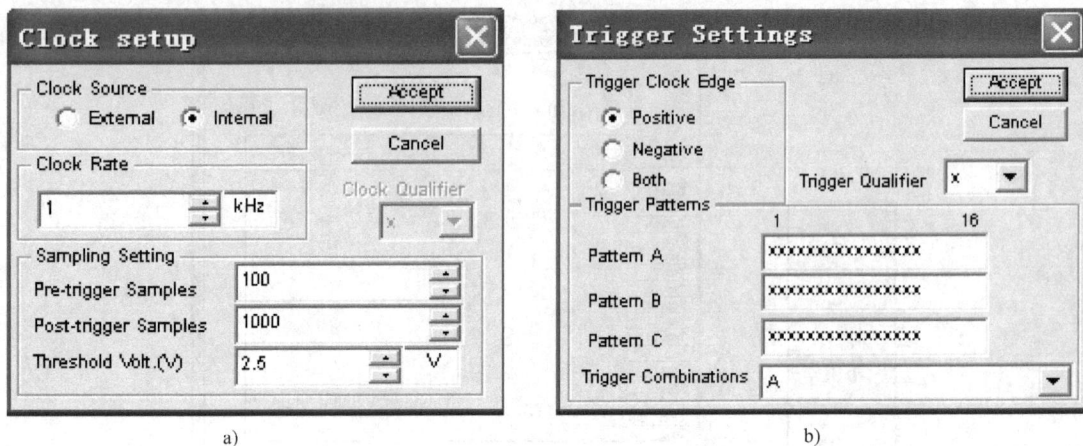

图 8-18  逻辑分析仪的对话框

a) Clock setup 对话框   b) Trigger Setting 对话框

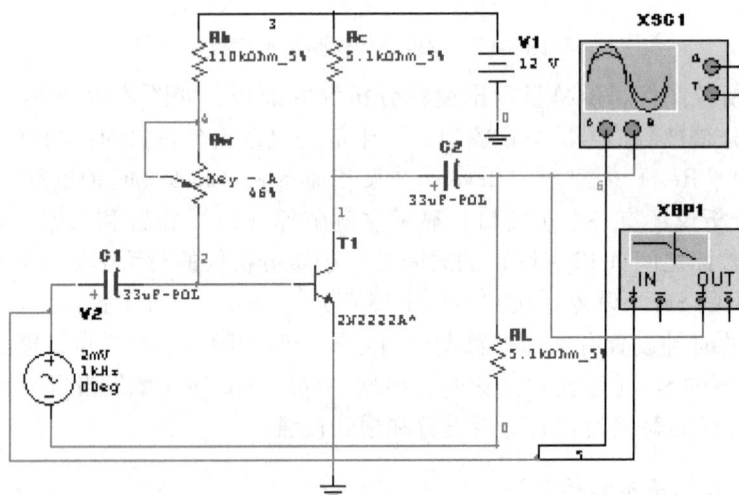

图 8-19  单管放大电路

单击 Simulate，直流工作点测试结果如图 8-20 所示。

**2. 交流分析**（AC Analysis）

对电路的频率特性曲线进行分析，可以分析电路的幅频特性和相频特性，与波特图仪的功能相似。

启动 ⩗ ▾/AC Analysis，添加要分析的节点，单击 Simulate，交流分析测试曲线如图 8-21 所示。

**3. 瞬态分析**（Transient Analysis）

计算电路的响应与时间的关系，与示波器的功能相似。

启动 ⩗ ▾/Transient Analysis，添加要分析的节点，单击 Simulate，瞬态分析测试曲线如图 8-22 所示，由于放大倍数较大，输入输出分别进行瞬态分析。

| | DC Operating Point | |
|---|---|---|
| 1 | V(4) | 10.87297 |
| 2 | V(2) | 627.23880 m |
| 3 | V(1) | 6.71225 |
| 4 | V(3) | 12.00000 |
| 5 | V(5) | 0.00000 |
| 6 | V(6) | 0.00000 |

图 8-20 直流工作点测试结果

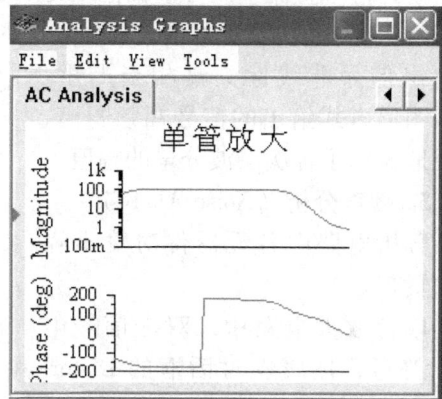

图 8-21 交流分析测试曲线

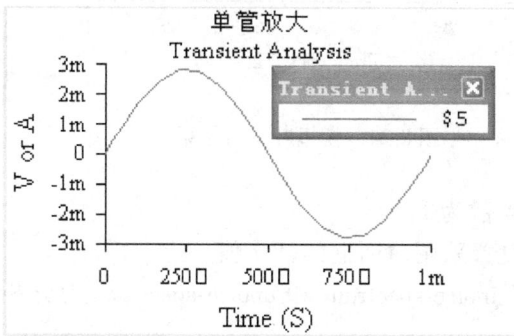

a)

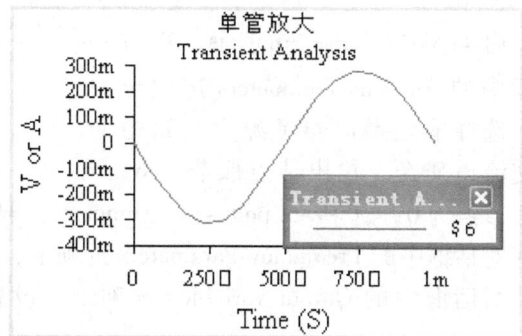

b)

图 8-22 瞬态分析测试曲线

a）输入曲线 b）输出曲线

单管放大电路的示波器波形分析如图 8-23 所示。

**4. 傅里叶分析**（Fourier Analysis）

利用数字方法对输出信号的频谱结构进行分析，与前面的频谱分析仪的功能相同。

将输入信号增大到 50mV，输出出现严重非线性失真，意味着输出信号中出现了输入信号中未有的谐波分量。

启动 〽 ▾/Fourier Analysis，添加要分析的输出节点，单击 Simulate，傅里叶分析结果如图 8-24 所示。

如果放大电路输出信号没有失真，在理想情况下，信号的直流分量应该为零，各次谐波分量幅值也应该为零，总谐波失真也应该为零。从图 8-24 可以看

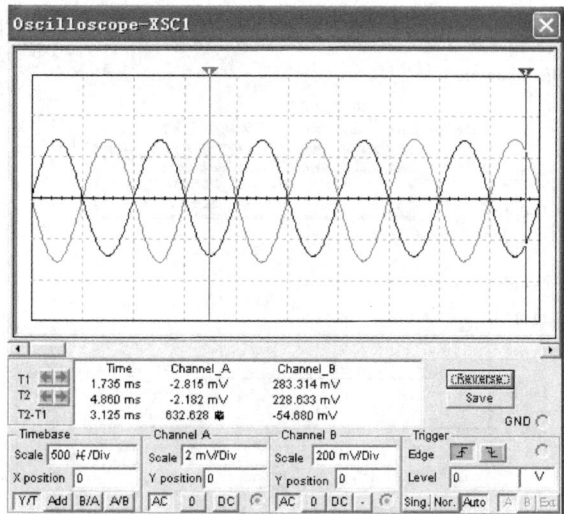

图 8-23 单管放大电路的示波器波形分析

出，输出信号直流基波分量幅值约为 5.05V，2 次谐波分量幅值约为 1.78V，从图表中还可以查出 3 次、4 次及 5 次谐波幅值。同时可以看到总谐波失真（THD）约为 38.51%，这表明输出信号非线性失真相当严重。线条图形方式给出的信号幅频图谱，直观地显示了各次谐波分量的幅值。

**5. 噪声分析**（Noise Analysis）

分析电路中各元器件对输出噪声的贡献。

单管放大电路中，双击信号电压源符号，把属性对话框的 Distortion Frequency 1 Magnitude 项目下的值设置为 1V，然后继续分析该单管放大电路。

启动 ⋀⋁ ▾ /Noise Analysis，在对话框中的 Analysis Parameters 选项卡中，选择输入噪声参考源为电路中的交流电压源，输出节点取节点 6，参考节点为 0，选中 Set points per summary，取点数为 1。

图 8-24 傅里叶分析结果

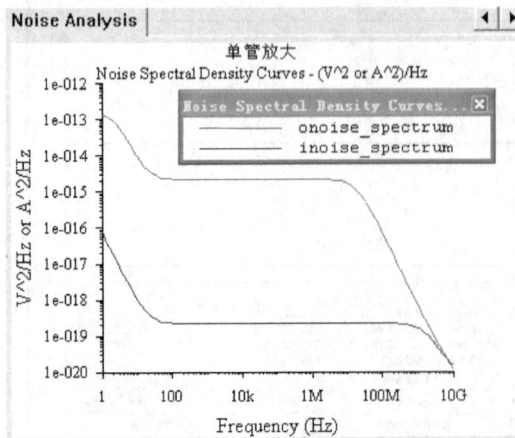

对话框中的 Frequency Parameters 选项卡，设置采用对话框的默认值。

对话框中的 Output variables 选项卡，设置 inoise-spectrum 和 onoise-spectrum 为分析变量。

单击对话框中的 Simulate，绘出噪声分析曲线如图 8-25 所示。其中上面一条曲线是总的输出噪声电压随频率变化曲线，下面一条曲线是等效的输入噪声电压随频率变化曲线。

**6. 失真分析**（Distortion Analysis）

Multisim 失真分析通常用于分析那些采用瞬态分析不易察觉的微小失真。启动 ⋀⋁ ▾ /Distortion Analysis，添加要分析的输出节点，单击 Simulate，失真分析结果如图 8-26 所示。

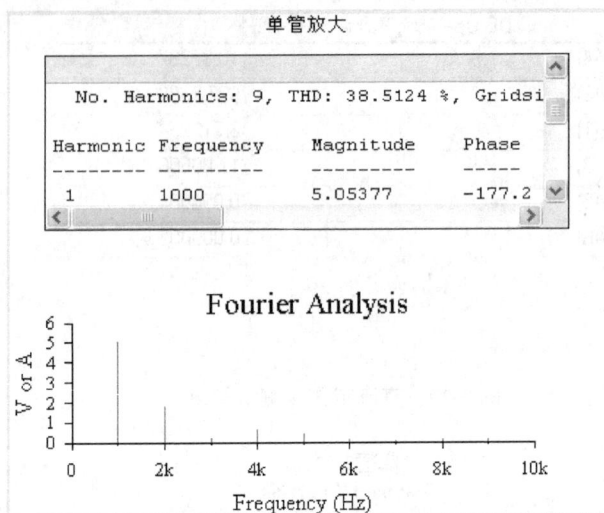

图 8-25 噪声分析曲线

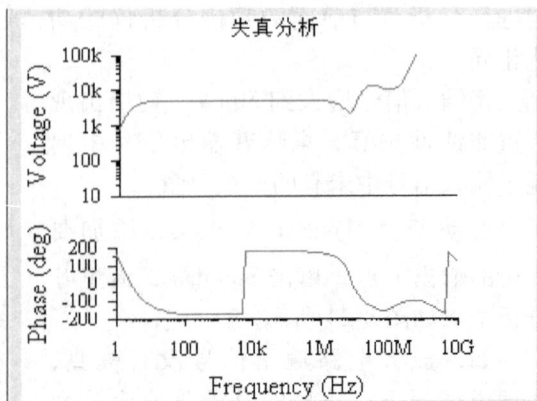

图 8-26 失真分析结果

**7. 直流扫描分析**（DC Sweep Sensitivity Analysis）

分析直流电压源或电流源的变化对电路特性的影响。

启动 ✓ ·/DC Sweep Sensitivity Analysis，在对话框中的 DC Sweep Analysis 选项卡中，

Source：电路中仅有一个直流电压源 V1。

Start value：表示直流扫描的起始电压，设为 1V。

Stop value：表示直流扫描的停止电压，设为 12V。

Increment：表示从起始电压到停止电压的分析过程中每间隔多少电压分析，增量越小，分析的结果越接近于理论值，设为 0.5V。

选择分析的节点为 1，单击 Simulate 得到图 8-27 所示节点 1 直流电压变化的直流扫描分析结果。

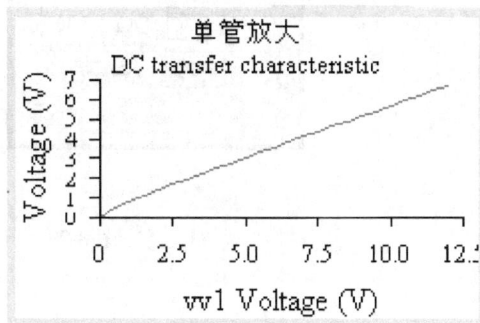

图 8-27　直流扫描分析结果

除以上分析外，还有参数扫描分析、极点—零点分析、传输函数分析、最坏状况分析、蒙特卡罗分析、批处理分析等高级分析。

# 第三节　基于 Multisim 的电路与电子技术实验举例

**实验一：戴维南定理**

参看第四章实验三，构造如图 8-28 所示电路图，仿真得到用万用表测量的开路电压与短路电流如图 8-29 所示。即 $U_{OC} = 4.068V$，$I_{SC} = 12.189mA$，则等效电阻

$$R_{eq} = U_{OC}/I_{SC} \approx 333.7\Omega$$

**实验二：一阶电路响应**

**1. 微分电路**

当电路的时间常数 $\tau = RC$ 很小，电阻输出电压与输入电压近似为微分关系。构造如图 8-30 所示 RC 微分电路，双击信号发生器，设定周期 $T = 1ms$，占空比为 50%，幅值为 10V。RC 参数如图，运行该电路后，示波器波形如图 8-31 所示，其中方波为信号源波形，尖脉冲为电阻输出波形。

**2. 积分电路**

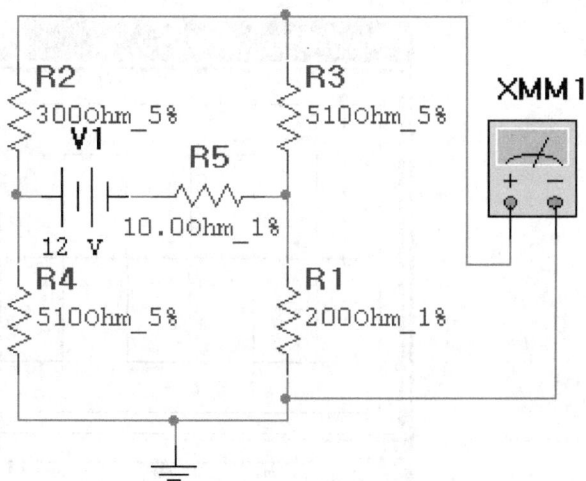

图 8-28　电路图

当电路的时间常数 $\tau = RC$ 很大，电容输出电压与输入电压近似为积分关系。构造如图 8-32 所示 RC 积分电路，信号发生器设置同上。RC 参数如图，运行该电路后，示波器波形如图 8-33 所示，其中方波为信号源波形，近似三角波为电容输出波形。

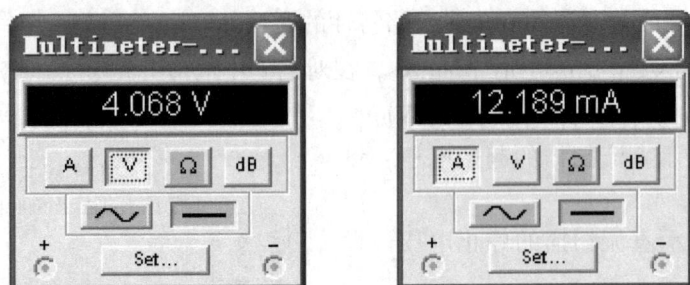

图 8-29　开路电压与短路电流

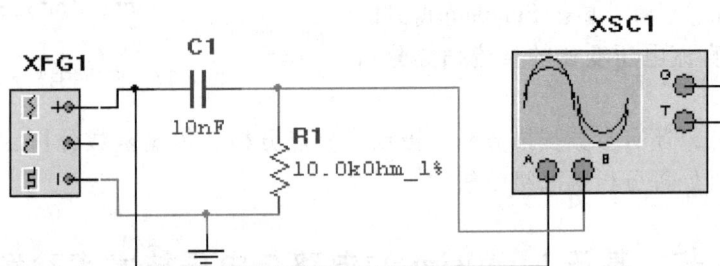

图 8-30　*RC* 微分电路

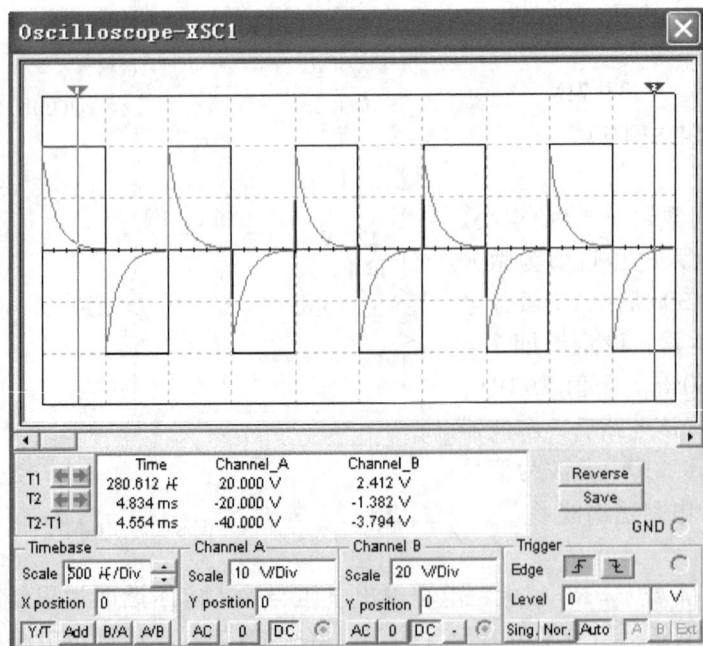

图 8-31　示波器波形

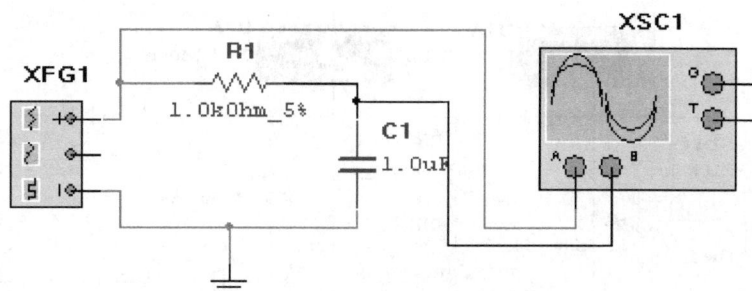

图 8-32 *RC* 积分电路

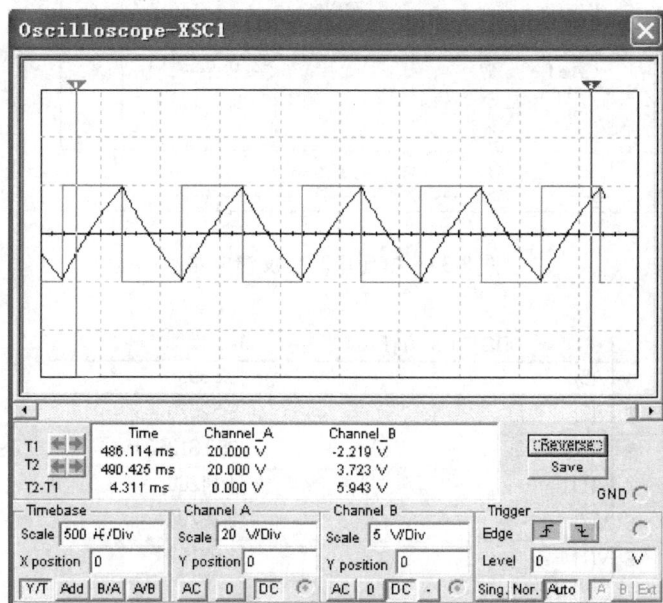

图 8-33 示波器波形

**实验三：电压串联负反馈**

参看第五章实验三、四，构造如图 8-34 所示电压串联负反馈电路，两个晶体管的 $\beta$ 值均改为 50，信号源为正弦信号，其有效值为 5mV，频率为 1kHz。

测试如下：

**1. 分析静态工作点**

启动 $\mathcal{W}$ ▾ /DC Operating Point Analysis，添加要分析的节点，单击 Simulate，静态工作点如图 8-35 所示。

由各点的电压值，可以判断晶体管工作在放大区。由于 Multisim 规定流入电源的电流为正，流出电源的电流为负，所以 VV1#branch = $-2.658$mA。

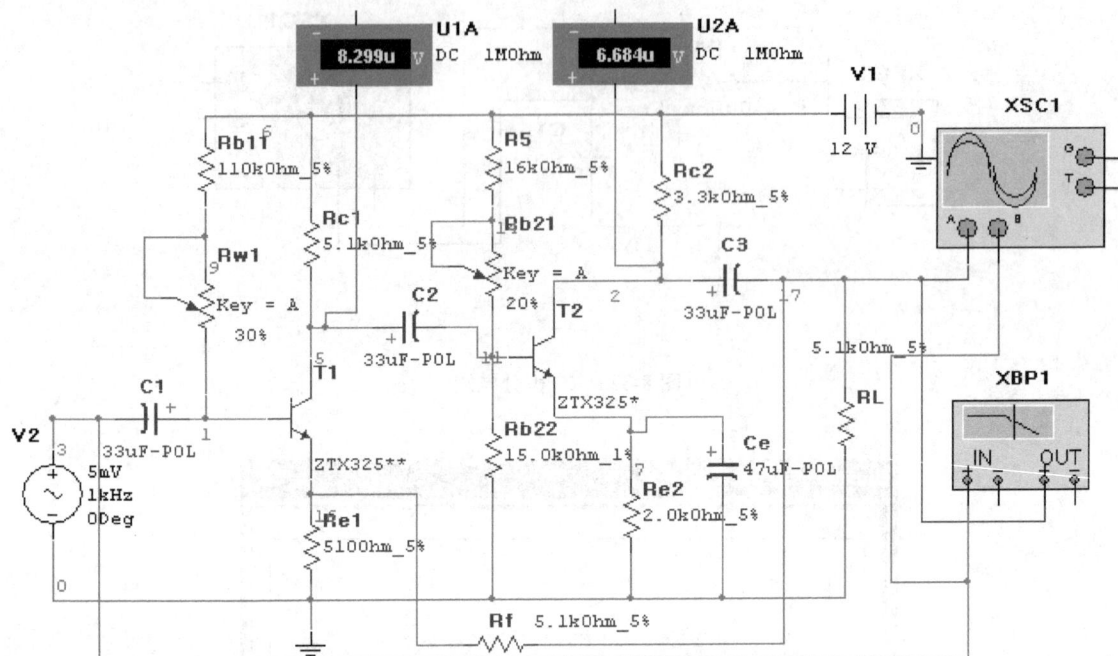

图 8-34 电压串联负反馈电路

| | DC Operating Point | |
|---|---|---|
| 1 | V(5) | 8.29935 |
| 2 | V(2) | 6.52070 |
| 3 | V(16) | 359.91262 m |
| 4 | V(11) | 4.14260 |
| 5 | V(7) | 3.39704 |
| 6 | V(1) | 1.08152 |

图 8-35 静态工作点

**2. 有负反馈时的分析**

1）打开仿真开关，双击示波器图标，进行适当调节。用示波器观察有负反馈时的输入、输出波形，如图 8-36 所示，可以看到输出波形与输入波形的同相，测量输入波形和输出波形的幅值分别为 7.067mV 和 69.847mV，计算放大电路的电压放大倍数为 9.88。

2）双击波特图仪图标，观察放大电路的频率特性，有负反馈时的波特图如图 8-37 所示。首先测量中频段电压放大倍数 $A_{um}$ 为 19.89dB，然后用游标寻找电压放大倍数下降 3dB 时对应的频率，这两个频率分别为下限截止频率和上限截止频率，约为 3.56Hz 和 29.6MHz，两频率之差即为电路通频带 $BW$。

**3. 无负反馈时的分析**

断开反馈，重复以上"1.""2."，无负反馈时的输入、输出波形及波特图如图 8-38 和图

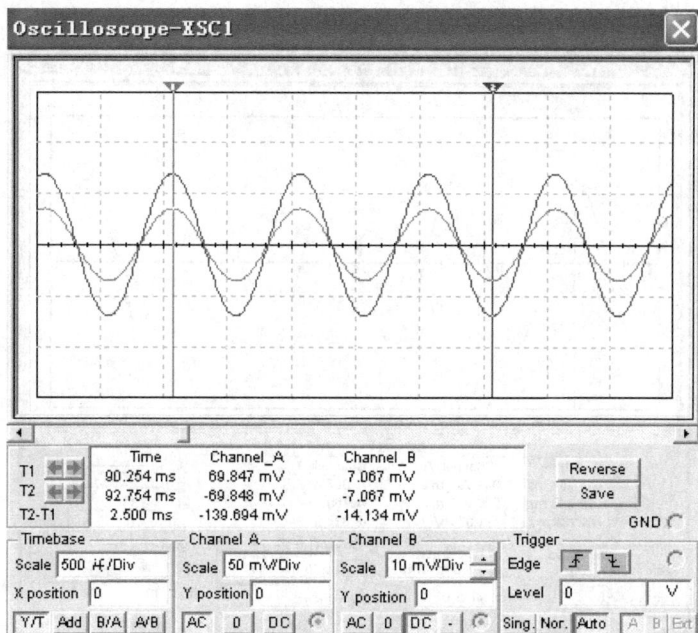

图 8-36 有负反馈时的输入、输出波形

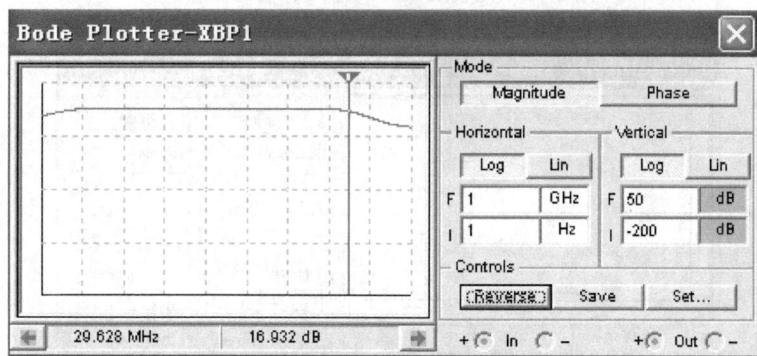

图 8-37 有负反馈时的波特图

8-39 所示。同理，可测出输入波形和输出波形的幅值分别为 7.067mV 和 841.78mV，计算放大电路的电压放大倍数为 119。观察放大电路的频率特性，测量中频段电压放大倍数 $A_{um}$ 为 41.56dB，然后用游标寻找电压放大倍数下降 3dB 时对应的频率，这两个频率分别为下限截止频率和上限截止频率，约为 37.2Hz 和 2.3MHz，两频率之差即为电路通频带 $BW$。

通过以上观测，可以看到无反馈时放大倍数大，频带窄，反馈深度约为 12。

**实验四：与非门测试**

构造如图 8-40 所示与非门测试电路，双击字符发生器图标，字符发生器设置对话框如图 8-41 所示。运行仿真，双击逻辑分析仪，得到如图 8-42 所示的分析结果，看两个输入端和输出端，则"有 0 则 1，全 1 则 0"，即实现与非门逻辑功能。同时，仿真实验中看 3 个发光二极管，也显示与非的关系。

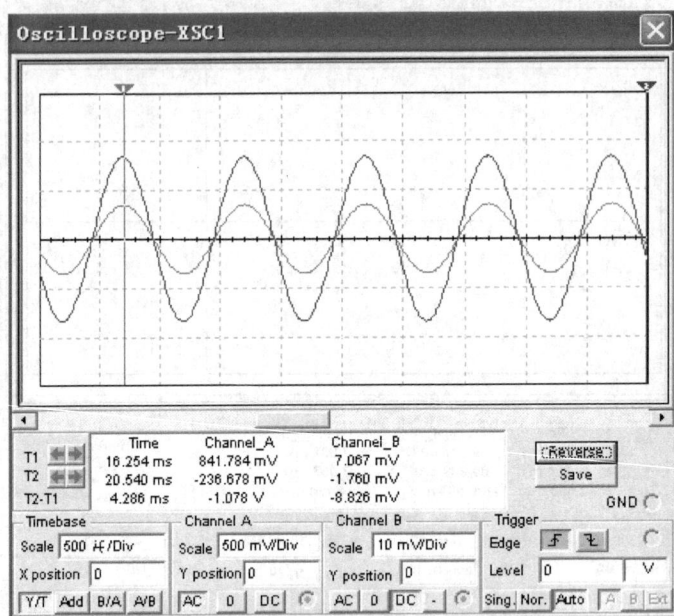

图 8-38 无负反馈时的输入、输出波形

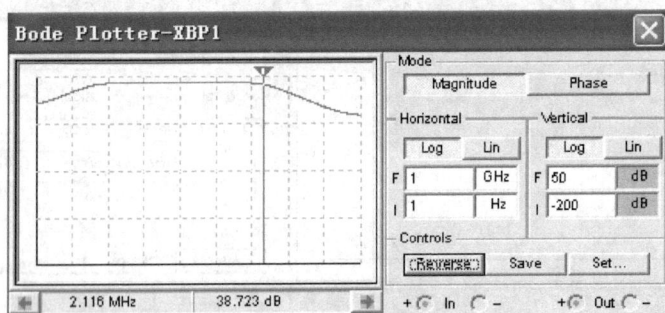

图 8-39 无负反馈时的波特图

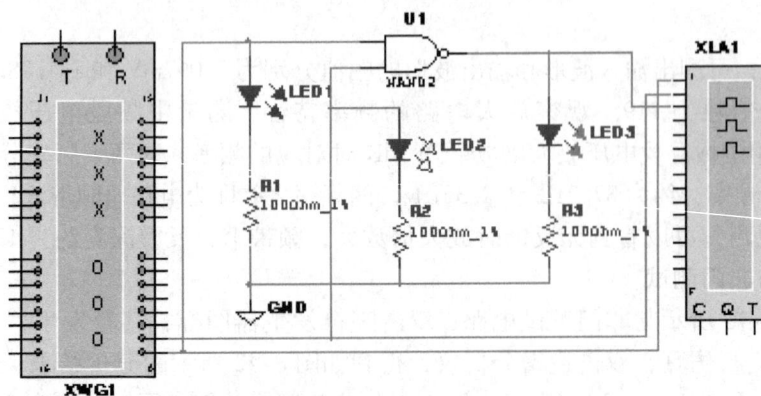

图 8-40 非门测试电路

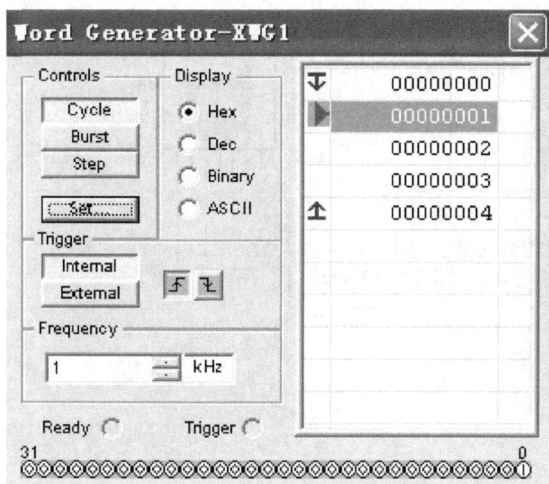

图 8-41 字符发生器设置对话框     图 8-42 逻辑分析仪分析结果

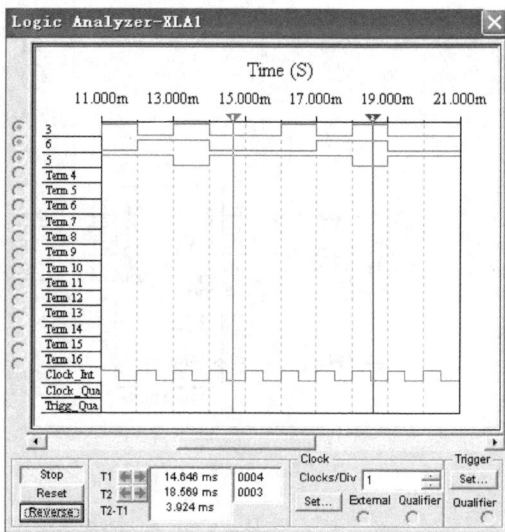

### 实验五：计数译码显示

**1. 计数译码显示（一）**

由 74LS160 十进制计数器、74LS47 数码显示译码器和共阳极数码管组成计数译码显示电路。构造如图 8-43 所示计数译码显示电路，同时将 74LS160 的输出端连接到指示灯上，使用 500Hz、5V 的连续脉冲，观测指示灯二进制和数码管十进制显示的对应性，如图 8-43 所示，数码显示为 6，灯 X2、X3 亮，则 QC QB QA = 110。

**2. 计数译码显示（二）——流水灯实验**

用 LM555、74LS163 四位二进制计数器和 74LS138 3-8 译码器及显示器构成流水灯。构造流水灯电路如图 8-44 所示。

1）由示波器检测 LM555 定时器构成的脉冲产生电路（多谐振荡器），LM555 振荡产生的波形如图 8-45 所示。

2）将 74LS163 接成二进制自然计数形式，QA、QB、QC 分别接至指示灯监测 74LS163 计数是否正确。

3）将 QA、QB、QC 接入 74LS138 的地址控制端，使能端都处在使能状态，74LS138 的 8 个输出端同 8 个 LED 显示管阴极相接。

运行仿真，Y0～Y7 依次出现低电平，发光二极管 1～8 依次闪亮，好似流水灯。由图 8-44 可以看到，3 盏灯均亮时，即 QC QB QA = 111 时，3/8 译码器 Y7 为低电平，发光二极管 8 亮，得到设计的结果。

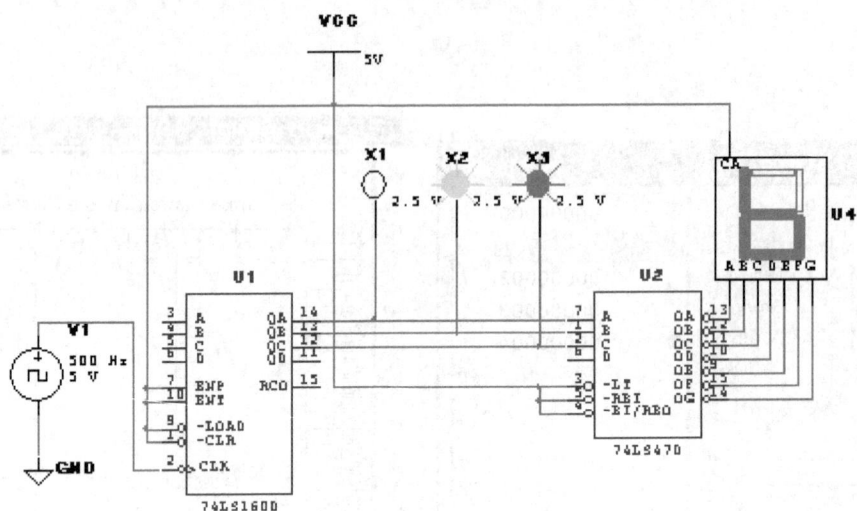

图 8-43　计数译码显示电路

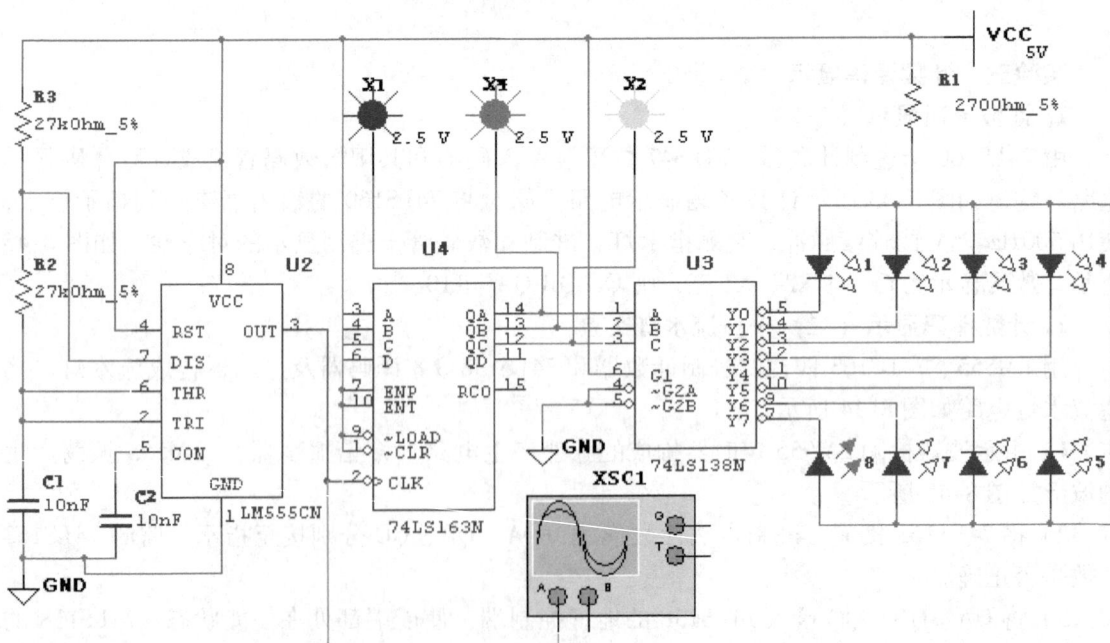

图 8-44　流水灯电路

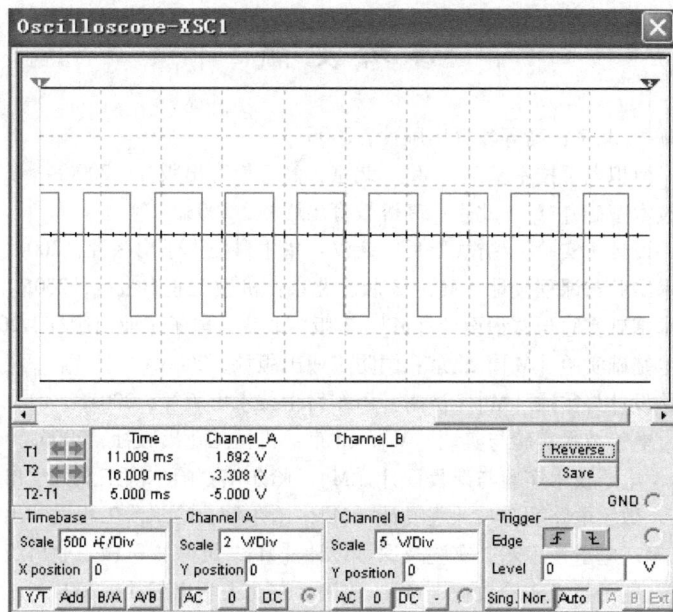

图 8-45　LM555 振荡产生的波形

# 参 考 文 献

[1]  邱关源. 电路［M］. 北京：高等教育出版社，2006.
[2]  华成英，童诗白. 模拟电子技术基础［M］. 北京：高等教育出版社，2006.
[3]  阎石. 数字电子技术基础［M］. 北京：高等教育出版社，2003.
[4]  谢自美. 电子线路设计·实验·测试［M］. 武汉：华中科技大学出版社，2004.
[5]  毕满清. 电子技术实验与课程设计［M］. 3版. 北京：机械工业出版社，2005.
[6]  高吉祥. 电子技术基础实验与课程设计［M］. 3版. 北京：电子工业出版社，2011.
[7]  陈先荣. 电子技术基础实验［M］. 北京：国防工业出版社，2006.
[8]  姚福安. 电子电路设计与实践［M］. 济南：山东科学技术出版社，2001.
[9]  高建新，雷少刚. 电子技术实验与实训［M］. 北京：机械工业出版社，2006.
[10]  王立欣，杨春玲. 电子技术实验与课程设计［M］. 哈尔滨：哈尔滨工业大学出版社，2005.
[11]  吕思忠，施齐云. 数字电路实验与课程设计［M］. 哈尔滨：哈尔滨工程大学出版社，2003.
[12]  安兵菊，刘勇，等. 电子技术基础实验及课程设计［M］. 北京：机械工业出版社，2007.
[13]  李景宏，马学文. 电子技术实验教程［M］. 沈阳：东北大学出版社，2004.
[14]  李国丽，朱维勇. 电子技术实验指导书［M］. 合肥：中国科学技术大学出版社，2001.
[15]  郁汉琪. 数字电子技术实验及课程设计［M］. 北京：高等教育出版社，1995.
[16]  陈明义，宋学瑞，等. 电子技术课程设计实用教程［M］. 长沙：中南大学出版社，2006.
[17]  王艳红，王怀群. 数字电路技能实训教程［M］. 北京：煤炭工业出版社，2005.
[18]  施金鸿，陈光明. 电子技术基础实验与综合实践教程［M］. 北京：北京航空航天大学出版社，
      2006.
[19]  李震梅，房永钢. 电子技术实验与课程设计［M］. 北京：机械工业出版社，2010.
[20]  于伟. 模拟电子技术综合实训教程［M］. 武汉：华中科技大学出版社，2013.
[21]  吴俊芹. 电子技术实训与课程设计［M］. 北京：机械工业出版社，2009.
[22]  李伟. 电子技术及实训［M］. 北京：中国电力出版社，2009.
[23]  段新文，李银轮. 电子技术基础实验［M］. 北京：科学出版社，2010.